T0222205

Light Engineering für die Praxis

Reihe herausgegeben von

Claus Emmelmann, Hamburg, Deutschland

Technologie- und Wissenstransfer für die photonische Industrie ist der Inhalt dieser Buchreihe. Der Herausgeber leitet das Institut für Laser- und Anlagensystemtechnik an der Technischen Universität Hamburg sowie die Fraunhofer-Einrichtung für Additive Produktionstechnologien IAPT. Die Inhalte eröffnen den Lesern in der Forschung und in Unternehmen die Möglichkeit, innovative Produkte und Prozesse zu erkennen und so ihre Wettbewerbsfähigkeit nachhaltig zu stärken. Die Kenntnisse dienen der Weiterbildung von Ingenieuren und Multiplikatoren für die Produktentwicklung sowie die Produktions- und Lasertechnik, sie beinhalten die Entwicklung lasergestützter Produktionstechnologien und der Qualitätssicherung von Laserprozessen und Anlagen sowie Anleitungen für Beratungs- und Ausbildungsdienstleistungen für die Industrie.

Weitere Bände in der Reihe http://www.springer.com/series/13397

Mauritz Leander Birger Möller

Prozessmanagement für das Laser-Pulver-Auftragschweißen

Herausgegeben von Claus Emmelmann

 Springer Vieweg

Mauritz Leander Birger Möller
Institut für Laser- und Anlagensystemtechnik
Technische Universität Hamburg
Hamburg, Deutschland

ISSN 2522-8447   ISSN 2522-8455   (electronic)
Light Engineering für die Praxis
ISBN 978-3-662-62224-7   ISBN 978-3-662-62225-4   (eBook)
https://doi.org/10.1007/978-3-662-62225-4

Die Deutsche Nationalbibliothek verzeichnet diese Publikation in der Deutschen Nationalbibliografie; detaillierte bibliografische Daten sind im Internet über http://dnb.d-nb.de abrufbar.

Springer Vieweg ist ein Imprint der eingetragenen Gesellschaft Springer-Verlag GmbH, DE und ist ein Teil von Springer Nature.
Die Anschrift der Gesellschaft ist: Heidelberger Platz 3, 14197 Berlin, Germany

Zusammenfassung

Titanwerkstoffe ermöglichen in Verbindung mit Leichtbaukonstruktionen die Umsetzung gewichtsoptimierter Bauteile in der Luftfahrt und stellen somit einen Grundpfeiler für die Reduktion der CO_2-Emissionen im Luftverkehr dar. Die Vorteile dieses hochfesten Materials für den Leichtbau führen jedoch in konventionell zerspanenden Produktionsverfahren zu einer besonders energie- und kostenintensiven Herstellung. Durch den Fortschritt von der subtraktiven hin zur additiven Fertigungsweise wird bei dem additiven Laser-Pulver-Auftragschweißen (LPA) lediglich die benötigte Materialmenge prozessiert. Allerdings hemmen ein unzureichendes Prozessverständnis, die Unstetigkeit der Ergebnisgrößen und insbesondere das Fehlen einer qualifizierten Prozesskette zur Herstellung von Bauteilen mit definierter geometrischer Maßhaltigkeit bislang die Etablierung des Verfahrens in der Luftfahrtproduktion.

In der vorliegenden Arbeit werden daher die Einflussfaktoren sowie deren Auswirkung auf die Ergebnisgrößen erfasst und in einer Prozessstrategie für die additive LPA-Fertigung zusammengeführt, die eine den industriellen Qualitätsanforderungen genügende Produktion von Luftfahrtbauteilen innerhalb einer definierten geometrischen Maßhaltigkeit erlaubt.

Dazu werden zunächst die anlagensystemtechnischen und prozessualen Einflussfaktoren identifiziert und für die anlagenspezifischen Wirkgrößen Sollwertbereiche festgelegt. Unter Einhaltung dieser Sollwertbereiche werden mit der herkömmlichen Prozessführung die qualitätsrelevanten Ergebnisgrößen untersucht und mit den luftfahrtspezifischen Anforderungen verglichen. Während die Einhaltung der Qualitätsanforderungen für alle betrachteten mechanisch-technologischen Kenngrößen nachgewiesen wird, können die Vorgaben für die geometrische Maßhaltigkeit nicht erfüllt werden. Um diese bei der Fertigung dreidimensionaler Strukturen zu gewährleisten, wird unter Verwendung der Methoden des Fertigungsprozessmanagements eine Prozessstrategie ausgearbeitet.

Hierfür wird eine erfahrungswissensunabhängige Prozessparameteridentifikation entwickelt, die mittels eines genetischen Algorithmus einen geeigneten Prozessparametersatz innerhalb der konkurrierenden Zielsetzungen identifiziert. Anschließend wird ein Drei-Phasen-Modell erarbeitet, das die veränderlichen thermischen Randbedingungen abbildet und in einer lagenadaptiven Laserleistungsregelung umgesetzt wird. Im letzten Schritt werden die Einflüsse von repräsentativen Teilstrukturen und Bearbeitungsstrategien auf die Ergebnisqualität ermittelt und Vorgaben für die Prozessführung zur Gewährleistung der geometrischen Maßhaltigkeit definiert.

Abschließend wird die aus den vorangegangenen Herangehensweisen konsolidierte Prozessstrategie in der industriellen Prozesskette an einem Luftfahrtbauteil demonstriert und die Ressourceneffizienz sowie das Kostenpotenzial der LPA-Prozesskette werden bewertet. Dabei wird belegt, dass der Einsatz der neuartigen Prozessstrategie in einer signifikanten Verbesserung der Ergebnisqualität resultiert und die Erfüllung der geometrischen Maßhaltigkeitsanforderungen sicherstellt. Im Vergleich zu konventionellen Produktionstechnologien ermöglicht das LPA-Verfahren somit einerseits einen Wirtschaftlichkeitsvorteil und andererseits eine besonders ressourcenschonende Herstellung von Titanbauteilen.

Vorwort

Die vorliegende Arbeit entstand während meiner Tätigkeit als wissenschaftlicher Mitarbeiter am Institut für Laser- und Anlagensystemtechnik (iLAS) der Technischen Universität Hamburg (TUHH) sowie an der Fraunhofer-Einrichtung für additive Produktionstechnologien IAPT in Hamburg.

Meinem Doktorvater Herrn Prof. Dr.-Ing. C. Emmelmann danke ich herzlich für die stets engagierte und inspirierende Begleitung dieser Arbeit sowie die vertrauensvolle Zusammenarbeit am Fraunhofer IAPT. Darüber hinaus danke ich Herrn Prof. Dr.-Ing. habil. Norbert Huber für die Übernahme des Korreferats sowie Herrn Prof. Dr.-Ing. Wolfgang Hintze für die Übernahme des Vorsitzes des Prüfungsausschusses.

Ich danke allen Mitarbeiterinnen und Mitarbeitern des iLAS und Fraunhofer IAPT sowie allen studentischen Hilfskräften und Studien-, Diplom-, Bachelor- sowie Masterarbeiterinnen und -arbeitern für die äußerst angenehme Arbeitsatmosphäre, intensiven fachlichen Diskurse und vor allem die wertvollen gemeinsamen Momente entlang dieses spannenden Weges.

Für den jederzeit bereichernden fachlichen Austausch möchte ich besonders Herrn Dr.-Ing. Dirk Herzog, Herrn Dr.-Ing. Ake Ewald, Herrn M.Sc. Philipp Surrey sowie meinen Studenten und späteren Kollegen Herrn M. Sc. Vishnuu Jothi Prakash, Herrn M. Sc. Markus Heilemann, Herrn M.Sc. Christoph Scholl, Herrn M.Sc. Malte Buhr, Herrn M.Sc. Julian Weber und Herrn M.Sc. Christian Conrad danken. Herrn Franz Terborg möchte ich für die proaktive Unterstützung bei den experimentellen Tätigkeiten im Rahmen dieser Arbeit danken.

Weiterhin danke ich Herrn M.Sc. Philipp Thumann, Herrn Dr.-Ing. Max Oberlander, Herrn Dipl.-Ing. Georg Cerwenka, Herrn Dipl.- Ing. Frank Beckmann sowie Herrn Dipl.-Ing. Dennis Eulner für die anregenden und erfrischenden Diskussionen wissenschaftlicher Fragestellungen.

Ganz besonders danke ich meiner Familie und meinen Freunden, die mich jahrelang stets unterstützt und so die Rahmenbedingungen für die Umsetzung dieser Arbeit geschaffen haben. Von Herzen danke ich meiner Schwester Lone und meiner Freundin Anja - ihr Rückhalt und die entspannte Begleitung ließen die Zeit für die umfangreiche Ausarbeitung wie im Fluge verstreichen.

Hamburg, im September 2020

Mauritz Möller

Inhaltsverzeichnis

Abbildungsverzeichnis

Abkürzungsverzeichnis

Abkürzung	Beschreibung
3D	dreidimensional
AfA	Absetzung für Abnutzung
AM	Additive Manufacturing
bzw.	beziehungsweise
ca.	circa
CAD	Computer-Aided Design
CAM	Computer-Aided Manufacturing
CCD	Charge Coupled Device
CCM	Crack Compliance Method
CCRC	Cabin Crew Rest Compartment
CDS	Crowd-Distance Sorting
CE	Cumulative Energy Demand
CF	Carbon Footprint
CM	CNC Machining
CO_2	Kohlenstoffdioxid
d. h.	das heißt
DHA	Door Hinge Arm Bracket
DMS	Dehnungsmessstreifen
DXF	Drawing Interchange File
EA	Evolutionärer Algorithmus
EBM	Electron Beam Melting
EC	Environmental Costs
EEX	European Energy Exchange
EIGA	Electrode Induction Melting Inert Gas Atomization

Abkürzung	Beschreibung
EUA	Emission Unit Allowance
EU-EHS	Europäisches Emisssionshandelssystem
Fa.	Firma
FDM	Fused Deposition Modeling
FEM	Finite-Elemente-Methode
GA	Genetischer Algorithmus
Gen.	Generation
hdP	hexagonal-dichteste Packung
HIP	heißisostatisches Pressen
HMI	Human Machine Interface
HV	Vickershärte
IC	Investment Casting
ICPA	Inductively Coupled Plasma Atomization
ICP-MS	Inductively Coupled Plasma - Mass Spectrometry
ICP-OES	Inductively Coupled Plasma – Optical Emission Spectrometry
krz	kubisch-raumzentriert
KMM	Koordinatenmessmaschine
KOS	Koordinatensystem
KRL	Kuka Robot Language
LBM	Laser Beam Melting
LPA	Laser-Pulver-Auftragschweißen
MD	Manhattan-Distanz
MES	Manufacturing Execution Systems
MOGA	Multi Objective Genetic Algorithm
MPGA	Multi Population Genetic Algorithm
NDS	nicht-dominierte Sortierung

Abkürzung	Beschreibung
N-Pulver	Neupulver
NPGA	Niched Pareto Genetic Algorithm
NSGA-II	Non-dominated Sorting Genetic Algorithm
p. a.	per annum
Par.	Parametersatz
PF	Pareto-Front
QS	Qualitätssicherung
RB	Randbedingungen
REM	Rasterelektronenmikroskop
SCADA	Supervisory Control and Data Acquisition
SD	Standard Deviation
SPEA2	Strength Pareto Evolutionary Algorithm
ST	ShapeTracer
STL	Standard Triangulation Language
TCP	Tool Center Point
TE	Thermoelement
u. a.	unter anderem
UN	United Nations
UNCED	United Nations Conference on Environment and Development
VEGA	Vector Evaluated Genetic Algorithm
vgl.	vergleiche
WAAM	Wire Arc Additive Manufacturing
WEDM	Wire Electrical Discharge Machining
YAG	Yttrium-Aluminium-Granat
z. B.	zum Beispiel
ZF	Zielfunktion

Abkürzung	Beschreibung
ZFE	Zielfunktionsstörungseinfluss
ZTU	Zeit-Temperatur-Umwandlungs-Diagramm

Formelverzeichnis

Symbol	Beschreibung	Einheit
α_{fe}	Wärmeübergangskoeffizient (Konduktion)	W/m^2K
α_k	Wärmeübergangszahl (Konvektion)	W/m^2K
α_{Ti64}	linearer Expansionskoeffizient der Legierung Ti-6Al-4V	$10^{-6}/K$
δ_{Abw}	systematische Abweichungen	mm
ε_{Abw}	zufällige Messwertstreuungen	mm
ε_{App}	approximierte Dehnungen	µm
$\{\varepsilon_{MC}\}$	randomisierter Dehnungsvektor Monte-Carlo-Simulation	µm
ε_{Mess}	gemessene Dehnungen	µm
ε_s	spezifischer Emissionskoeffizient	-
$\eta_{Pul,approx.}$	approximierter Pulverwirkungsgrad	-
η_{Pulver}	Pulverwirkungsgrad	-
$\eta_{Pulver,Recycle}$	Pulverrecyclinganteil	-
η_{Raum}	Suchraumabdeckung	%
$\Theta_{Porosität}$	Porosität	%
λ	Wärmeleitfähigkeit	$W/(m\ K)$
λ_{Ti64}	Wärmeleitfähigkeit der Legierung Ti-6Al-4V	$W/(m\ K)$
μ_{MC}	Erwartungswert Normalverteilung Monte-Carlo-Simulation	µm
μ_x	Erwartungswert der Streuwertbetrachtung	mm
ν_{Ti64}	Poissonzahl der Legierung Ti-6Al-4V	-
ν_V	Verteilungsschiefe	-
$\zeta_{V,Re}$	reflektierter Leistungsanteil im Pulverstrom	-
Ξ_T	Transmissionsgrad	-
ρ_{Ti64}	Dichte der Legierung Ti-6Al-4V	g/cm^3
σ	Spannungsverlauf	N/mm^2

Symbol	Beschreibung	Einheit
σ^∞	orthogonale Last am Riss in unendlicher Entfernung	N/mm^2
$\{\sigma_{ES}\}$	Spannungsvektor des Eigenspannungsverlaufs	N/mm^2
σ_{MW}	Streuung der Messwerte	-
$\{\sigma_{MC}\}$	Spannungsvektor der Monte-Carlo-Simulation	N/mm^2
σ_s	Stefan-Boltzmann-Konstante$(\sigma_s = 5{,}6704 \times 10^{-8}\ W/(m^2\ K^4))$	$W/(m^2K^4)$
σ_{yy}	Normalspannungsverlauf entlang der x-Achse in y-Richtung	N/mm^2
φ	Polarkoordinate	-
$\varphi_{\text{Überhang}}$	Überhangwinkel	$^\circ$
$\Phi_{\text{Anstellung}}$	Anstellwinkel	$^\circ$
Φ_{Asp}	Aspektverhältnis	-
$\Phi_{Asp,i}$	gemessenes Aspektverhältnis	-
$\Phi_{Asp,optimal}$	optimales Aspektverhältnis	-
Φ_{Probe}	Probendichte	%
Ψ_{Auf}	Aufmischungsverhältnis	-
$\Omega_{Strecke}$	Streckenmasse	g/m

Symbol	Beschreibung	Einheit
a	Schnittlänge	mm
a_{Ero}	Raumbedarf des Erodieranlage	m^2
a_F	Raumbedarf des CNC-Bearbeitungszentrums	m^2
a_i	Schnittinkrement	μm
a_I	Kalibrationsparameter	-
a_{LPA}	Raumbedarf der LPA-Bearbeitungszelle	m^2
a_S	Raumbedarf der Laserschweißanlage	m^2
a_W	Raumbedarf des Wärmebehandlungsofens	m^2
$\{A\}$	Amplitudenvektor	-

Symbol	Beschreibung	Einheit
$\{A_{ES}\}$	Amplitudenvektor des Eigenspannungsverlaufs	-
$\{A_{MC}\}$	Amplitudenvektor der Monte-Carlo-Simulation	-
A_{aL}	Querschnittsfläche der aufgetragenen Lage	mm^2
A_{gesamt}	gesamte Querschnittsfläche des Mikroschliffs	mm^2
A_j	Amplitude j	-
A_L	Querschnittsfläche des Laserauftreffpunktes	mm^2
A_o	oberes Abmaß	mm
A_{Poren}	Querschnittsfläche der Poren	mm^2
A_s	Fläche des Körperstrahlers	mm^2
A_{Ti64}	Bruchdehnung der Legierung Ti-6Al-4V	%
A_u	unteres Abmaß	mm
b_{aL}	Breite der aufgetragenen Lage	mm
$[b_{jk}]$	Koeffizientenmatrix	-
b_l	Kalibrationsparameter	-
B	Probendicke in der Crack Compliance Methode	mm
c_p	spezifische Wärmekapazität	J/(kg K)
$c_{p;H2O}$	spezifische Wärmekapazität von H_2O	J/(kg K)
$c_{p;Ti64}$	spezifische Wärmekapazität der Legierung Ti-6Al-4V	J/(kg K)
$[C]$	Nachgiebigkeitsmatrix	-
$[C_{ES}]$	Nachgiebigkeitsmatrix des Eigenspannungsverlaufs	-
$C_{D,\,LPA}$	direkte Materialkosten	€
$C_{G,\,LPA}$	Gemeinkosten	€
C_{ij}	Nachgiebigkeitselement	-
$C_{I,\,LPA}$	indirekte Materialkosten	€
C_{LPA}	Bauteilherstellkosten im integrierten LPA-Verfahren	€
$C_{M,\,LPA}$	Maschinen- und Anlagenkosten	€

Symbol	Beschreibung	Einheit
$C_{P,LPA}$	Personalkosten	€
C_s	integrierte Strahlungsintensität	-
d_{Laser}	Laserstrahldurchmesser	μm
$D_{o,u}$	schmalster Strahlquerschnitt	μm
e_ε	Fehlerwert der Dehnungen	μm
e_{Ero}	Leistungsbedarf der Erodieranlage	kW
$e_{Ero,Stb}$	Standby-Leistungsbedarf der Erodieranlage	kW
e_F	Leistungsbedarf des CNC-Bearbeitungszentrums	kW
$e_{F,Stb}$	Standby-Leistungsbedarf des CNC-Bearbeitungszentrums	kW
e_{LPA}	Leistungsbedarf der LPA-Bearbeitungszelle	kW
$e_{LPA,Stb}$	Standby-Leistungsbedarf der LPA-Bearbeitungszelle	kW
e_S	Leistungsbedarf der Laserschweißanlage	kW
$e_{S,Stb}$	Standby-Leistungsbedarf der Laserschweißanlage	kW
e_W	Leistungsbedarf des Wärmebehandlungsofens	kW
$e_{W,Stb}$	Standby-Leistungsbedarf des Wärmebehandlungsofens	kW
E	Elastizitätsmodul	GPa
E'	effektiver Elastizitätsmodul	GPa
E_A	Energieaufwand der Pulverherstellung	MJ
$E_{CE,i}$	kumulierter Energieaufwand eines Herstellungsverfahrens	MJ
$E_{Ero,i}$	Energieaufwand der Drahterodierens	MJ
$E_{F,i}$	Energieaufwand der finalen Aufbereitung	MJ
E_{FR}	Energieaufwand der Formgebung	MJ
E_{Laser}	Energieverbrauch des Lasers	MJ
$E_{M,i}$	Energieaufwand zur initialen Materialbereitstellung	MJ
$E_{Mil,i}$	Energieaufwand des Fräsens	MJ
$E_{P,i}$	Energieaufwand der Fertigung	MJ

Symbol	Beschreibung	Einheit
$E_{Prep,i}$	Energieaufwand der Fertigungsvorbereitung	MJ
$E_{Roboter}$	Energieverbrauch der Roboterzelle	MJ
$E_{R,i}$	recyclefähiger Energieaufwand	MJ
E_s	Streckenenergie	J/m
$E_{S,i}$	Energieaufwand für Pulver- und Bauplattenherstellung	MJ
$E_{SchlichtF,Ti64}$	Energieaufwand für das Schlichtfräsen von Ti-6Al-4V	MJ
$E_{SchruppF,Ti64}$	Energieaufwand für das Schruppfräsen von Ti-6Al-4V	MJ
$E_{T,i}$	Energieaufwand der Nachbearbeitung	MJ
E_{Ti64}	Elastizitätsmodul der Legierung Ti-6Al-4V	GPa
$E_{W,i}$	Energieaufwand des Schweißprozesses	MJ
$E_{WB,i}$	Energieaufwand der Wärmebehandlung	MJ
f_n	Zielkriterien der Optimierung	-
F_x	Fixierungskraft in x-Richtung	kN
g	Korrekturfunktion	-
G_o	Höchstmaß	mm
G_u	Mindestmaß	mm
h_1	finale Aufbauhöhe	mm
h_2	Aufbauhöhe zum Zeitpunkt der vorletzten Lage	mm
h_{As}	Höhe des Aufmischungsbereichs	mm
h_i	Einzelwert der Messhöhe einer Lage	mm
h_{max}	maximale Höhe der Lagen	mm
h_{Mess}	gemessene Lagenhöhe	mm
h_{min}	Mindestlagenhöhe	mm
h_{opt}	geplante Aufbauhöhe	mm
h_{OWQ}	Wirkungstiefe der Oberflächenwärmequelle	mm
h_{VWQ}	Höhe der Volumenwärmequelle	mm

Symbol	Beschreibung	Einheit
H	Aufbauhöhenabweichung	mm
I	Laserstrahlintensität	W/mm^2
k_{AP}	Arbeitsplatzkosten für den Ingenieur	€/h
k_{Ar}	Verbrauch von Argon	€/h
k_{CAE}	Stundensatz der verwendeten CAE-Software	€/h
k_E	Stromkosten	€/kWh
k_{Ero}	Maschinenstundensatz der Erodieranlage	€/h
k_F	Maschinenstundensatz der Fräsanlage	€/h
k_{Fil}	Verschleiß des Filters in der Zellenabsaugung	€/h
k_{Hard}	Stundensatz der Workstation für CAE-Anwendungen	€/h
k_{He}	Verbrauch von Helium	€/h
k_{Ing}	Stundensatz des Ingenieurs	€/h
k_{LPA}	Maschinenstundensatz der LPA-Anlage	€/h
k_{Pul}	Kilopreis des verwendeten Metallpulvers	€/kg
$k_{P, Mat}$	Kilopreis des verwendeten Plattenmaterials	€/kg
k_{Raum}	zeitbezogener Kostensatz des Maschinenstellflächen	€/m^{2}h
k_S	Maschinenstundensatz der Laserschweißanlage	€/h
k_{Tech}	Stundensatz des technischen Personals	€/h
k_{th}	Thermokoeffizient der Dehnungsmessstreifen	µV/K
k_W	Maschinenstundensatz des Wärmebehandlungsofens	€/h
K_I	Spannungsrissintensitätsfaktor	MPa m$^{1/2}$
l	Messgitterlänge des Dehnungsmessstreifens	mm
l_R	Messlänge der Rauheit	mm
L	Probenlänge in der CCM	mm
L_j	Legendre-Polynom	-
L_3	Kantenlänge des Messraumes mit Messunsicherheit U_3	mm

Symbol	Beschreibung	Einheit
m_{Bau}	Masse der Bauplattform	kg
$\dot{m}_{H2O}$	Wassermassenstrom	g/min
$\dot{m}_{Pul}$	Pulvermassenstrom	g/min
m_{Pulver}	Masse des Pulvers	kg
$m_{Pulver,Abfall}$	Abfallmasse des ungenutzten Pulvers	kg
$M_{CF,i}$	Carbon Footprint des Herstellungsverfahrens i	kg
$M_{CO2,i}$	Masse der CO_2-Emssionen der Einzelprozesse	kg
n_{Anz}	Anzahl der Messungen	-
n_{BP}	Anzahl der Bauteile pro Bauplattform	-
n_W	Anzahl der Bauteile pro Wärmebehandlungszyklus	-
N_{Lage}	Anzahl der Lagen	-
N_{MC}	Anzahl der Monte-Carlo-Simulationsdurchläufe	-
N_{Soll}	Sollmaß	mm
N_{Stck}	Stückzahl der Bauteile pro Fertigungslos	-
o_i	Suchraumrestriktion	-
O_s	Bahnpositionsoffset	mm
p_c	Rekombinationswahrscheinlichkeit	-
p_{gesamt}	gesamte Punktbewertung	-
p_h	Punktbewertung Aufbauhöhe	-
p_m	Mutationswahrscheinlichkeit	-
$p_{R,S,Ü}$	Punktbewertung Nahtqualität	-
p_Φ	Punktbewertung Aspektverhältnis	-
$[P]$	Polynommatrix	-
$[P_{ES}]$	Polynommatrix des Eigenspannungsverlaufs	-
P_0	konstanter Vorfaktor zur Laserleistung	W
P_j	Basispolynomfunktion	-

Symbol	Beschreibung	Einheit
P_L	Laserleistung	W
$P_{L,frei}$	frei propagierende Laserleistung	W
$P_{L,max}$	maximaler Laserleistungswert	W
$P_{L,transmittiert}$	transmittierte Laserleistung	W
q_3	volumenbezogene Verteilungsfunktion der Partikelverteilung	$10^{-2}/\mu m$
q_f	Strahlöffnungswinkel	°
q_{fe}	konduktiver Wärmestrom	J/s
q_{fl}	Oberflächenquelldichte	W/cm^2
q_k	konvektiver Wärmestrom	J/s
q_s	strahlungsinduzierter Wärmestrom	J/s
q_{vol}	Volumenquelldichte	W/cm^3
Q	Wärmeenergie	J
$Q_{Ab,Bau}$	absorbierte Laserenergie an der Bauplattform	J
$Q_{Ab,Pulv}$	absorbierte Laserenergie im Pulverstrom	J
Q_{Kond}	konduktiv abgeführte Wärmeenergie	J
Q_{Konv}	konvektiv abgeführte Wärmeenergie	J
Q_{Laser}	zugeführte Laserenergie	J
$Q_{Re,Bau}$	reflektierte Laserenergie an der Bauplattform	J
$Q_{Re,Pulv}$	reflektierte Laserenergie im Pulverstrom	J
$Q_{S,Bau}$	Schmelzwärmeenergie der Bauplattform	J
Q_{Strahl}	strahlungsbedingte Wärmeenergieabfuhr	J
Q_{Tran}	transmittierte Laserenergie	J
r	Polarkoordinate	-
r_{Las}	Radius des Laserstrahls im Bearbeitungsabstand	μm
r_{PFo}	Pulverfokusdurchmesser	mm
R	gemessener Widerstand	Ω

Symbol	Beschreibung	Einheit
R_a	arithmetischer Mittenrauwert	µm
R_D	dehnungsbedingter Widerstand	Ω
$R_{m;Ti64}$	Zugfestigkeit der Legierung Ti-6Al-4V	MPa
R_{oVWQ}	oberer Radius der Volumenwärmequelle	mm
R_{OWQ}	Radius der Oberflächenwärmequelle	mm
$R_{p0,2;Ti64}$	0,2 %-Dehngrenze der Legierung Ti-6Al-4V	MPa
R_T	temperaturbedingter Widerstand	Ω
R_{uVWQ}	unterer Radius der Volumenwärmequelle	mm
R_z	gemittelte Rautiefe	µm
s_{Ero}	Schnittlänge im Drahterodierprozess	mm
s_{Fokus}	motorische Fokusoptikposition im LPA-Prozess	mm
s_{LPA}	Bearbeitungsabstand im LPA-Prozess	mm
s_m	empirische Standardabweichung	mm
s_{MC}	Standardabweichung der Spannungen der MC-Simulation	mm
s_{Ti64}	spezifische Schmelzenthalpie der Legierung Ti-6Al-4V	J/kg
$s_{u,\varepsilon}$	Standardabweichung der Dehnungen	µm
s_{WEDM}	Schnittspaltbreite im WEDM-Prozess	µm
t	Probenhöhe in der CCM	mm
t_{aL}	Höhe der aufgetragenen Lage	mm
t_{Ero}	Zeitdauer des Erodierprozesses	h
$t_{Ero, RZ}$	Rüstzeit des Erodierprozesses	h
t_F	Zeitdauer des Fräsprozesses	h
t_{Fin}	Zeitdauer des Reinigungsprozesses	h
$t_{F, RZ}$	Rüstzeit des Fräsprozesses	h
t_{LPA}	Zeitdauer des LPA-Prozesses	h
$t_{LPA, RZ}$	Rüstzeit des LPA-Prozesses	h

Symbol	Beschreibung	Einheit
$t_{\text{Plan,LPA}}$	Planungsdauer der Bearbeitungsstrategie	h
$t_{\text{Plan,S}}$	Planungsdauer der Schweißbearbeitung	h
t_{Pre}	Zeitdauer des Vorströmprozesses	h
t_{Post}	Zeitdauer des Nachströmprozesses	h
t_{R}	Zeitdauer der Laserrampe auf die Sollleistung P_{L}	ms
t_{S}	Zeitdauer des Laserschweißens	h
t_{Seg}	Planungsdauer für die Segmentierungsstrategie	h
t_{Spann}	Planungszeit für die Aufspannvorrichtung	h
$t_{\text{S, RZ}}$	Rüstzeit für das Laserschweißen	h
t_{Vor}	Zeitdauer des initialen Bauplattformfräsens	h
$t_{\text{Vor,RZ}}$	Rüstzeit für das initiale Bauplattformfräsen	h
t_{W}	Zeitdauer der Wärmebehandlung	h
$t_{\text{W, RZ}}$	Rüstzeit für die Wärmebehandlung	h
t_{Ww}	Wechselwirkungszeit	s
T	Temperatur	°C
T_0	Temperatur der Umgebung	°C
$T_{\text{additiveFertigung}}$	additiv gefertigtes Toleranzmaß	mm
T_{B}	Bauteiltemperatur	°C
T_{β}	β-Transustemperatur	°C
$T_{\text{erf.}}$	erforderliches Toleranzmaß	mm
$T_{\text{erf.;0,95}}$	einseitig beschränktes, erforderliches Toleranzmaß	mm
T_{Li}	Liquidustemperatur	°C
T_{n}	Temperatur in Lage n	°C
T_{Mess}	Messstellentemperatur	°C
T_{MS}	Martensitstarttemperatur	°C
T_{O}	Oberflächentemperatur	°C

Symbol	Beschreibung	Einheit
T_{Prozess}	prozessbedingtes Toleranzmaß	mm
$T_{\text{Prozess;0,95}}$	einseitig beschränktes, prozessbedingtes Toleranzmaß	mm
$T_{\text{R,S}}$	Differenz zwischen Raum- und Schmelztemperatur	°C
T_{R}	Raumtemperatur	°C
$T_{\text{Rück}}$	Rücklaufwassertemperatur	°C
T_{S}	Schmelztemperatur	°C
T_{Sol}	Solidustemperatur	°C
T_{Vor}	Vorlaufwassertemperatur	°C
T_{VS}	Vergleichsstellentemperatur	°C
T_{W}	Wärmebehandlungstemperatur	°C
u_i	Suchraumrestriktion	-
U	Innere Energie	J
U_3	dreidimensionale Messunsicherheit	μm
U_{th}	Thermospannung	μV
v_{Ero}	Vorschubgeschwindigkeit im Drahterodierprozess	mm/min
v_s	Vorschubgeschwindigkeit	m/s
V_{AE}	Volumen des Anschlusselements	mm³
V_{Anteil}	Volumenanteil des Gesamtenergieeintrages	-
V_{Auf}	Volumen des Aufmaßes	mm³
V_{B}	Volumen des Bauteils	mm³
$V_{\text{Diff,p}}$	Volumenaufschlag für prismatische Halbzeuge	mm³
V_{P}	Volumen der Bauplattform	mm³
w	spezifischer Geometriefaktor	-
W	Mechanische Arbeit	J
x	Raumkoordinate	-
x_i	Individuen als Lösungswerte des Genetischen Algorithmus	-

Symbol	Beschreibung	Einheit
x_m	Mittelwert der Messwerte in der Streuwertbetrachtung	mm
x_{opt}	optimales Lösungsindividuum des Genetischen Algorithmus	-
x_p	Partikelgröße	µm
$x_{s,i}$	Messwert in der Streuwertbetrachtung	mm
X	Messgröße in der Streuwertbetrachtung	mm
$\tilde{X}$	wahrer Wert der Messgröße in der Streuwertbetrachtung	mm
X_S^M	definierter Suchraum	-
y	Raumkoordinate	-
Y_1	Korrekturfaktor	-
z	Raumkoordinate	-
Z	Funktion des Probengeometrieeinflusses	-
Z_f	Brennweite	mm
Z_R	Rayleigh-Länge	mm

1 Einleitung und Motivation

1.1 Additive Fertigung in der Luftfahrt

Aufgrund der stetig wachsenden Weltbevölkerung, des zunehmenden Wohlstandsniveaus sowie der gleichzeitig voranschreitenden Entwicklung der globalen Märkte erfährt der Bedarf an individuellen, interkontinentalen Mobilitätslösungen seit Jahrzehnten einen bedeutenden Anstieg. Im Bereich der Luftfahrt führt diese Entwicklung zu einem stetig ansteigenden Passagieraufkommen von ca. 7 % p.a. im Flugverkehr [BDG17] und zu einer vermehrten Nachfrage nach Luftfahrzeugen. Die limitierte Verfügbarkeit der benötigten Rohstoffe sowie der verwendeten Energieträger verstärkt den Bedarf an effizienten Flugzeugen sowie technologischen Innovationen für deren ressourcenschonende Herstellung und deren Betrieb. Das Ziel für die globale Luftfahrt besteht darin, die Menge der luftfahrtbedingten Kohlenstoffdioxidemissionen aus dem Referenzjahr 2005 bis zum Jahr 2050 um mehr als 50 % zu reduzieren [Int19].

Eine zentrale Einflussgröße zur Steigerung der Effizienz der Ressourcennutzung und des Lufttransports stellt der Leichtbau der eingesetzten Strukturen dar [DL12]. Dies wird durch die Veränderungen der in Abbildung 1.1 dargestellten Materialkompositionen neuer Flugzeuggenerationen deutlich. Dabei spielen die Titanlegierungen eine zunehmend wichtige Rolle.

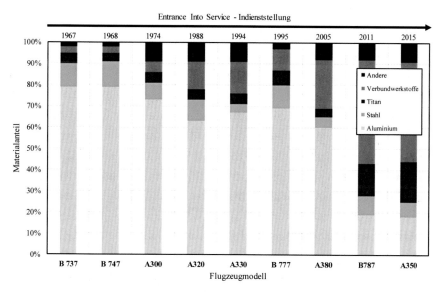

Abbildung 1.1: Entwicklung der Materialanteile im zivilen Flugzeugbau nach [HO13, Jea15, Neu18]

© Der/die Autor(en), exklusiv lizenziert durch
Springer-Verlag GmbH, DE , ein Teil von Springer Nature 2021
M. L. B. Möller, *Prozessmanagement für das Laser-Pulver-Auftragschweißen*,
Light Engineering für die Praxis, https://doi.org/10.1007/978-3-662-62225-4_1

Leichtbaustrategien führen jedoch für die konventionellen Zerspantechnologien zu einem Zielkonflikt in der Produktion von Titanwerkstoffen. Auf der einen Seite steht die Forderung nach einem minimalen Bauteilgewicht, welches in mittleren Spanvolumina von ca. 90 % und damit einem großen Abfallanteil resultiert [PKW03]. Auf der anderen Seite sollen die Kosten und zu diesem Zweck die Zerspanaufwände minimiert werden. Insbesondere für Titanwerkstoffe bedingen die mechanischen und physikalischen Eigenschaften eine herausfordernde Zerspanbarkeit, die durch ausgedehnte Bearbeitungszeiten in Verbindung mit einem gesteigerten Werkzeugverschleiß gekennzeichnet ist und die Beeinträchtigung der wirtschaftlichen Herstellung von Titanbauteilen zur Folge hat [Dav14, LW07, PL02]. Für moderne Verkehrsflugzeuge wie den Airbus A350 beträgt der Anteil von Titanlegierungen am Materialmix mittlerweile fast 20 % [HFM08, Neu18]. Bereits für die Herstellung der 850 bestellten Flugzeuge [Air19] (Stand 2019; siehe Anhang A.1) dieses Typs beläuft sich der gesamte Bedarf an Halbzeugmaterial auf 110.000 Tonnen Titanwerkstoff, die einem Marktwert von ca. 3,85 Mrd. € entsprechen [PKW03, Woh18]. Damit fallen bedingt durch die großen Spanvolumina innerhalb der konventionellen Produktion Titanabfälle mit einem Materialwert von 3,47 Mrd. € an, welche nur etwa zu 5 % recycelt werden können [Dav14, ZW11]. Neben diesem finanziellen Aufwand werden im Zuge der Rohstoff- und Halbzeugherstellung zusätzlich Kohlenstoffdioxid (CO_2)-Emissionen von mehr als 10 Mio. Tonnen ausgestoßen, um Titanmaterial herzustellen, welches im nächsten Produktionsschritt in Abfall überführt wird (siehe Anhang A.1). Dieser Umfang entspricht näherungsweise dem gesamten jährlichen CO_2-Emissionsvolumen Lettlands [MGS18].

Additive Produktionsverfahren zeichnen sich dadurch aus, genau in diesem Zielkonflikt eines ihrer Applikationspotenziale zu entfalten. Dabei erfolgt die Bauteilherstellung durch einen schichtweisen Prozess, bei dem nur in den Bereichen Material aufgebaut wird, an denen ein strukturelles oder funktionelles Erfordernis besteht. Diese Produktionstechnologie weist im Kontrast zu spanenden Fertigungstechnologien mit sinkender Bauteilmasse auch sinkende Fertigungskosten auf [Geb17, HRG16]. Eine Ausprägung der additiven Produktionstechnologien ist das Laser-Pulver-Auftragschweißen (LPA). Bei dem Verfahren wird ein pulverförmiger Werkstoff über einen Trägergasstrom mit einer Düse in den Laserstrahl eingebracht und mit dessen Energie aufgeschmolzen. Charakteristisch für das LPA ist die Kombination gesteigerter Produktivitäten mit einem Auflösungsvermögen für Strukturen im Submillimeterbereich. Weiterhin zeichnet sich dieses Verfahren durch die flexible und unabhängige Handhabung von Bearbeitungskopf und Substrat sowie geringe Bauraumlimitationen aus [Emm18]. Für die endkonturnahe Fertigung von Titanbauteilen in der Luftfahrtindustrie weist das LPA-Verfahren durch die beschriebenen Eigenschaften große Kosteneinsparungspotenziale auf.

Trotz dieser aufgezeigten positiven Perspektiven ist der LPA-Prozess bislang überwiegend für einen flächigen Materialauftrag als Reparatur- und Beschichtungsverfahren etabliert [LJL16, PMC15, ZCT17]. Die unzureichende Vorhersagbarkeit der Prozessergebnisses limitiert die Applikation des Verfahrens in der Produktion von Komponenten und beschränkt nach dem aktuellen Stand der Technik die aktive Steuerung der Ergebnisqualität für die additive Fertigung. Die Barrieren für den Einsatz des Verfahrens zur Herstellung von endkonturnahen, dünnwandigen Bauteilen lassen sich dabei im Wesentlichen in drei Kernherausforderungen zusammenfassen.

Das erste Hemmnis besteht in der mangelnden Kenntnis über die systemtechnischen und prozessualen Einflussfaktoren und deren Auswirkungen auf die qualitätsrelevanten Ergebnisgrößen [AP11, CCS10, KK04b, WS10]. Zweitens ist heute keine qualifizierte durchgängige Prozesskette für die additive Fertigung von Luftfahrtbauteilen mit dem LPA-Verfahren etabliert, die es ermöglicht, Bauteile mit einer geometrischen Maßhaltigkeit innerhalb des Toleranzbereichs von ± 1 mm zu fertigen [DMD18, SGB17, Wit15]. Die dritte Herausforderung liegt darin, dass keine quantitativen Untersuchungen zur Bewertung des Kosten- und Ressourcenpotenzials einer additiven Prozesskette mit dem LPA-Verfahren für die Produktion von Luftfahrtbauteilen vorhanden sind [LJL16, ZJS14]. Diese drei Aspekte bilden die wesentlichen Barrieren hinsichtlich der Einführung der Technologie in der additiven Luftfahrtproduktion.

1.2 Zielsetzung

Die Zielsetzung dieser Arbeit ist es, diese Hemmnisse zu beseitigen. Dazu werden die systemtechnischen und prozessualen Einflussfaktoren erfasst und der Einfluss auf die qualitätsrelevanten Ergebnisgrößen ermittelt. Die Erkenntnisse werden in einer Prozessstrategie konsolidiert, die eine qualitätsgerechte, wirtschaftliche und ressourcenschonende Fertigung von Luftfahrtkomponenten im LPA-Verfahren ermöglicht (siehe Abbildung 1.2).

Im Rahmen dieser Arbeit soll zusätzlich ein Beitrag zur prozesssicheren und wirtschaftlichen Herstellung von dünnwandigen Titanstrukturen (Wandstärke < 5 mm) mit dem LPA-Verfahren für die Luftfahrt geleistet werden. Technologie- und Produktivitätsgrenzen konventioneller Fertigungsverfahren hemmen die konsequente Erschließung von Leichtbaupotenzialen und sind gekennzeichnet durch einen großen Ressourceneinsatz. Durch die Nutzung additiver Produktionstechnologien können diese Limitationen überwunden werden. Die praxisorientierte Erarbeitung einer Prozessstrategie unter Verwendung der Methoden des Fertigungsprozessmanagements soll die Grundlage für die Anwendung des LPA-Verfahrens in der industriellen Luftfahrtproduktion legen.

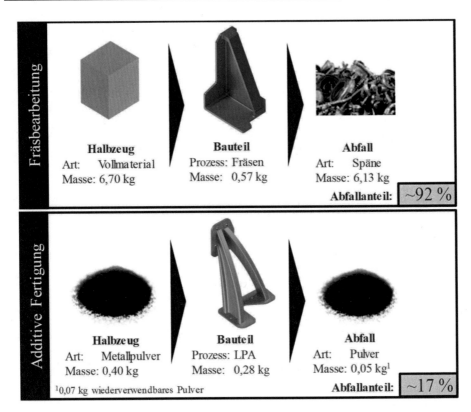

Abbildung 1.2:   Vision ressourceneffizienter und kostengünstiger, hochproduktiver additiver
                  Fertigung in der Luftfahrt

1.3 Aufbau der Arbeit

Für die Erarbeitung einer Prozessstrategie für das LPA erfolgt zunächst eine thematische
Einbettung der Problemstellung entlang derer die Arbeit strukturiert wird (siehe Abbil-
dung 1.3). Hierzu werden die verwendete Terminologie sowie die relevanten inhaltlichen
Grundlagen in Kapitel 2 vorgestellt. Aus diesen Ausführungen werden in Kapitel 3 der
Forschungsbedarf sowie die konkrete Zielsetzung für die Arbeit hergeleitet. Zusammenfassend werden im selben Kapitel die Methodik und der systematische Lösungsweg aufgezeigt, die den Rahmen dieser Arbeit bilden. Daran anschließend werden in Kapitel 4 die
Prozess- und Anlagentechnologien beschrieben und deren wesentliche Eigenschaften aufgezeigt.

Der Hauptteil der Arbeit umfasst die Kapitel 5 bis 9. In Kapitel 5 werden die prozessualen
und anlagensystemtechnischen Einflussfaktoren identifiziert und grundlegend untersucht.
Den Abschluss des Kapitels bildet die Beschreibung der Ergebnisqualität von Bauteilen

für die additive Fertigung mittels LPA. Kapitel 6 beinhaltet die grundlegenden Untersuchungsergebnisse des Eigenschaftsprofils LPA-gefertigter Strukturen. Auf Grundlage der Erkenntnisse aus diesen Untersuchungen wird in Kapitel 7 basierend auf den Methoden des Prozessmanagements eine neuartige Prozessstrategie hergeleitet und an einem Demonstrator evaluiert. Dieses entwickelte Vorgehen wird in Kapitel 8 auf die industrielle Prozesskette zur Fertigung eines *Door Hinge Arm* (DHA)-*Brackets* übertragen und validiert. Die Evaluierung der Ressourceneffizienz sowie des Kostenpotenzials additiver Produktionstechnologien erfolgt in Kapitel 9.

1 Einleitung und Motivation
- Ausgangssituation und Motivation
- Zielsetzung
- Aufbau der Arbeit

2 Stand von Wissenschaft und Technik
- LPA-Verfahren
- Werkstoff
- Qualität u. Toleranzen
- Prozessmanagement

3 Forschungsbedarf und Lösungsweg
- Forschungsbedarf
- Methodischer Ansatz
- Zielkriterien
- Lösungsweg

4 Prozess- und Anlagensystemtechnik
- Anlagentechnik
- Programmierung
- Pulvereigenschaften
- Messtechnik

5 Anlagensystemtechnische und prozessuale Einflussfaktorenbewertung
- Einflussfaktoren
- Pulveranalyse
- Systemtechnik-analyse

6 Bewertung der qualitätsrelevanten Ergebnisgrößen
- Parameterdefinition
- Mikrostruktur
- mech. Eigenschaften
- geom. Eigenschaften

7 Qualitätszielorientierte Prozessstrategieentwicklung
- Evolutionäre Prozessparameteridentifikation
- Drei-Phasen-Modell
- Teilstruktur- und Wechselwirkungszeitenanalyse
- Bearbeitungsstrategien

8 Validierung in der industriellen Prozesskette
- industrielles Anwendungsbeispiel
- Prozessplanung
- Applikation

9 Ressourceneffizienz und Kostenpotenziale
- Nachhaltigkeit
- CO_2-Emissionen
- Kostenmodell
- Potenzial der Kosten

10 Zusammenfassung und Ausblick
- Zusammenfassung der Ergebnisse
- Ausblick für weitere Forschungsansätze

Abbildung 1.3:   Aufbau der vorliegenden Arbeit

Kapitel 10 schließt mit der Zusammenfassung der gewonnenen Erkenntnisse sowie dem Ausblick auf den zukünftigen Forschungsbedarf.

2 Stand von Wissenschaft und Technik

Dieses Kapitel beschreibt einführend die additive Fertigung und bietet eine kurze Einordnung der verwendeten Terminologie für das Laser-Pulver-Auftragschweißen. Nachfolgend werden die grundlegende Prozessführung, die Einordnung des Verfahrens in die Produktionsprozesskette sowie die erforderlichen werkstofftechnischen Grundlagen vorgestellt. Weiterführend wird aufbauend auf der begrifflichen Definition von Qualität und Qualitätsmanagement ein kontextueller Rahmen geschaffen, in dem die Anforderungen an additiv gefertigte Bauteile formuliert werden können. Unter diesen Randbedingungen wird die Gestaltung eines Toleranzmanagements für die additive Produktion aufgezeigt. Abschließend werden die Methoden des Prozessmanagements grundlegend dargestellt und die wissenschaftlichen Erkenntnisse zur Übertragung auf Prozessketten in der Produktion für ein Fertigungsprozessmanagement aufgezeigt.

2.1 Additive Fertigung

Additive Fertigungsverfahren sind der Gruppe urformender Fertigungsverfahren zuzuordnen [DIN8580]. Wesentliches Merkmal der additiven Fertigungsverfahren ist der schichtweise Materialaufbau, der eine Herstellung von Bauteilen direkt aus Konstruktionsdaten ohne bauteilindividuelle Werkzeuge ermöglicht [AP19]. Für die Beschreibung der grundsätzlichen Systematik der Fertigungsverfahren wird nach [Bur93, Geb17] zwischen den formativen Fertigungsverfahren, die bei konstantem Materialvolumen einen Körper in der Form verändern (z.B. Schmieden), den subtraktiven Fertigungsverfahren, die durch das Entfernen definierter Bereiche eine Geometrie erzeugen (z.B. Fräsen) und den additiven Fertigungsverfahren unterschieden. Im Kontrast zu den subtraktiven Fertigungsverfahren weisen die zuletzt aufgeführten eine inhärente Materialressourceneffizienz auf, da nur das Material prozessiert wird, welches für die Funktion benötigt wird [Geb17]. Aufgrund dieses Potenzials existiert eine vielfältige und stetig wachsende Anzahl unterschiedlicher Prinzipien und Ausprägungen additiver Fertigungstechnologien [Woh18].

Grundlegend basieren einstufige additive Fertigungsprozesse auf der kontinuierlichen oder sequenziellen Zufuhr eines zumeist pulver- oder drahtförmigen Zusatzwerkstoffs, der in der Prozesszone von einer Energiequelle aufgeschmolzen wird. Das auf diese Weise aufgebaute Material wird durch die Relativbewegung der Energiezufuhr oder Energie- und Pulverzufuhr mit den darunterliegenden und den umgebenden Schichten verbunden. Auf diese Weise resultiert der schichtweise Aufbau des Werkstoffs [Klo15]. In [ISO52900]

© Der/die Autor(en), exklusiv lizenziert durch
Springer-Verlag GmbH, DE , ein Teil von Springer Nature 2021
M. L. B. Möller, *Prozessmanagement für das Laser-Pulver-Auftragschweißen*,
Light Engineering für die Praxis, https://doi.org/10.1007/978-3-662-62225-4_2

wird eine Prozesskategorisierung anhand des gewählten Prinzips der Materialzufuhr sowie der gewählten Art der Energiequelle vorgenommen. Bedingt durch die vielfältigen Bezeichnungen gleichartiger additiver Fertigungsverfahren in wissenschaftlichen und industriellen Veröffentlichungen erfolgt in [ISO17296b, ISO52900, VDI3405] eine normative Begriffsdefinition, die für die folgenden Beschreibungen verwendet wird. Die Verfahren der gerichteten Energiedeposition, wie beispielsweise das Lichtbogendrahtauftragschweißen (*Wire Arc Additive Manufacturing* (WAAM)), bei dem ein drahtförmiger Zusatzwerkstoff in einem Lichtbogen aufgeschmolzen wird, und das in dieser Arbeit betrachtete Laser-Pulver-Auftragschweißen (LPA) basieren auf dem ursächlichen Wirkprinzip von Schweißverfahren. Für diese Schweißverfahren besteht eine jahrzehntelange Erfahrung aus dem Verbindungs- und Auftragsschweißen. Somit kann auf ein umfängliches Prozesswissen zurückgegriffen werden [Dil00, Dil13, MS16, Sch10]. Innerhalb der Gruppe additiver Fertigungsverfahren zeichnen sich insbesondere die Verfahren des pulverbettbasierten Schmelzens durch eine fortgeschrittene technologische Reife aus. Diese werden im Rahmen dieser Arbeit als Referenzverfahren betrachtet. Hierbei sind das Laserstrahlschmelzen (*Laser Beam Melting* (LBM)) sowie das Elektronenstrahlschmelzen (*Electron Beam Melting* (EBM)) die beiden Verfahren mit der umfangreichsten industriellen Nutzung [Woh18]. Diese basieren auf der iterativen Erzeugung einer Pulverschicht und dem lokalen Aufschmelzen definierter Bereiche zur Herstellung eines Bauteils. Im Folgenden wird das LPA-Verfahren detailliert vorgestellt. Für die weiterführende Darstellung additiver Fertigungstechnologien, der Eigenschaften sowie der vorhandenen Applikationen wird auf die umfangreiche Literatur verwiesen [AP19, Geb17, Klo15, Zey17].

Die vorgestellten Verfahren können entlang unterschiedlicher Kriterien in Kategorien eingeteilt werden. Im Wesentlichen können vier Kategorien identifiziert werden, die für die Bewertung der technischen Machbarkeit und Wirtschaftlichkeit in Applikationen eine erste Einschätzung ermöglichen [Geb17, Zey17]. Als erstes kann der als **Aufbaurate** bezeichnete Zeitbedarf für die Generierung eines definierten Materialvolumens die Produktivität der Technologie beschreiben. Zum zweiten charakterisiert die minimal erzeugbare Strukturgröße das sogenannte **Auflösungsvermögen** des Verfahrens. Die dritte technologische Kenngröße eines additiven Fertigungsverfahrens stellt die **Bauraumlimitation** dar und definiert somit die maximalen äußeren Abmaße der herstellbaren Bauteilgeometrie. Das verbleibende Kriterium beschreibt über den **Maschinenpreis** unter Einbeziehung der vorstehenden Kriterien sowie der jeweils notwendigen Produktionsperipherie die Wirtschaftlichkeit (siehe Abbildung 2.1).

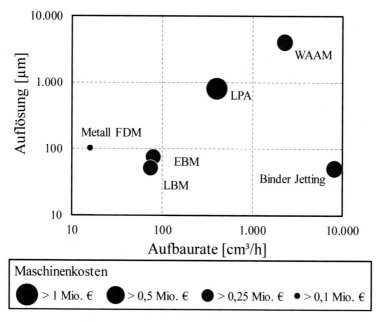

Abbildung 2.1:   Charakterisierung additiver Fertigungstechnologien anhand der Aufbaurate
                   sowie des Auflösungsvermögen und der Investitionskosten nach [Emm18]

Im Vergleich zu den pulverbettbasierten Verfahren zeichnet sich das betrachtete LPA-
Verfahren durch gesteigerte Aufbauraten sowie geringere Bauraumlimitationen, beispielsweise im Vergleich zum *Binder Jetting*, aus. Das LPA-Verfahren verfügt dementsprechend über eine vergleichsweise große Aufbaurate mit einem Auflösungsvermögen im
Submillimeterbereich, das aufgrund der geringen Bauraumlimitationen auch für Groß-
strukturen anwendbar ist.

2.2   Laser-Pulver-Auftragschweißen

Im Rahmen dieser Arbeit wird das Laser-Pulver-Auftragschweißen und dessen Verwendung zur additiven Bauteilherstellung untersucht. Vor diesem Hintergrund werden in den
nachfolgenden Abschnitten die Prozessgrundlagen, die verfahrensspezifischen Besonderheiten und das Vorgehen innerhalb der Prozesskette beschrieben.

2.2.1   Laser in Produktionstechnologien

Die Lasertechnik bildet in vielen Branchen den Grundstein für innovative und ressourceneffiziente Fertigungsprozesse [HG09, Pop05]. Innerhalb der Fertigungstechnik hat sich
der Laser für verschiedenartige und insbesondere schweißtechnische Applikationen etabliert.

Die elektromagnetische Strahlung des Lasers ist aufgrund des spezifischen Eigenschaftsprofils sehr gut fokussierbar [HG09]. Dadurch lässt sich zum einen die Energie der Strahlung auf einen sehr kleinen Wirkungsbereich beschränken und zum anderen die Energiemenge sehr feinfühlig auf die Anforderungen der Applikation abstimmen. In Abbildung 2.2 sind die idealisierte Kaustik eines fokussierten Laserstrahls sowie dessen charakteristische Kenngrößen dargestellt. Dabei beschreibt die Brennweite Z_f den Abstand des schmalsten Strahlquerschnittes $D_{o,u}$, dem Fokuspunkt, von der Fokussierlinse. Der Strahlöffnungswinkel oder auch Divergenzwinkel q_f bezeichnet die Aufweitung des Strahls. Mit der Rayleigh-Länge Z_R wird der Abstand, innerhalb dessen sich die Strahlquerschnittsfläche des fokussierten Strahles im Zuge der Divergenz verdoppelt, beschrieben [Dil00, ISO11145].

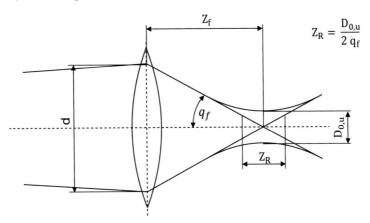

Abbildung 2.2: Strahlkaustik eines Laserstrahls und den charakteristischen Kenngrößen nach [EE06]

In der Applikationsentwicklung lasergestützter Fertigungsprozesse werden aus den Parametern der Strahlkaustik die Kenngrößen für die Prozesszone abstrahiert. Die Laserstrahlkaustik definiert somit die Ausdehnung der Querschnittsfläche A_L des Laserstrahlauftreffpunktes am Werkstück. In Kombination mit der Leistung des Laserstrahls P_L kann daraus die resultierende Laserstrahlintensität I (siehe Gleichung (2.1)) für die Wechselwirkung zwischen Laser und Material bestimmt werden [Pop05].

$$I = \frac{P_L}{A_L} \qquad (2.1)$$

Die verfügbare Laserleistung ist abhängig von der vorhandenen Anlagentechnik. Die gebräuchlichsten Strahlquellen für das Laser-Pulver-Auftragschweißen sind der Festkörperlaser, der CO_2-Laser sowie der Diodenlaser [HG09, TKC04]. Im Bereich der robotergestützten LPA-Anwendungen werden hauptsächlich der Festkörperlaser sowie der Diodenlaser eingesetzt. Dabei besitzt der Festkörperlaser die Vorteile der flexiblen Strahlführung im Vergleich zu den CO_2-Lasern sowie die bessere Strahlqualität in Relation zu den Diodenlasern [EE06, HG09, Pop05].

Aus der gewählten Laserleistung lässt sich in Verbindung mit der Schweißgeschwindigkeit ein weiterer Kennwert für das Laser-Pulver-Auftragschweißen ermitteln. Der Quotient aus Laserleistung P_L und Vorschubgeschwindigkeit v_s bildet die Streckenenergie E_s (siehe Gleichung (2.2)).

$$ E_s = \frac{P_L}{v_S} \tag{2.2} $$

Die Streckenenergie beschreibt den wegbezogenen Energieeintrag während des Auftragschweißprozesses [Dil00]. Die Laserenergie kann dabei nicht vollumfänglich für die Herstellung der Aufschmelzung des Materials umgesetzt werden. Ein Anteil der Energie kann durch unterschiedliche Verluste, wie z.B. die Wärmeableitung im Bauteil oder die Teilreflektion des Laserstrahls, nicht für den Generierprozess genutzt werden. Die Bestimmung des exakten Wärmeeintrags sowie der daraus resultierenden Wirkzonentemperatur bedarf folglich einer detaillierten Analyse der Randbedingungen und der Wärmeenergieströme im Auftragschweißprozess sowie deren Interaktion mit der Umgebung.

2.2.2 Verfahrensprinzip

Das generative Laser-Pulver-Auftragschweißen ist ein additives Fertigungsverfahren aus der Prozesskategorie der einstufigen gerichteten Energiedeposition [ISO17296b, ISO52900] und basiert auf einem lasergestützten mehrlagigen Schweißprozess zur Erzeugung einer dreidimensionalen Struktur. Dabei beschreibt das Schweißen entweder die Vereinigung von Werkstoffen mit Wärmeenergie oder Druck oder deren Kombination, sodass ein kontinuierlicher innerer Aufbau entsteht [Dil13]. Das LPA-Verfahren gehört zu der Gruppe der Schmelzschweißverfahren, bei denen das Schweißgut durch das Einbringen von Wärmeenergie generiert wird [Dil00]. Der schematische Ablauf des LPA-Prozesses ist in Abbildung 2.3 dargestellt.

Für das Erzeugen der Schweißlagen wird beim Laser-Pulver-Auftragschweißen ein pulverförmiger Zusatzwerkstoff mit einer Pulverdüse gerichtet in einen Laserstrahl eingebracht und aufgeschmolzen, um in der Prozesszone die metallurgische Verbindung des Zusatzwerkstoffs mit dem Material der Bauplattform zu bewirken [HG09]. Eine Relativbewegung zwischen der Bauplattform und dem Bearbeitungskopf führt zum Aufbau kontinuierlicher Lagen und durch das iterative Aufschweißen neuer Lagen auf den bestehenden Lagen können dreidimensionale Strukturen erzeugt werden. Für die Abschirmung der Prozesszone vor Einflüssen der umgebenden Atmosphärengase während des Aufschmelzens und Abkühlens des Materials wird eine lokale Schutzgasabschirmung mit inerten Gasen erzeugt [Dil00].

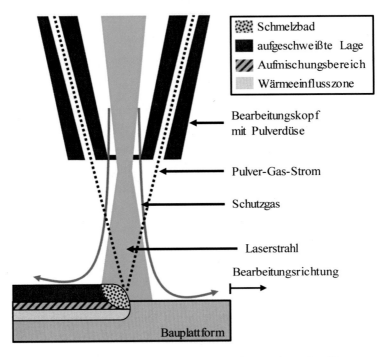

Abbildung 2.3:   Schematische Darstellung des Laser-Pulver-Auftragschweißens

Neben der Bewertung des Energieeintrags im Zuge des LPA-Prozesses (siehe Gleichungen (2.1) und (2.2)) ist die Effizienz des Materialaufbaus eine charakteristische Größe für das LPA-Verfahren. Als Bewertungsgröße wird zu diesem Zweck der Pulverwirkungsgrad η_{Pulver} eingeführt, der den Anteil des Pulvers erfasst, der für den Strukturaufbau genutzt wird. Dabei wird die tatsächliche Masse des aufgebauten Bauteils aus dessen Volumen V_{B} und dessen Dichte ρ_{Ti64} kalkuliert und in Relation zu dem während der Bearbeitungszeit t_{LPA} zugeführten Pulvermassenstrom $\dot{m}_{\text{Pul}}$ gesetzt (siehe Gleichung (2.3)) (nach [HG09]).

$$\eta_{\text{Pulver}} = \frac{V_{\text{B}}\,\rho_{\text{Ti64}}}{\dot{m}_{\text{Pul}}\,t_{\text{LPA}}} \tag{2.3}$$

Zur Ableitung der Bewegungsprogrammierung des Handhabungsroboters aus den Konstruktionsdaten werden die prozessspezifischen Randbedingungen für die Definition der Lagen sowie der Schichtebeneneinteilung (Slicen) berücksichtigt [Geb17]. Im nächsten Schritt werden diese Daten verwendet, um die notwendigen Verfahrwege für die Herstellung der definierten Geometrie zu kalkulieren. Im Rahmen dieser Arbeit werden die Berechnungen innerhalb des Werkstück-Koordinatensystems (KOS) sowie des Werkzeug-KOS vorgenommen, welches seinen Ursprung in der Prozesszone (*Tool Center Point* (TCP)) hat (siehe Abbildung 2.4).

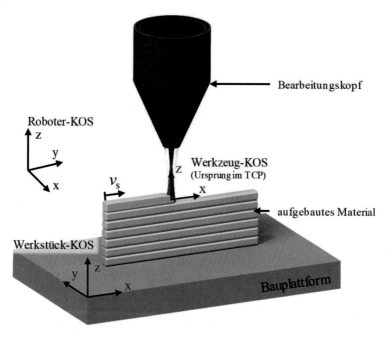

Abbildung 2.4: Koordinatensystemdefinitionen für die Bewegungsprogrammierung

Im Anschluss an die Programmierung der Bewegungen erfolgt der Transfer der Daten an die Robotersteuerung. Zur Abstimmung der idealisierten Programmierung mit den realen geometrischen Eigenschaften der Systemtechnik wird eine abgleichende Einmessung vorgenommen und die Programmierung an die geometrischen Gegebenheiten angepasst.

Luftfahrtbauteile müssen ein umfangreiches Anforderungsprofil erfüllen [DIN65123, DIN65124]. Zum Beispiel ist eine mechanische Nachbearbeitung der Oberflächen angezeigt, um die geforderten Oberflächengüte zu realisieren [HG09]. Deshalb muss der LPA-Prozess in eine durchgängige Prozesskette integriert werden. Diese muss auf der einen Seite die Anforderungen erfüllen. Auf der anderen Seite muss sichergestellt werden, dass an den Schnittstellen in der Prozesskette definierte Übergabekriterien eingehalten werden.

Bei der Produktion von Bauteilen sind an den Schnittstellen beispielsweise Toleranzmaße einzuhalten, um Ausbesserungsarbeiten und Ausschuss für eine wirtschaftliche Fertigung zu vermeiden. Aus diesem Grund wird im Folgenden der Stand der Technik der Prozesskette des LPA für die additive Produktion aufgezeigt.

2.2.3   Prozesskette für das Laser-Pulver-Auftragschweißen

Ein Fertigungsprozess besteht aus einer Abfolge einzelner Prozessschritte. Diese werden in einer definierten Reihenfolge miteinander verknüpft und unter Verwendung von Fertigungstechnologien erfolgt die sequentielle Herstellung des Produktes. Für die Teilprozessergebnisse sowie das finale Produkt ist die Einhaltung eines vorab definierten Eigenschaftsprofils zu gewährleisten [SS14, VS08]. Die Prozesskette für das Laser-Pulver-Auftragschweißen kann in fünf einzelne Prozessschritte untergliedert werden.

Der erste Prozessschritt umfasst die Konzeption. In dieser Phase werden die Anforderungen an das Bauteil sowie die Fertigungsrestriktionen ermittelt. Für die Konzeption der geometrischen Gestalt des Bauteils in Leichtbauanwendungen erfolgt die computergestützte Bewertung der Lastverteilungen, z.B. im Rahmen von einer Topologieoptimierungen unter Berücksichtigung der bestehenden Fertigungsrestriktionen [DL12, Kra17].

Die detaillierte Definition der Bauteilgeometrie erfolgt in der Konstruktion und stellt die zweite Phase der Prozesskette dar. Diese beinhaltet die geometrische und fertigungsgerechte Definition des Bauteils. Die Arbeitsplanung bildet die dritte Phase der Prozesskette für die additive Fertigung mit dem LPA-Verfahren. In deren Verlauf werden die Chronologie der Fertigungsfolge sowie die Prozessparameter der Fertigungsverfahren festgelegt. Diese Phase wird mit der Vorgabe von Schnittstellen- und Übergabeanforderungen abgeschlossen.

Nachfolgend werden im vierten Schritt diese Planungen verwendet, um die Prozessführung für das Bauteil iterativ zu optimieren und die Fertigung final auszuführen. Schließlich werden zum Abschluss der Prozesskette die qualitätsrelevanten Ergebnisgrößen im Rahmen der Qualitätssicherung erfasst.

Der Fokus dieser Arbeit besteht in der Gestaltung einer Prozessstrategie für die Arbeitsplanung und die nachfolgende Fertigung und basiert auf den Methoden des Prozessmanagements. Um den Einfluss der weiteren Elemente der Prozesskette des LPA-Verfahrens zu bewerten, wird die Betrachtungsgrenze auf diese Phasen erweitert (siehe Abbildung 2.5).

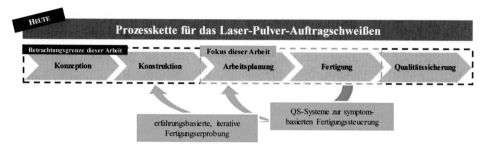

Abbildung 2.5:   Aktuelle Prozesskette für das Laser-Pulver-Auftragschweißen

In der heutigen Ausgestaltung basiert diese Prozesskette auf der erfahrungsbasierten Konstruktion der Bauteile sowie der erfahrungsbasierten Kenntnis von Fertigungsrestriktionen des LPA-Prozesses. Dies ist darin begründet, dass nach dem Stand von Wissenschaft und Technik keine dokumentierten Konstruktionsrichtlinien für die additive Fertigung mit dem LPA-Verfahren verfügbar sind. Erste Ansätze für Konstruktionsrichtlinien für das LPA-Verfahren werden in [EMS17, ES18, JMW19] aufgezeigt.

Des Weiteren begründet die erfahrungsbasierte Arbeitsplanung eine intensive Erprobung der Fertigung, bei der eine iterative Abstimmung zwischen Fertigungsexperimenten, Konstruktion und Arbeitsplanung durchzuführen ist [Kel06, Wit15]. Diese notwendigen Aufwände im LPA-Verfahren stehen dem Ziel der wirtschaftlichen Produktion kleiner Stückzahlen in der additiven Fertigung entgegen.

Die komplexen Wechselwirkungsphänomene innerhalb des LPA-Prozesses beschränken die analytische Formulierung des Zusammenhangs zwischen Prozessparametern und den resultierenden Ergebnisqualitäten. Eine Strategie bestehender Arbeiten liegt darin, dieser mangelnden Beschreibbarkeit der Wechselwirkungsphänomene entgegenzuwirken, in dem sekundäre Kenngrößen, wie beispielsweise die Schmelzbadgröße, detektiert werden und darauf basierend eine Steuerung des Fertigungsprozesses für die geometrische Maßhaltigkeit ermöglicht wird [Sig06, Wal08].

Für eine erfolgreiche Umsetzung dieser Steuerung ist jedoch zum einen die systemtechnische und prozesstechnische Integration der Sensorik sowie zum anderen eine Kalibration für die detektierten Messwerte erforderlich [CAM17, OAM14]. Die wesentlichen Herausforderungen für die bestehende Prozesskette des LPA-Verfahrens und deren Anwendung im Rahmen der additiven Fertigung sind in Abbildung 2.6 zusammengefasst.

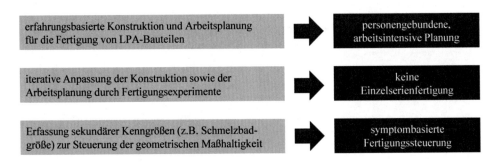

Abbildung 2.6:   Wesentliche Herausforderungen entlang der Prozesskette für das Laser-Pulver-
                     Auftragschweißen

Die aktuellen Arbeiten zur Gestaltung der Prozesskette des LPA-Verfahrens fokussieren
sich auf die Untersuchung verschiedener Werkstoffe und Anlagentechnologien, unterschiedlicher Anwendungen sowie der Erforschung von Konstruktionsprinzipien und Strategien zur Prozessführung und Qualitätssicherung [EMS17, ES18, Gra18, HBK18,
JMW19, KDA19, Sig06, Wal08, Wit15].

So werden zum einen in diesen Arbeiten die Eigenschaftsprofile der hergestellten Bauteile
untersucht [GMP18, KP16, SGS18]. Die ermittelten Ergebnisgrößen variieren dabei jedoch signifikant durch die Unterschiede in den gewählten Randbedingungen der Prozessführung wie z.B. der verwendeten Anlagentechnologien oder der Prozessparameter
[HSW16]. Für Luftfahrtapplikationen wird aus diesem Grund die Zusammenstellung der
Anlagentechnologien sowie die jeweilige Ausprägung der Prozesswirkgrößen erfasst
[ASTM2924, ISO52901]. Innerhalb definierter Prozessrandbedingungen erfolgt für diese
Anlagentechnologie die Überprüfung der Einhaltung der luftfahrtspezifischen Eigen-
schaftsanforderungen durch die Fertigungsprozesskette [ASTM3122, ISO52904].

Zum anderen wird in bestehenden Veröffentlichungen die Ausprägung einzelner Maßgrö-
ßen im Vergleich zu den zugehörigen Sollwerten beschrieben [AGP18, HBK18]. Für die
geometrische Maßhaltigkeit von Einzelspuren werden dabei die Zusammenhänge zwischen der geometrischen Gestalt sowie der zugrundeliegenden Prozessparameter untersucht [AP11, GMP18, PL04, Wit15]. Die Beschreibungen definierter Limitationen für
verschiedenartige Bauteilgeometrien zur Einhaltung dieser geometrischen Maßhaltigkeit
sowie das Aufzeigen einer durchgängigen Prozessstrategie ausgehend von Einzelspuren
bis hin zu komplex geformten Bauteilen bestehen nicht.

Tabelle 2.1: Vergleich bestehender Untersuchungen zur Prozesskette der additiven LPA-Fertigung

Quelle	Material	Düse L[1]	Düse M[2]	Düse K[3]	Laser F[4]/G[5]/H[6]	Leistung [W] min.	Leistung [W] max.	Anwendung	Geometrie-komplexität	Zielgröße	max. Bau-höhe [mm]
[AGP18]	Fe-Leg.	×	✓	×	F	-	1500	Fertigung	Probekörper schräge Wandstrukturen	geometr. Maßhaltigkeit	<20
[BG11]	Ni-Leg.[c]	×	✓	×	F	300	3000	Reparatur	Materialaufbau auf Turbinenschaufelkante	Prozesskontrolle, geometr. Maßhaltigkeit	<10
[CPB15]	Ti-Leg.[a]	×	✓	×	F	-	2000	Fertigung	Probekörper Wandstrukturen	Mikrostruktur	-
[DMD19]	Fe-Leg.[b]	×	✓	×	F	-	400	Fertigung	Probekörper Zylinderstruktur	geometr. Maßhaltigkeit	<80
[GGR12]	Fe-Leg.[b] Ti-Leg.[a]	×	✓	×	F	1000	2000	Reparatur	Fehlvolumen mehrlagig auffüllen	Aufmischung, Härte	-
[GMP18]	Ti-Leg.[a] Ni-Leg.[c]	×	✓	×	F	800	1700	Fertigung	Probekörper Zylinderstruktur, Turbinenschaufelfuß	mech. Festigkeit, Verzug, geometr. Maßhaltigkeit	<120
[HBK18]	Al-Leg.	×	✓	×	F	-[7]	-[7]	Fertigung	Probekörper T-Stoß, bionische Flugzeugrumpfverstärkung	geometr. Maßhaltigkeit	<60
[KDA19]	Ti-Leg.[a]	×	×	✓	F	-	1630	Fertigung	Probekörper prismatische Strukturen	mech. Nachbearbeitbarkeit	<60
[Kel06]	Ti-Leg.[a, d] Ni-Leg.[c]	×	×	✓	F	1000	3000	Reparatur	Extrudierte 2D-Konturen; Turbinenschaufel	Verzug, geometr. Maßhaltigkeit	<60
[KP16]	Ti-Leg.[a c]	×	×	✓	F	-	2000	Fertigung	Probekörper Wandstrukturen in L-Form und Kreuzstruktur	Mikrostruktur, mech. Festigkeit	<100

[1] L = laterale Düse; [2] M = Mehrstrahldüse; [3] K = koaxiale Ringspaltdüse; [4] F = Festkörperlaser; [5] G = Gaslaser; [6] H = Halbleiterlaser; [7] nicht genannt
[a] Ti-6Al-4V; [b] 316L; [c] Inconel 718; [d] Ti-17; [e] Stellit 21; [f] Inconel 625; [g] 304L

Quelle	Material	Düse			Laser F⁴/G⁵/H⁶	Leistung [W] min. max.	Anwendung	Geometrie-komplexität	Zielgröße	max. Bau-höhe [mm]
		L¹	M²	K³						
[PGG16]	Ni-Leg.[c]	x	✓	x	F	800 1600	Reparatur	Probekörper Zylinderstruktur	geometr. Maßhaltigkeit	< 10
[QAS10]	Ni-Leg.[c]	x	✓	x	G	200 500	Reparatur, Fertigung	Turbinenschaufel erzeugen und reparieren	geometr. Maßhaltigkeit, Anbindung	< 50
[SGS18]	Ti-Leg.[a]	x	✓	x	F	- 1000	Fertigung	Probekörper Zylinderstruktur	mech. Festigkeit, Porosität	120
[TZB18]	Ti-Leg.[a] Ni-Leg.[f]	x	x	✓	F	1500 1600	Fertigung	Probekörper Zylinderstruktur	Eigenspannungen, geometr. Maßhaltigkeit	148 - 360
[Wal08]	Co-Leg.[e]	x	x	✓	F	300 1500	Fertigung	Probekörpergeometrien (Flächen, Wandstrukturen, Volumenkörper)	Schmelzbadgröße zur Laserleistungssteuerung	< 10
[Wit15]	Ni-Leg.[c]	✓	✓	✓	F/H	400 11500	Fertigung	Extrudierte 2D-Konturen; Blisk	Aufbaurate	< 45
[WPB16]	Fe-Leg.[g]	x	✓	x	F	2300 4000	Fertigung	Probekörper Wandstruktur	Gefügeeigenschaften	< 60
[WPS14]	Ni-Leg.[f]	x	✓	x	F	100 500	Reparatur	Aufbau von Fehlstellen auf Turbinenschaufel	geometr. Maßhaltigkeit	< 65

[1] L = laterale Düse; [2] M = Mehrstrahldüse; [3] K = koaxiale Ringspaltdüse; [4] F = Festkörperlaser; [5] G = Gaslaser; [6] H = Halbleiterlaser; [7] nicht genannt
[a] Ti-6Al-4V ; [b] 316L ; [c] Inconel 718; [d] Ti-17; [e] Stellit 21; [f] Inconel 625; [g] 304L

Für diese Arbeit wird der Fokus daraufgelegt, die additive Fertigung mit dem LPA-Verfahren für den Einsatz und deren Einbettung in der industriellen Luftfahrtprozesskette zu untersuchen. Dementsprechend werden alternative Ansätze, die auf einer hybriden Maschinentechnologie basieren [LH16] oder auf der Verknüpfung verschiedener additiver Fertigungstechnologien in einer Prozesskette, wie z.B. der Verkettung von pulverbettbasierten Verfahren mit dem LPA-Verfahren [Gra18], an dieser Stelle nicht berücksichtigt. In Tabelle 2.1 wird ein Überblick über bestehende wissenschaftliche Untersuchungen der Prozesskette des Laser-Pulver-Auftragschweißens aufgezeigt.

Die aufgezeigten Veröffentlichungen beschreiben die vielfältigen Untersuchungen im Bereich der Bauteilreparatur und -instandsetzung. Aufbauend auf diesen Erkenntnissen sind in den vergangenen Jahren erste Arbeiten zu dem Themenkomplex der additiven Fertigung mit dem LPA-Verfahren durchgeführt worden. Diese Ausarbeitungen beschränken sich jedoch auf die Betrachtung und die Fertigung einfacher überhangfreier Geometrien mit geringer Bauhöhe. Im Rahmen dieser Arbeit soll der nächste Schritt vorgenommen werden, um den Einsatz des LPA-Verfahrens als generatives Fertigungsverfahren innerhalb industrieller Prozessketten nutzbar zu machen. Zu diesem Zweck wird, im Kontrast zu den vorgestellten Untersuchungen, eine reproduzierbare Prozessstrategie erarbeitet, um dreidimensional komplex geformte Bauteile mit einer Bauhöhe von mehr als 100 mm innerhalb eines definierten Anforderungsspektrums herzustellen.

2.3 Werkstoff Ti-6Al-4V

Mit einem Anteil von 50 % an der weltweiten Titanproduktion ist die Legierung Ti-6Al-4V (Werkstoffkennnummer 3.7165 [DIN17851]) die am häufigsten verwendete Titanlegierung [PKW03]. Von diesem Anteil werden ca. 80 % für Anwendungen in der Luftfahrtindustrie verarbeitet [PKW03]. Weitere Anwendungsgebiete sind beispielsweise die Raumfahrt, der Automobilbau sowie die Dental- und Endoprothetik [CKM13, KK17, Mun13].

Die charakteristischen Eigenschaften der Titanlegierungen, bestehend aus den sehr guten mechanischen Kenngrößen in Verbindung mit einer geringen Dichte, bilden die Grundlage für deren besondere Eignung zur Anwendung in Leichtbaustrukturen. Im Gegenzug bedingen diese vorteilhaften Eigenschaften jedoch Herausforderungen für die Herstellungsprozesse von Bauteilen aus Titanlegierungen. Innerhalb der konventionellen Prozessketten ergeben sich große Aufwände für die spanende Fertigung und damit eine kostenintensive Bearbeitung des Werkstoffs [Dav14, PKW03].

Für die Bewertung der Wirtschaftlichkeit von Titanbauteilen in der Luftfahrt wird der vollständige Lebenszyklus zugrunde gelegt und die im Vergleich zu alternativen Werkstoffen auftretenden Herstellmehrkosten mit dem Amortisationspotenzial im Betrieb gegenübergestellt. Aufgrund der Gewichtsersparnis reduzieren Leichtbaulösungen den Kraftstoffverbrauch von Luftfahrzeugen und führen somit zu verringerten Betriebskosten. Diese Einsparung in der Phase des Luftfahrzeugbetriebs ermöglicht, dass für jedes Kilogramm erzielter Gewichtsersparnis ein Mehrkostenanteil von ca. 1.000 € für dessen Herstellung aufgewandt werden darf [Mei09]. Bestehende Veröffentlichungen zeigen für die pulverbettbasierten additiven Fertigungstechnologien auf, dass die Einschränkungen für einen wirtschaftlichen Einsatz von Titanlegierungen durch die effektivere Herstellung mit der additiven Fertigung für die untersuchten Anwendungen signifikant reduziert werden können [BDT16, LJM12, Sch16].

Zur Erweiterung dieser Betrachtungen der Amortisationspotenziale auf das LPA-Verfahren werden im Folgenden die grundlegenden Charakteristika der Titanlegierungen sowie die physikalischen Materialeigenschaften von Ti-6Al-4V aufgezeigt. Darauf aufbauend erfolgt die Zusammenfassung des Prozessverhaltens in konventionellen Fräsverfahren sowie die Beschreibung der schweißtechnischen Verarbeitung. Zu diesem Zweck werden die Erkenntnisse zur Titanprozessierung aus dem Laserschweißen und aus Beschichtungsapplikationen mit dem LPA-Verfahren auf die additive Fertigung übertragen.

2.3.1 Physikalische Werkstoffkennwerte und Mikrostruktur

Die physikalischen Werkstoffkennwerte der Legierung Ti-6Al-4V sind an dieser Stelle auf der Basis von Literaturwerten zusammengefasst (siehe Tabelle 2.2). Des Weiteren erfolgt in Abschnitt 6 die Zusammenführung von Kennwerten zur Beschreibung der Temperaturabhängigkeit ausgewählter Materialeigenschaften.

Das Legierungselement Aluminium bewirkt eine Reduzierung der Dichte im Vergleich zu reinem Titan und daneben im Zusammenwirken mit dem Legierungselement Vanadium eine Steigerung der Festigkeitskennwerte sowie des Deformationsverhaltens. Bedingt durch die chemische Zusammensetzung prägt Ti-6Al-4V ein zweiphasiges Gefüge aus. Die α-Phase dieses Gefüges weist eine hexagonal-dichteste Packung (hdP) auf, während in der β-Phase eine kubisch raumzentrierte (krz) Kristallstruktur vorliegt [BWC94]. Wesentlichen Einfluss auf die Ausprägung der Phasenzusammensetzung haben die zugefügten Legierungselemente. Dabei haben beispielsweise die Elemente Aluminium, Sauerstoff und Stickstoff eine α-phasenstabilisierende Auswirkung. Die Stabilisierung der β-Phase kann unter anderem über das Legieren mit den Elementen Vanadium, Molybdän und Silizium herbeigeführt werden [Col84].

Tabelle 2.2: Physikalische Kennwerte des Werkstoffs Ti-6Al-4V nach [BWC94, LW07, PL02, VDI13]

Physikalische Eigenschaften	Wert	Einheit
Dichte ρ_{Ti64}	4,43 - 4,47	g/cm³
Elastizitätsmodul E_{Ti64}	105 - 128	GPa
Poissonzahl ν_{Ti64}	0,34	-
Dehngrenze $R_{p0,2,;Ti64}$	800 - 1100	MPa
Zugfestigkeit $R_{m;Ti64}$	890 - 1200	MPa
Bruchdehnung A_{Ti64}	4 - 16	%
Wärmeleitfähigkeit λ_{Ti64}	6,5 - 7,3	W/(m K)
linearer Expansionskoeffizient α_{Ti64}	8,6 - 9,0	10^{-6}/K
spez. Wärmekapazität $c_{p;Ti64}$	480 - 590	J/(kg K)
Liquidustemperatur T_{Li}	1655 ± 30	°C
Solidustemperatur T_{Sol}	1605 ± 20	°C
β-Transustemperatur T_β	988 ± 22	°C

Die thermische Behandlung des Materials beeinflusst die Ausformung der Gefügestruktur. Das Gefüge von Titanlegierungen prägt sich nach [PL02] in Abhängigkeit der auftreten-den Abkühlgeschwindigkeiten in einer feinen oder groben Gefügekonstitution aus. Im Zuge des Abkühlens des Werkstoffs aus dem β-Phasengebiet bildet sich die α-Phase zuerst an den Korngrenzen und wächst in die primären β-Körner hinein, sodass ein vollständig lamellares Gefüge entsteht [PL02]. Dabei resultiert eine geringe Abkühlgeschwindigkeit in einem groben Gefügezustand. Dementgegen bedingen hohe Abkühlgeschwindigkeiten zum einen ein feinzeiliges lamellares Gefüge. Zum anderen erfolgt bei weiterer Steigerung der Abkühlgeschwindigkeit ab der Martensitstarttemperatur die martensitische Umwand-lung der β-Körner in die martensitische α'-Phase. Dieses Gefüge zeichnet sich durch eine feine, nadelartige Mikrostruktur aus [BWC94, PL02]. Das Abkühlen bei ausreichender Abkühlgeschwindigkeit (Abkühlgeschwindigkeiten > 24,6 x 10^3 °C/min) aus einem lö-sungsgeglühten Zustand bei 1050 °C resultiert in der Ausformung eines vollständig mar-tensitischen Gefüges in Verbindung mit der Entstehung verzerrter α-Phasengebiete an den ehemaligen β-Korngrenzen (siehe Abbildung 2.7) [AR98]. Im Gegensatz dazu formen sich bei geringen Abkühlgeschwindigkeiten (< 50 °C/min) Mikrostrukturen aus einer gleichmäßigen $\alpha+\beta$-lamellaren Struktur aus, die über α-Lamellenbreiten von ca. 5 µm ver-fügen [Don06]. Im lösungsgeglühten Zustand liegen mittlere β-Korngrößen von 600 µm vor [Don06].

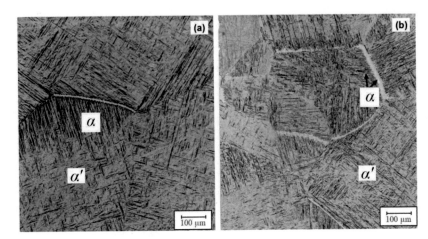

Abbildung 2.7:   (a) Ausformung der martensitischen α'-Phase und der α-Phase an den
                  ehemaligen β-Korngrenzen bei einer Abkühlungsgeschwindigkeit von 31,5 x
                  10^3 °C/min; (b) Martensitische α'-Phase und beginnende Vergröberung der α-
                  Phase für 24,6 x 10^3 °C/min nach [AR98]

Die bestehenden Erkenntnisse der Phasentransformation für veränderliche Abkühlgeschwindigkeiten werden in [AR98] mit den Ergebnissen zur Beschreibung der Martensitstarttemperatur T_{MS} nach [MZ73] verknüpft und in einem schematischen Zeit-Temperatur-
Umwandlungs- (ZTU) Diagramm zusammengefasst (siehe Abbildung 2.8).

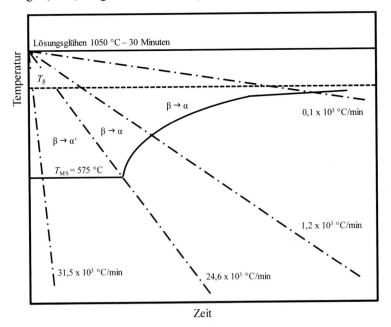

Abbildung 2.8:   Schematisches ZTU-Diagramm für die Titanlegierung Ti-6Al-4V ausgehend
                  von einem lösungsgeglühten Zustand bei 1050 °C nach [AR98, MZ73]

Im Kontrast zu der lamellaren Gefügestruktur bilden Rekristallisationsprozesse im Rahmen einer thermomechanischen Bearbeitung die Grundlage für die Ausformung einer globularen Mikrostruktur. Der resultierende Einfluss der Gefügestruktur auf die Werkstoffkennwerte ist für die Titanlegierung Ti-6Al-4V in Tabelle 2.3 zusammengefasst.

Tabelle 2.3:   Einfluss der Mikrostruktur auf die physikalischen Kennwerte von Ti-6Al-4V nach [PL02]

fein	grob	Eigenschaft	lamellar	globular
O	O	Elastizitätsmodul	O	+/-
+	-	Festigkeit	-	+
+	-	Duktilität	-	+
-	+	Bruchzähigkeit	+	-
+	-	Ermüdungsrissbildung	-	+
-	+	Ermüdungsrissfortschritt	+	-
+	-	Oxidationsverhalten	+	-

Auf der Grundlage der aufgezeigten Eigenschaften werden im Folgenden die Prozessphänomene für die frästechnische und schweißtechnische Verarbeitung von Ti-6Al-4V sowie deren Auswirkungen auf das Prozessergebnis beschrieben.

2.3.2 Zerspanbarkeit und schweißtechnische Verarbeitung

Titanlegierungen werden aufgrund der hohen spezifischen Festigkeit und geringen Wärmeleitfähigkeit als schwer zerspanbare Leichtbauwerkstoffe bezeichnet [ZW11]. Die mangelhafte Abführung der Prozesswärme, die bei der Zerspanung entsteht, resultiert in Verbindung mit der hohen Zugfestigkeit darin, dass die Werkzeuge thermisch und mechanisch stark beansprucht werden [Dav14]. Dadurch wird zum einen ein starker Verschleiß dieser Werkzeuge bedingt und zum anderen können nur geringe Schnittgeschwindigkeiten realisiert werden, die zu ausgedehnten Bearbeitungszeiten und damit gesteigerten Maschinennutzungskosten führen [Wie14]. Des Weiteren besteht durch adhäsive Effekte zwischen der Titanlegierung und dem Werkzeugwerkstoff die Gefahr der Bildung von Aufbauschneiden. Die Folgen sind Ausbrüche und eine Verkürzung der Standzeit des Werkzeugs [Mei09, Mül04]. Da insbesondere Luftfahrtbauteile aus Titan große Spanvolumina von über 90 % aufweisen, führen die ausgedehnten Bearbeitungszeiten und der starke Werkzeugverschleiß zu hohen Produktionskosten für konventionelle spanende Fertigungsverfahren [Dav14, Wie14, ZW11].

Das LPA-Verfahren ist ein schweißtechnisches Fertigungsverfahren, welches den pulverförmigen Titanzusatzwerkstoff mit einem Laserstrahl aufschmilzt und mit dem gleicharti-
gen Material der Bauplattform schmelzmetallurgisch verbindet (siehe Abschnitt 2.2). Im
Zuge der Prozessführung führen die Wechselwirkungen in der Prozesszone in Verbindung
mit den Eigenschaften des Materials zur Ausprägung charakteristischer Prozessphänomene. Im Folgenden werden die für die Verarbeitung von Titanlegierungen im LPA-Verfahren charakteristischen Prozessphänomene aufgezeigt und eingehend erläutert.

Die hochfokussierte Energieeinbringung mit dem Laserstrahl resultiert auf der einen Seite
in positiven Effekten, wie einem geringen Wärmeeintrag in die Bereiche außerhalb der
Fügezone und damit geringen Ausbreitung der Wärmeeinflusszone [HG09]. Auf der anderen Seite bedingt die Konzentration der Laserstrahlleistung auf einen kleinen Wirkbe-
reich nachteilige Effekte. Durch eine ungleichmäßige Verteilung der Energie auf dem
Strahlquerschnitt oder eine breitverteilte Pulverfraktion wird eine lokale Überhitzung des
Werkstoffs bis zum Verdampfen der Bestandteile verursacht [IIS03, KSK14, SII04]. In
Folge der geringen Siedetemperatur des Aluminiumanteils in der Legierung wird ein par-
tieller **Abbrand** dieses Elements beobachtet, der in Abhängigkeit der gewählten Randbedingungen die zulässigen Zusammensetzungsgrenzen überschreitet. Für pulverbettba-
sierte Verfahren werden Abbrandverluste von bis zu 0,6 Gew. % aufgezeigt [CPD87,
KFK16, SII04].

Des Weiteren wird durch die Wahl mangelhafter Prozessparameter oder in Folge normab-
weichender Pulvermorphologien die Entstehung mechanischer Poren begünstigt. Dabei
werden während der Bearbeitung Kavitäten von der Schmelze umschlossen und auf diese
Weise im Erstarrungsprozess als Hohlräume manifestiert, die in **Porositäten** von bis zu
8 % resultieren [KHG16, KMS00, MA15, ZGS15]. Durch eine optimale Abstimmung der
Einflussfaktoren und Prozessparameter im LPA-Prozess, kann eine Bauteildichte von über
99,9 % erzielt werden [Kel06, KMS00, Wit15].

Die Wechselwirkung zwischen Laserstrahl, Zusatzwerkstoff und Bauplattform ist ursächlich für die resultierende Gefügestruktur. Zu Beginn des Aufbauprozesses verursacht die
Wärmekapazität der Bauplattform in Abhängigkeit der gewählten Prozessparameter ein
rapides Abkühlen der aufgetragenen Lagen. Für die Abkühlgeschwindigkeiten von einzelnen Lagen im LPA-Prozess werden Werte zwischen 10^4 und 10^6 K/min ermittelt
[QML05, QMW05, YRM12]. Im Verlauf des Aufbauprozesses werden wiederholt neue
Lagen auf zuvor geschweißte Lagen aufgebracht. Dadurch werden zum einen die vorangegangenen Lagen wärmebehandelt und zum anderen die zugeführte Wärme kumuliert,
wodurch eine kontinuierliche Verringerung der Temperaturgradienten bedingt wird

[QMW05]. Im Bereich der Anbindung an die Bauplattform bestehen somit hohe Abkühlraten, die zu einer Ausprägung feiner Gefügestrukturen führen. Mit steigender Aufbauhöhe werden die Temperaturgradienten aufgrund der reduzierten Wärmeableitung vermindert sowie ein deutliches Wachstum der **Mikrostrukturen** initiiert [KK04a, KK04b]. Durch die kontinuierliche Veränderung der thermischen Randbedingungen mit steigender Bauhöhe sowie die in der Wandstruktur gerichteten Abkühlgradienten während des Aufbauprozesses entsteht eine anisotrope Gefügestruktur. Diese ist abhängig von den gewählten Prozessbedingungen und der erzeugten Geometrie. Zusammenfassend kann somit eine direkte Beeinflussung der Eigenschaften, wie beispielsweise der Festigkeit, durch die prozessualen und geometrischen Randbedingungen identifiziert werden [Bra10b, HSW16, Kel06, PMC15].

Eine weitere Herausforderung der schweißtechnischen Verarbeitung von Titanlegierungen ist die **Oxidationsneigung** des Werkstoffs. Ab einer Temperatur von 380 °C treten Oxidationsprozesse in Verbindung mit einer gesteigerten Diffusionsgeschwindigkeit auf. Diese führen dazu, dass der Sauerstoff aus der Oxidschicht von der Bauteiloberfläche in das Bauteilvolumen diffundiert und eine Versprödung verursacht [BWC94]. Für die schweißtechnische Verarbeitung wird deshalb eine Schutzgasabschirmung für Bereiche, die oberhalb dieses Temperaturniveaus befindlich sind, gefordert [DVS2713]. Eine ausreichende Schutzgasabschirmung wird in vorangegangenen Untersuchungen bei einem remanenten Sauerstoffanteil von unter 50 ppm identifiziert [KK17, SGB17, ZCT17].

2.4 Qualität und Qualitätsmanagement

Als Qualität wird nach [ISO9000] der Grad der Forderungserfüllung definierter Merkmale bezeichnet. Innerhalb der Fertigungswissenschaften beschreibt die Produktqualität, inwieweit definierte Merkmale des Produktes nach dessen Entstehung für spezifische Anforderungen erfüllt sind [GK08].

Das Qualitätsmanagement hat das Ziel, eine Forderung (Gesamtheit mehrerer Einzelanforderungen) in Bezug auf die Beschaffenheit (Merkmalsgesamtheit) einer Einheit zu erfüllen [End12, GK08]. Somit beschreibt das Qualitätsmanagement das Überwachen und aktive Steuern aller Einflussfaktoren im Hinblick auf die Erfüllung einer definierten Produktbeschaffenheit [SP10].

Veränderungen der Produktqualität in der Fertigung resultieren aus dem Einfluss unvermeidbarer Störgrößen, die als „5 M"- Faktoren bezeichnet werden. Diese fünf Faktoren können in Produktionsfaktoren (Mensch und Maschine) sowie Umgebungsfaktoren (Material, Methode und Milieu) untergliedert werden [RM99]. Die Darstellung der Ursache-

Wirkungs-Beziehung erfolgt in einem Ishikawa-Diagramm, um die wesentlichen Einflussfaktoren zu visualisieren, die auf die Produktbeschaffenheit einwirken (siehe Abbildung 2.9).

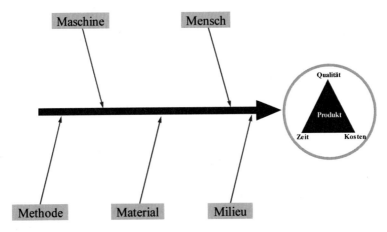

Abbildung 2.9:   Ishikawa-Diagramm   zur   Visualisierung   der   Einflussgrößen   auf
                  Fertigungsprozesse (nach RM99)

Die Herstellung eines Produktes in einer definierten Produktqualität ist abhängig von den Einflussfaktoren und den Randbedingungen sowie der Güte des zugehörigen Fertigungsprozesses. Um die Güteunterschiede für einen Fertigungsprozess zu beschreiben, wird die Prozessfähigkeit untersucht. Diese beschreibt die Möglichkeit, ein Produkt gleichbleibend innerhalb einer vorgegebenen Qualitätsspezifikation zu fertigen [DS09].

Die Auswirkungen aus fertigungsbedingten Schwankungen auf die Prozessfähigkeit sind demzufolge direkt verknüpft mit der resultierenden Produktqualität sowie den resultierenden Kosten [DJ10].

2.5 Toleranzmanagement

Im vorangegangenen Abschnitt ist das Qualitätsmanagement vorgestellt worden, das zum Ziel hat Ungänzen innerhalb von Fertigungsprozessen so zu beherrschen, dass eine definierte Produktqualität und somit die Funktionserfüllung sichergestellt wird. Das Toleranzmanagement bildet dabei einen Grundpfeiler innerhalb dieses präventiven Qualitätsmanagements [GK08]. Für Anwendungen in Fertigungs- und Montageverfahren wird die systematische geometrische Toleranzdefinition als unverzichtbares Grundelement eines erfolgreichen Qualitätsmanagements identifiziert [End12, SP10, Wit18]. Das Toleranzmanagement umfasst für die geometrischen Toleranzen die Festlegung der Merkmalsgesamt-

heit des Produktes und damit die erforderliche Toleranz $T_{erf.}$ in der Konzeptions- und Konstruktionsphase. Diese ist notwendig, um die Funktionserfüllung zu gewährleisten. Die
Toleranzen sollen im Fertigungsverfahren $T_{Prozess}$ realisiert werden. Für die endkonturnahe
Fertigung im LPA-Verfahren liegt die wesentliche Definition der Toleranzen und damit
die Produktqualität im urformenden additiven Fertigungsprozess $T_{additiveFertigung}$ begründet
[Geb17, SP10]. Abschließend wird die Einhaltung der Toleranzen und somit der Produktqualität im Rahmen der Qualitätssicherung überwacht. Aus der vorgestellten Prozesskette
der additiven Fertigung mit dem LPA-Verfahren in **Abbildung 2.5** wird der Toleranzfluss
für die additive Fertigung im LPA-Verfahren nach [Boh13, Hol94] abgeleitet (siehe Abbildung 2.10).

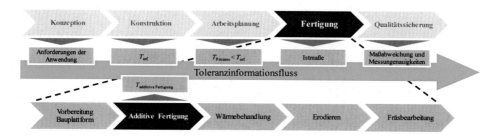

Abbildung 2.10:   Toleranzinformationsfluss zur Funktionserfüllung für das LPA-Verfahren
abgeleitet aus [Boh13, Hol94]

Die Beschreibung der geometrischen Toleranzen des additiven LPA-Verfahrens sowie die
Formulierung der Zusammenhänge zwischen den Wirkgrößen und den resultierenden To-
leranzbereichen existiert nach dem aktuellen Stand der Technik nicht. Die Vielzahl der
Einflussfaktoren sowie deren wechselseitige Abhängigkeiten im LPA-Prozess erschweren
die direkte Toleranzdefinition mittels konventioneller Ansätze (z.B. mit der Taguchi-Me-
thode [Tag89]), die benötigt wird, um eine wirtschaftliche Fertigung in einer durchgängigen Prozesskette zu ermöglichen [Boh13, Kle16]. Für die Durchgängigkeit der Prozesskette muss eine aktive Steuerung der geometrischen Toleranzen erfolgen. Um die Zielerreichung im Hinblick auf zulässige Toleranzbereiche zu bewerten, muss die jeweilige Ist-
Geometrie erfasst werden.

Im Rahmen jeder Messung treten zufällige Streuungen ε_{Abw} und systematische Abweichungen δ_{Abw} auf [WW11]. Diese Streuungen bedingen für jeden Messwert $x_{s,i}$ eine Abweichung vom wahren Wert der Messgröße $\tilde{X}$ (siehe Gleichung (2.4)) [WW11].

$$x_{s,i} - \tilde{X} = \delta_{Abw} + \varepsilon_{Abw} \qquad (2.4)$$

Die Messunsicherheit einer zweidimensionalen Messgröße ist in Abbildung 2.11 aufgezeigt. Dabei beschreibt der Erwartungswert μ_x den durch die systematische bedingte Abweichung verschobenen Mittelwert der Messung. Durch die Kalibration der Messmittel
sowie die Kontrolle der Messrandbedingungen (z.B. Klimatisierung) kann die systematische Abweichung minimiert werden. Die verbleibende systematische Abweichung wird
innerhalb der zufälligen Streuung miterfasst [ISO5725, WS15].

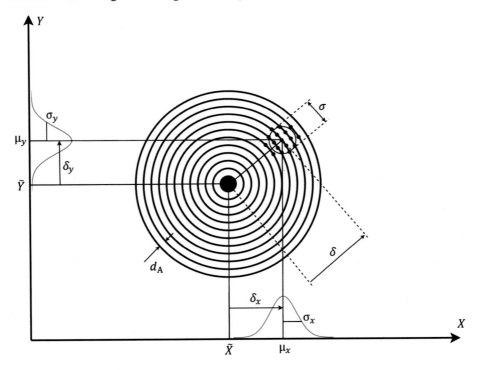

Abbildung 2.11:   Beschreibung der Messunsicherheit für eine zweidimensionale Messgröße nach
                   [DS09, ISO3534, WS15]

Im Rahmen der Experimente und Auswertungen dieser Arbeit werden mindestens drei
Proben je untersuchter Messgröße und Messvariante analysiert. In der Auswertung werden
für die Messgröße X jeweils die Messwerte $x_{s,i}$ ermittelt, die in Abhängigkeit der Anzahl
der Messungen n_{Anz} vorliegen. Die gemittelten Messwerte x_m werden mit dem arithmetischen Mittel berechnet (siehe Gleichung (2.5)).

$$\mu_x = x_m = \frac{1}{n_{Anz}} \sum_{i=1}^{n_{Anz}} x_{s,i} \tag{2.5}$$

Zur Evaluation der Streuung der Messwerte σ_{MW} wird eine Normalverteilung der Messgröße angenommen [DIN53804, VDI3441]. Die möglichen Fehlereinflüsse aus einem geringen Stichprobenumfang sowie durch die Abschätzung als Normalverteilung werden in [Boh13] für Fertigungsverfahren untersucht. Infolge dieser Erkenntnisse wird im ersten Schritt der Prozessentwicklung eine vereinfachte statistische Auswertung mit einer approximierten Normalverteilung vorgenommen. Zu dem Zweck der finalen Demonstration erfolgt anschließend die Betrachtung auf Basis einer umfangreichen Stichprobe zur Messfehlerabschätzung (siehe Abschnitt 7.4). Demnach wird im Rahmen dieser Arbeit zur Einschätzung der Messabweichungen für die finalen Demonstratoren ebenfalls eine detaillierte Betrachtung der Einflussgrößen auf die Ist-Geometrieerfassung vorgenommen. Für die untersuchten Stichproben wird die empirische Standardabweichung s_m zur Beschreibung der Streuung der Messwerte berechnet (siehe Gleichung (2.6)) [ISO3534, WS15].

$$s_{\mathrm{m}} = \sqrt{\frac{1}{n_{\mathrm{Anz}}-1} \sum_{i=1}^{n_{\mathrm{Anz}}} \left(x_{\mathrm{s,i}} - x_{\mathrm{m}}\right)^2} \qquad (2.6)$$

Aufgrund des Einsatzes des LPA-Verfahrens für die endkonturnahe Fertigung sind die Abweichungen von dem Sollmaß N_{Soll} für die Wirtschaftlichkeit der gesamten Prozesskette in einem definierten Toleranzbereich zu beschränken. Die Erfüllung des Höchstmaßes G_o und damit dem oberen Abmaß A_o ist für die nachgelagerten Fertigungsprozesse und damit die Wirtschaftlichkeit wesentlich. Hingegen stellt das Mindestmaß G_u und damit das untere Abmaß A_u die grundlegende Funktionserfüllung sicher und führt damit bei Unterschreiten zum Ausschuss.

Die Toleranzdefinition bewegt sich für die additive Fertigung mit dem LPA-Verfahren demzufolge in dem Zielkonflikt zwischen der minimalen Abmessung zur Funktionserfüllung auf der einen Seite, die durch eine einseitige Beschränkung der Toleranzdefinition erreicht wird. Auf der anderen Seite wird das maximale Abmaß durch den Nacharbeitsprozess und das maximal zulässige wirtschaftliche Spanvolumen bestimmt.

Unter Annahme einer Normalverteilung müssen sich die erzielten Bauteilgeometrien und deren Toleranzfeld $T_{\mathrm{Prozess;0,95}}$ dementsprechend innerhalb einer möglichst steilen, einseitig beschränkten Verteilung der Maßtoleranz $T_{\mathrm{erf.;0,95}}$ befinden, um diese beiden Zielsetzungen zu erfüllen (siehe Abbildung 2.12).

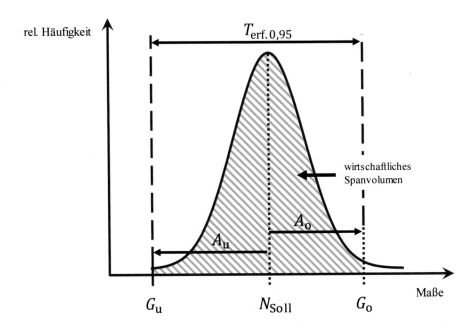

Abbildung 2.12:   Toleranzdefinition für das Toleranzmanagement in der LPA-Prozesskette nach
                   [Boh13, Hol94, Kle12]

2.6 Produktentstehung und Prozessmanagement

Vor dem Hintergrund zunehmender Komplexität, die sich aus der globalen, kollaborativen
Produktion sowie steigenden Anforderungen immer kürzerer *time to market* Zielvorgaben
ergibt, erfahren Produktentstehungsprozesse eine steigende Vernetzung und Parallelisie-
rung der einzelnen Entwicklungsschritte [EM13]. Durch eine verbesserte Abstimmung der
Wechselwirkungen zwischen Produktionstechnologien und Produkteigenschaften bereits
zu Beginn des Produktentstehungsprozesses können die Aufwände für die Anlaufphase
der Fertigung reduziert werden [VB15, Zah99]. Kenntnisse über die wechselseitigen Interdependenzen entlang des gesamten Produktentstehungsprozesses ermöglichen die Be-
herrschung dieser Komplexität und damit eine schlanke Produktentstehung (siehe Abbildung 2.13).

Parallelisierte Planungen von der Entwicklung bis zur Produktion umfassen neben der fer-
tigungsgerechten Produktgestaltung zusätzlich die Elemente der Arbeitsvorbereitung.
Hierbei erfolgen die Festlegung und Überprüfung der Prozessparameter sowie die Planung
des fertigungstechnischen Prozessablaufs. Auf diese Weise können die Erkenntnisse aus
der Fertigungsplanung mit der Entwicklung rückgekoppelt werden und eine sukzessive
Verbesserung der Produktgestaltung kann erfolgen. Insbesondere der eingebettete Einsatz

von softwaregestützten Planungswerkzeugen im Produktentstehungsprozess ermöglicht die Reduzierung der Ressourcen, in dem der personelle Aufwand zur Planung sowie die Anzahl der notwendigen Prototypen durch Untersuchungen im Rahmen einer virtuellen Prozessauslegung substituiert werden [ES13, Len02, PS06, SS14].

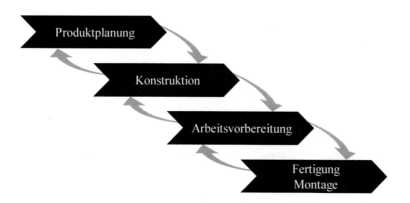

Abbildung 2.13:   Rückkopplungen im Produktentstehungsprozess nach [EM13, ES13]

Für den Erhalt der Wettbewerbsfähigkeit in immer komplexeren Produktentstehungsprozessen ist diese Vernetzung und damit eine schnelle Anpassungsfähigkeit notwendig. Reaktionsvermögen und -geschwindigkeit der Unternehmen in Bezug auf den beschleunigten globalen Wandel der Rahmenbedingungen und Kundenanforderungen stellen somit wesentliche Aspekte der Innovation von Produktentstehungsprozessen dar [BSW09, VB15]. Der herausfordernde Abgleich zwischen der Forderung nach einer gleichbleibend hohen Produktqualität in Verbindung mit dem steigenden Kostendruck sowie immer kürzeren Amortisationszeiten aufgrund reduzierter Produktlebenszyklen führt zu einem zunehmenden Druck für kurzfristige Reaktionszeiten insbesondere auf flexible Fertigungsprozesse [BSW09, Höc13]. In diesem Kontext werden wesentlich die Zeitbedarfs- und Kostenoptimierung hervorgehoben, die bei gleichbleibend hoher Qualität einen Wettbewerbsvorteil darstellen. Dies wird durch die Minimierung und Automatisierung der nichtwertschöpfenden Tätigkeiten (wie z.B. Planungszeiten) sowie durch die kontinuierliche Einführung immer effizienterer Fertigungsverfahren und -prozesse erzielt [MMR11, SS14]. Das Ziel dieses Vorgehens ist ein Ausgleich der unternehmerischen Notwendigkeit einer kompetitiven Wirtschaftlichkeit der Produktentstehung auf der einen Seite und dem Bedarf sowie Qualitätsansprüchen der Kunden auf der anderen Seite. Aus diesem Zielkonflikt resultiert eine remanente Anzahl unerfüllbarer Anforderungen [BSW09, Sch12, SS14].

Diese eingeschränkte Erfüllung von Anforderungen begründet sich zumeist in der Existenz ungelöster Herausforderungen in dem zugehörigen Erfüllungsprozess [Sch12]. Die Prozesse, die diesen limitierten Anforderungserfüllungen zugrunde liegen, werden dementsprechend nicht beherrscht beziehungsweise sind durch Hindernisse nicht vollumfänglich funktionsfähig [JS13]. Zu dem Zweck der Behebung der ursächlichen Hindernisse wird für Geschäftsprozesse das Prozessmanagement eingesetzt [All05]. Dabei beschreibt das Prozessmanagement im betriebswirtschaftlichen Kontext die Vorgehensweise zur Identifikation, Gestaltung, Steuerung sowie Optimierung von Prozessen zur Erfüllung einer definierten Zielsetzung [All05, SS08].

Zur Gestaltung einer systematischen Vorgehensweise zur Behebung von unvollkommenen Produktionsprozessen wird in Analogie zum Geschäftsprozessmanagement das Fertigungsprozessmanagement beschrieben und die zugehörigen Ansätze auf die Besonderheiten von Prozessen in der Produktion übertragen [JMK10, Wer08, Loo98].

Wandlungsfähigkeit ist dabei eine zentrale Zielgröße für die wirtschaftliche Produktion und sollte somit so früh wie möglich im Fertigungsprozess umgesetzt werden. Die Prozessoptimierung soll daher nicht nur im Nachgang die Fertigungsdaten analysieren, um daraus reaktive Verbesserungspotenziale abzuleiten. Diese soll vielmehr bereits im Vorfeld zur erstmaligen Prozessführung die Herausforderungen des Prozesses antizipieren und darauf basierend eine prädiktive Prozessführung realisieren [DP09, PS06]. Bestehende Vorgehensweisen zur Fertigungsprozessoptimierung basieren vornehmlich auf empirischen und erfahrungsbasierten Methoden, wie beispielsweise *Total Quality Management*, *Lean Production* sowie *Six Sigma* und einzelnen Elementen aus diesen, wie der statischen Versuchsplanung [Grö15, Kle16, Tag89, VS08]. Durch die erfahrungsbasierte Vorgehensweise ermöglichen diese Ansätze mithilfe historischer Daten die Erschließung von Verbesserungspotenzialen. Somit ist die Identifikation und Umsetzung von Prozessoptimierungen direkt abhängig von dem Wissen sowie der methodischen Kompetenz des anwendenden Experten in Bezug auf die jeweils vorliegende Problemstellung. Dies stellt eine wesentliche Limitation der Skalierbarkeit sowie der Analysemöglichkeiten dar und bildet eine potenzielle Fehlerquelle. Die konventionellen Methoden beinhalten dementsprechend eine Implementierung der Lösung für einen spezifischen Einzelfall und dienen der laufzeitparallelen oder ex post Steuerung von Fertigungsprozessen. Dabei mangelt es diesen Methoden jedoch an der Fähigkeit zur prädiktiven Fertigungsoptimierung [BSW09, Grö15, SS14].

An dieser Stelle bieten die zunehmende Digitalisierung von Fertigungsprozessen sowie die verstärkte Vernetzung von Produktionstechnologien innerhalb cyber-physischer Systeme das Potenzial, um mittels datenbasierter Analysemöglichkeiten die Abhängigkeiten von Expertenwissen zur Fehlervermeidung zu reduzieren und zur Skalierbarkeit der Ansätze im Sinne einer verstärkten Effizienzsteigerung zu verwenden [BSW09, EMM17]. Der heutige Stand der Umsetzung dieser Datenanalyse in Fertigungsprozessmanagement-lösungen, wie beispielsweise die *Manufacturing Execution Systems* (MES) oder die *Supervisory Control and Data Acquisition* (SCADA), basiert vornehmlich auf einer Kennzahlenidentifikation und -analyse zur Bereitstellung von Informationen [Bin18, BSW09]. Diese Informationen umfassen Zustandsdaten, Ablaufzeiten und die laufzeitparallele oder ex post basierte Steuerung von Fertigungsabläufen auf der Grundlage der aufgenommenen Prozessdaten.

In [Grö15] wird eine prototypische Umsetzung einer Plattform zur kontinuierlichen, datenbasierten Fertigungsprozessoptimierung aufgezeigt, welche auf der Basis von Sensorinformationen die Maschinenzustands-, Wartungs- und Ablaufdaten mit Hilfe von softwarebasierten Analysewerkzeugen untersucht und Optimierungspotenziale sowie entsprechende Handlungsvorschläge bereitstellt.

Nach [SS08] kann die Prozessoptimierung in zwei wesentliche Kategorien unterteilt werden. Zum einen kann eine kontinuierliche, inkrementelle Prozessverbesserung erfolgen, während zum anderen in der Prozesserneuerung ein vollständiger Neuentwurf des Prozesses erfolgt. Die Prozesserneuerung hat zum Ziel, eine deutliche Verbesserung der Prozessergebnisse durch die neuartige Gestaltung des systematischen Vorgehens zu erzielen.

Anknüpfend an die Prozesserneuerung wird die erarbeitete Vorgehensweise implementiert, ausgeführt und evaluiert, um auf der Basis dieser Erkenntnisse eine Prozessverbesserung durchzuführen, d.h. ebenfalls zu implementieren, auszuführen und final zu evaluieren (siehe Abbildung 2.14).

Die Grundlage für das Fertigungsprozessmanagement ist die Prozessanalyse sowie die daraus abgeleitete Identifikation von Einflussgrößen und deren Auswirkungen auf das Prozessergebnis. Darauf basierend können einzelne Prozesse gestaltet und zu dem Zweck der Steuerung mit entsprechenden Randbedingungen versehen werden. Im Rahmen dieser Arbeit werden Ansätze mit a-priorischem, d.h. erfahrungsunabhängigem Wissen sowie empirische Ansätze verwendet.

Die Prozessoptimierung kann entlang des zeitlichen Bezugs auf den Prozess untergliedert werden [Grö15, Hof17, Sch02]. Im Vorfeld der erstmaligen Prozessausführung kann die **ex ante** Optimierung die proaktive Gestaltung und Reduzierung von Herausforderungen ermöglichen. Dies geschieht auf der Basis eines prädiktiven Prozessmodells, da zu dem Zeitpunkt noch keine Ablaufdaten vorhanden sind. Die **laufzeitparallele** Optimierung betrifft die Justage während der erfolgenden Prozessausführung anhand aktueller und historischer Daten. Nach der Prozessausführung kann die **ex post** Optimierung erfolgen, die in der Phase der Prozessevaluation (siehe Abbildung 2.14) mit Hilfe der historischen Daten eine Prozessverbesserung ermöglicht.

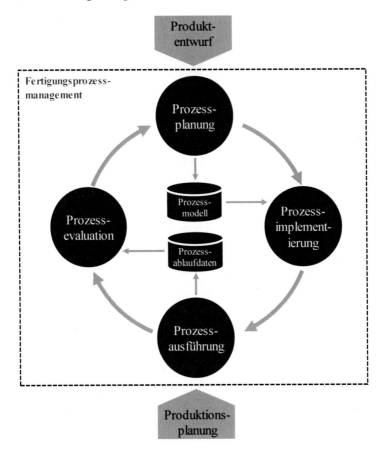

Abbildung 2.14:   Ablaufplan des Fertigungsprozessmanagements nach [Aal11, Grö15]

2.7 Zusammenfassung und Fazit

Die vorangegangenen Abschnitte zeigen die relevanten Grundlagen zur Entwicklung einer Prozessstrategie für die additive Fertigung mit dem LPA-Verfahren auf. Zu diesem Zweck ist das LPA-Verfahren innerhalb der additiven Fertigungstechnologien eingeordnet und das grundsätzliche Verfahrensprinzip dargestellt worden. Für die in dieser Arbeit untersuchte Titanlegierung Ti-6Al-4V sind die wesentlichen werkstofflichen Eigenschaften sowie deren Bedeutung für die fertigungstechnische Verarbeitung aufbereitet worden.

Dabei ist auf der einen Seite die grundlegende Eignung des LPA-Verfahrens als additive Fertigungstechnologie für Titanbauteile sowie auf der anderen Seite die Variation der Eigenschaften mit zunehmender Bauhöhe beschrieben worden. Allerdings ist ebenfalls die Abhängigkeit der Materialeigenschaften von den prozessualen und anlagensystemtechnischen Einflussfaktoren aufgezeigt worden. Aus diesen unterschiedlichen Einflussfaktoren sowie den normativen Vorgaben für Luftfahrtanwendungen ist somit die Notwendigkeit zur Erfassung dieser Randbedingungen sowie der resultierenden Ergebnisgrößen belegt worden.

Weiterhin ist der Stand von Wissenschaft und Technik bezüglich der LPA-Prozesskette und deren Herausforderungen für die additive Produktion aufgezeigt worden. Für die Gestaltung einer Prozessstrategie sind die Grundlagen zur Beschreibung der Produktqualität sowie die konzeptionellen Bestandteile eines Toleranzmanagements in der additiven Produktion dargelegt worden. Dabei ist aufgezeigt worden, dass die Herstellung von Bauteilgeometrien bisher durch eine aufwändige bauteilindividuelle Anpassung des Herstellungsprozesses erfolgt. Insbesondere ist die bisherige Notwendigkeit zur iterativen Anpassung in den Produktentstehungsphasen der Konstruktion sowie der Arbeitsplanung vorgestellt worden. Die hierbei wiederholt eingesetzten Fertigungsexperimente sind nach dem Stand von Wissenschaft und Technik ein wesentlicher Hinderungsgrund für eine durchgängige Prozesskette zur additiven Fertigung mit dem LPA-Verfahren.

Abschließend ist die Übertragung der methodischen Vorgehensweise des Prozessmanagements auf das Fertigungsprozessmanagement und die Vorgehensweise zur Ableitung einer Prozessstrategie aufgezeigt worden. Dieses Prozessmanagement stellt ein Rahmenwerk zur Erarbeitung einer systematischen Herangehensweise dar, um durch die Nutzung einer mehrstufigen Prozessstrategie definierte Ergebnisqualitäten mit dem LPA-Verfahren zu erzielen.

3 Forschungsbedarf und Lösungsweg

Im Folgenden werden, aufbauend auf dem erläuterten Stand von Wissenschaft und Technik, der bestehende Forschungsbedarf erarbeitet und eine detaillierte Zielsetzung sowie der zugehörige Lösungsweg für diese Arbeit abgeleitet.

3.1 Forschungsbedarf

Während die additiven Fertigungsprozessketten für das LBM- und EBM-Verfahren bereits in vielen Anwendungsbereichen die Serienreife erlangt haben [Emm18, Woh18], konnte das LPA-Verfahren bis heute in keiner additiven Prozesskette für einen industriellen Einsatz zur Fertigung dreidimensionaler Titanstrukturen in der Luftfahrt qualifiziert werden. Trotz der in den vorangegangenen Abschnitten aufgezeigten positiven Perspektiven sind die wirtschaftlichen Potenziale des Verfahrens bisher nur in geringem Umfang erschlossen. Die Barrieren für die industrielle Applikation bestehen dabei aus drei wesentlichen Herausforderungen.

Die erste Herausforderung ist das mangelnde Wissen über die Korrelation zwischen den gewählten Prozessrandbedingungen und deren Auswirkung auf die resultierenden Bauteileigenschaften. Dabei beschränkt die unzureichende Kenntnis der mechanisch-technologischen Eigenschaften in Abhängigkeit von der Bauhöhe die Auslegung im Produktentstehungsprozess. Das hochkomplexe Wechselwirken der vielfältigen Einflussfaktoren im LPA-Prozess limitiert die Formulierung der funktionalen Abhängigkeit zwischen Stellgrößen sowie den resultierenden Eigenschaften der Struktur [AP11, CCS10, KK04b, WS10]. Aus diesem Grund müssen sowohl die systemtechnischen und prozessualen Einflussfaktoren identifiziert und quantifiziert als auch die qualitätsrelevanten Ergebnisgrößen bewertet werden.

Das zweite Hemmnis betrifft die fehlende Qualifizierung einer durchgängigen Prozesskette für die additive Fertigung von Luftfahrtbauteilen mit dem LPA-Verfahren, die die geometrischen Maßhaltigkeitsanforderungen von Toleranzen unter ± 1 mm erfüllt. Des Weiteren ist der Einfluss der Prozessparameter auf die geometrische Maßhaltigkeit bisher nur sehr eingeschränkt beschrieben. Daher erfassen aktuelle Ansätze mithilfe zusätzlicher Prozesssensorik z. B. die Temperatur, um auf die Qualität des Bauteils zurückzuschließen [CAM17, OAM14]. Zusätzlich beschränkt das Fehlen einer einheitlichen Arbeitsplanungsstrategie die Verbreitung des Verfahrens. Daher ist die additive Herstellung, auch von einfachsten Bauteilgeometrien, mit dem LPA-Verfahren bis heute durch aufwändige, erfahrungsbasierte Fertigungsversuche und iterative Prozessoptimierungen geprägt, um die Geometrietoleranzen sowie das definierte Eigenschaftsprofil zu gewährleisten. Somit müssen die erarbeiteten Kenntnisse der Prozessrandbedingungen, Einflussfaktoren sowie deren Auswirkungen auf die zentralen Ergebnisqualität genutzt werden, um eine a-priori Planung der Prozesskette zur Fertigung der Bauteile innerhalb der geforderten geometrischen Maßhaltigkeit zu ermöglichen.

Die dritte Herausforderung besteht darin, dass heute keine Datenbasis für eine Kosten- und Ressourceneffizienzbewertung existiert, um den Einsatz des LPA-Verfahrens in der additiven Prozesskette zur Fertigung von Luftfahrtbauteilen im Kontrast zu konventionellen Fertigungstechnologien zu analysieren. Daher müssen zum einen die Ressourcenströme und deren Größenordnungen bewertet und für spezifische Anwendungsfälle exemplarisch ermittelt werden. Zum anderen müssen die Kosten der einzelnen Teilprozesse identifiziert und daraus der Gesamtaufwand für die additive Prozesskette mit dem LPA-Verfahren berechnet werden.

Als Folge der aufgezeigten Hemmnisse ist ein umfangreicher Forschungsbedarf angezeigt, um den Einsatz einer additiven Fertigungsprozesskette mit dem LPA-Verfahren in der Luftfahrt zu ermöglichen. Dabei sind die Prozesswechselwirkungen sowie die Einflüsse aus der Systemtechnik zu untersuchen und die Zusammenhänge der qualitätsrelevanten Ergebnisgrößen herauszustellen. Darauf basierend kann dann eine Prozessstrategie für eine prozesssichere Bearbeitung innerhalb einer definierten geometrischen Maßhaltigkeit erarbeitet werden. Abschließend kann das erarbeitete Wissen über die Prozesskette und Einflussgrößen genutzt werden, um die Kosten- und Ressourceneffizienz zu bewerten.

Aus dem erarbeiteten Forschungsbedarf leiten sich die folgenden Forschungsfragen ab, die im Rahmen der vorliegenden Arbeit beantwortet werden:

- Welche Einflussfaktoren und Randbedingungen wirken und in welchem Maße beeinflussen diese innerhalb des LPA-Prozesses die Prozessführung und Ergebnisgrößen?

- Wie kann eine Prozessstrategie für die additive LPA-Fertigung von der Parameteridentifikation bis zur prozesssicheren Fertigung dreidimensionaler Strukturen innerhalb definierter geometrischer Toleranzen erarbeitet werden?

- Welches Ressourceneffizienz- und Kostenpotenzial weist die additive Fertigung im Kontrast zu konventionellen Fertigungstechnologien auf?

3.2 Methodischer Ansatz und Zielkriterien

Aufgrund der umfangreichen monetären und materiellen Ressourcenaufwände für die Fertigung von Leichtbaustrukturen aus Titan in der Luftfahrt ist die Zielsetzung dieser Arbeit die qualitätsgerechte, wirtschaftliche und ressourcenschonende Fertigung von Luftfahrtkomponenten mit dem LPA-Verfahren (vergleiche Abschnitt 1.2). Die qualitätsgerechte Fertigung beschreibt die Gewährleistung der luftfahrtspezifischen Anforderungen an die mechanisch-technologischen Eigenschaften der Bauteile. Mit der wirtschaftlichen Fertigung wird die monetäre Bewertung des Aufwandes in Relation zu konkurrierenden Fertigungsverfahren formuliert. Als ressourcenschonende Fertigung wird der quantitative Vergleich der ökologischen Nachhaltigkeit zu den konkurrierenden Fertigungsverfahren bezeichnet. Um diese Zielsetzungen quantitativ zu evaluieren, wird im Folgenden ein methodischer Ansatz erarbeitet sowie die daraus abgeleiteten Zielgrößen beschrieben.

Der methodische Ansatz basiert auf einer Zusammenführung der Erkenntnisse aus der Untersuchung der anlagensystemtechnischen Einflüsse sowie der detaillierten Betrachtung der Einflussfaktoren im LPA-Prozess. Darauf aufbauend wird die Veränderung der Eigenschaften in Abhängigkeit der Bauhöhe untersucht. Basierend auf diesen Erkenntnissen wird eine Prozessstrategie entwickelt, um für beliebige dünnwandige Geometrien (Wandstärke < 5 mm) systematisch Bearbeitungsstrategien mit minimalem Planungsaufwand ableiten zu können. Durch das Verknüpfen der Erkenntnisse aus den untersuchten Materialeigenschaften mit einer systematischen Prozessstrategie für den LPA-Prozess wird eine ressourcen- und kosteneffiziente Fertigung für Leichtbaustrukturen aus Titanlegierungen ermöglicht.

Die qualitätsgerechte Fertigung beschreibt die Zielsetzung einer prozesssicheren Bearbeitung innerhalb der luftfahrtspezifischen Anforderungen. Die prozesssichere Bearbeitung wird im Rahmen der Prozessstrategie erarbeitet und an einem luftfahrtrelevanten Demonstrator erprobt. Da für die generative Fertigung von Titanbauteilen mittels LPA nach dem Stand der Technik noch keine normative Beschreibung der Anforderungen für Luftfahrtbauteile existiert, werden die luftfahrtspezifischen Anforderungen an die mechanisch-technologischen Materialeigenschaften sowie die Prozessanforderungen aus bestehenden Normen der Titanbauteilproduktion für die Luftfahrt abgeleitet.

Der industrielle Nutzen der Normung besteht neben der organisatorischen Gewährleistung der Sicherheit für Systeme und Prozesse zusätzlich in der technischen Vereinheitlichung von Verfahren sowie der Definition von Qualitätskenngrößen für alle Prozessmittel [Esc13, Jur99]. Weitere Vorteile der Normierung und Standardisierung bestehen nach

[Deu00] in den folgenden Aspekten. Die Erzielung von Kosten- und Wettbewerbsvorteilen kann durch die Überführung nationaler Norminhalte in internationale Normen ermöglicht werden. Des Weiteren dienen die Normen in vielen Fällen der Regelung technischer Sachverhalte durch den Gesetzgeber.

Der gesamtwirtschaftliche Nutzen der Normung besteht dabei in dem gesicherten Wissen, welches für eine breite industrielle Verwendung nutzbar gemacht wird und somit die Grundlage für eine Verbreitung der Technologie bietet. Die Herabsenkung der Eintrittsbarriere zur Nutzung neuer Fertigungsverfahren, wie dem im Rahmen dieser Arbeit betrachteten LPA-Verfahren, stellt ein zentrales volkswirtschaftliches Unterscheidungsmerkmal dar [Deu00].

Aufgrund des zugrundeliegenden schweißtechnischen Wirkprozesses innerhalb additiver Fertigungsverfahren wird in Normen für die Beschreibung additiver Produktionstechnologien sowie deren Qualitätsanforderungen auf die vergleichende Anwendung der schweißtechnischen Normen zur Beschreibung der additiven Fertigung verwiesen [ASTM2924, DIN17024, ISO52904]. Neben den Normen aus der additiven Fertigung sowie der Luft- und Raumfahrt werden dementsprechend Normen aus der Applikation des Laserschweißens für die Beschreibung der Erfordernisse des LPA-Verfahrens zusammengefasst.

Die Anforderungen an additiv gefertigte Metallbauteile, unabhängig vom Verfahren, sind nach [ISO17296a, ISO52901] allgemein beschrieben und entsprechend der Kritikalität des zugehörigen Anwendungsbereichs untergliedert. Dabei beschreibt Gruppe H dynamisch belastete Funktionsbauteile, während Gruppe M statisch belastete Funktionsbauteile umfasst und Gruppe L für Prototypenanwendungen gilt. Die Anforderungen an die Eigenschaften eines Bauteils werden in drei Stufen klassifiziert. Die Hauptanforderungen (+) gewährleisten die hinreichende Erfüllung der Kritikalitätsgruppe, während die optionalen Anforderungen (o) ergänzende Anforderungen für häufige Einsatzbereiche darstellen. Die nicht anwendbaren Anforderungen (-) sind typischerweise nicht relevant für die jeweilige Kritikalitätsgruppe (siehe Abbildung 3.1).

Im Rahmen dieser Arbeit sollen die Hauptanforderungen (+) für statisch belastete Funktionsbauteile der Gruppe M geprüft werden. Hieraus werden in Verbindung mit ergänzenden Anforderungen aus weiteren Normen im Folgenden die **Anforderungen an die Materialeigenschaften** für LPA-gefertigte Bauteile aus der Legierung Ti-6Al-4V festgelegt.

Kritikalitätsgruppe	Oberflächenanforderungen			Geometrische Anforderungen		Anforderung an Aufbauwerkstoffe	
	Erscheinungsbild	Oberflächenstruktur	Farbe	Größen-, Längen- und Winkelmaße sowie Maßtoleranzen	Form- und Lagetolerierung	Dichte	Physikalische und physikalisch-chemische Eigenschaften
H	o	+	-	+	+	+	+
M	o	o	-	+	+	+	o
L	o	o	-	+	+	+	-

Kritikalitätsgruppe	Mechanische Anforderungen								
	Härte	Zugfestigkeit	Biegefestigkeit	Schwingfestigkeit	Kriechverhalten	Alterung	Reibungswert	Scherfestigkeit	Risswachstum
H	+	+	+	+	+	-	+	+	+
M	+	+	o	o	o	-	o	o	o
L	+	+	o	-	-	-	-	o	-

Abbildung 3.1:   Eigenschaftsanforderungen für additiv gefertigte Bauteile nach [ISO17296a]

Für Anwendungen in der Luft- und Raumfahrt können nach [DIN65123, DIN65124] die technischen Lieferbedingungen bzw. die Prüfkriterien weiter spezifiziert werden, welche von metallischen Bauteilen aus pulverbettbasierter Herstellung erfüllt werden müssen. Aus der Spezifikation dieser Normen werden die Anforderungen an die Eigenschaften eines Bauteils der höchsten Sicherheitsklasse I gewählt. Des Weiteren wird in Analogie zur pulverbettbasierten Fertigung das Durchführen eines heißisostatischen Pressens (HIP) gefordert, um eventuell auftretende Porositäten in der Prozessfolge zu verdichten. Während **Risse** nicht zulässig sind, gilt für die **Porosität** eine Obergrenze im Durchmesser einer einzelnen Pore von 100 µm [DIN65124]. Dabei darf weder eine zeilige Anordnung der Poren existieren, noch eine lokale Anhäufung in Porennestern vorhanden sein. Für letztere Anforderung gilt, dass der Abstand zweier Poren größer als der Durchmesser der größeren Pore sein muss. Andernfalls sind die beiden Hohlräume als eine verbundene Pore zu werten. Die **Gesamtporosität** darf nach [DVS2713, ISO10675] für mehrlagige Titanschweißnähte 2 % nicht überschreiten. Aufgrund einer fehlenden normativen Vorgabe für die additive Fertigung wird im Rahmen dieser Arbeit für ein isotropes Bauteilverhalten eine Mindestdichte vor dem HIP-Prozess von 99,75 % gefordert in Analogie zu [Mun13, Reh10, Wit15]. Die Anforderungen für additiv gefertigte Bauteile an die mechanischen Kennwerte betragen für den **Elastizitätsmodul** 100 bis 117 GPa, für die **Zugfestigkeit** > 880 MPa, für die **Bruchdehnung** > 5 % und für die **Härte** 300 bis 400 HV

[ASTM3122, EAD15]. Die **Oberflächenbeschaffenheit** muss eine Rauheitsanforderung für bearbeitete Oberflächen von $R_a < 3{,}2\ \mu m$ erfüllen [DIN65124]. Für die Oberflächenbeschaffenheit werden zusätzlich die Rauheitswerte unbearbeiteter Oberflächen ermittelt, um die vergleichende Beschreibung der Oberflächengüte im Verhältnis zu den pulverbettbasierten Verfahren zu ermöglichen [ISO25178]. Im Bereich der Luftfahrtanwendungen sind durch Oberflächenbeschaffenheit sowie die geforderten Rauheitswerte spanende Nachbearbeitungsverfahren unabdingbar für die Bearbeitung der resultierenden Oberflächen [DIN65124, ISO52901, ISO52904]. Die **Mikrostruktur** soll gleichmäßig in Richtung der Bauteildicke sein [EAD15, PKW03]. Im Rahmen dieser Arbeit wird die Mikrostruktur zusätzlich zu dieser Forderung in Abhängigkeit der Aufbauhöhe untersucht. Die remanenten **Eigenspannungen** in Folge des Fertigungsprozesses sollen durch ein Spannungsarmglühen bei $T_W = 730 \pm 10\ °C$ für $t_W > 2\ h$ wärmebehandelt werden [EAD15, PKW03]. Für eine prozesssichere Fertigung werden in dieser Arbeit die im Fertigungsprozess entstehenden Eigenspannungen vor der Wärmebehandlung untersucht. Die **chemische Zusammensetzung** des Ausgangswerkstoffes ist innerhalb elementspezifischer Zulässigkeitsbereiche definiert [AMS4998, DIN17851, Don06, EAD15]. Infolge der Prozessierung des Ausgangswerkstoffs und damit verbundener Abbrandphänomene müssen diese chemischen Zusammensetzungen auch für das Bauteil erfasst und die Zulässigkeitsgrenzen eingehalten werden. Die **Toleranzen** werden auf der Basis der Allgemeintoleranzen und unter Einschluss der Bearbeitungszugaben definiert [ISO1101, ISO2768]. In bestehenden Untersuchungen werden die Maßhaltigkeiten für LPA-gefertigte Bauteile in einem Bereich von $(A_u; A_o) = (-2{,}5\ mm; +2{,}5\ mm)$ aufgezeigt [Wit15]. Bestehende Ansätze zur Vermeidung dieser Maßhaltigkeitsabweichungen basieren darauf, durch die Nutzung sensorbasierter Prozesssteuerungen eine symptomgestützte Regelung der Geometrie zu realisieren. Wesentliche Nachteile dieser Vorgehensweise sind die umfangreichen Kalibrationsaufwände, zusätzliche Systemkomplexität und die veränderliche Korrelation zwischen der gemessenen Größe (z.B. emittierte Prozessstrahlung) und der zu regelnden Geometrie [BWW18, CSP10, DMD18, GPL19, Sig06].

In dieser Arbeit soll diese Maßabweichung auf der Grundlage des Verständnisses der Prozesswechselwirkungen analysiert und systematisch reduziert werden, um für die Durchgängigkeit der Prozesskette eine reproduzierbare Toleranzsituation zu gewährleisten. Zu diesem Zweck wird das Ausmaß der bestehenden Maßabweichungen ermittelt. Auf der einen Seite ist somit aufgrund der geforderten Oberflächenbeschaffenheit eine spanende Nachbearbeitung unumgänglich, während auf der anderen Seite eine wirtschaftliche Spanvolumengrenze nicht überschritten werden soll. Für die erforderliche Toleranz $T_{erf.;0{,}95}$ wird ein Bereich von $(A_u; A_o) = (-1\ mm; +1\ mm)$ definiert.

Tabelle 3.1: Ableitung der Anforderungen an die Haupteigenschaften von LPA-gefertigten Strukturen aus Ti-6Al-4V für die Luftfahrt

Materialeigenschaft	Ausprägung
Materialbezeichnung [a, b]	Ti-6Al-4V (Werkstoff-Nr. 3.7165)

Pulverwerkstoff

Herstellungsprozess [c, g]	EIGA, ICP

Kennzeichnende Eigenschaften (siehe Abschnitt A.2) [v]

Pulverfraktion [e, f, g]	Klopfdichte [e, f, g]	Chem. Komposition	Morphologie [e, f, g]
-105/45 µm	3,0 g/cm³	siehe Abschnitt A.2	sphärisch

Anforderungen an die Haupteigenschaften

Chemische Komposition [a, b, c, d]	Element	Al	V	Fe	O	N	Sonstige einzeln	Sonstige Summe	Ti
	Minimum	5,5	3,5	-	-	-	-	-	Rest
	Maximum	6,75	4,5	0,3	0,2	0,05	0,1	0,4	Rest

Elastizitätsmodul [c, d, j]	100 bis 117 GPa
Zugfestigkeit [c, d, j]	> 880 MPa
Bruchdehnung [c, d, j]	> 5 %
Härte [d, j]	300 bis 410 HV

Dichte [k, l n, o, p, q]	> 99,75 %
Mikrostruktur [c, h]	gleichförmige Mikrostruktur in Bauteildickenrichtung
Eigenspannungen	Identifizierung remanenter Eigenspannungen

Oberflächeneigenschaften [k, m]	Für bearbeitete Oberflächen $R_a < 3,2$ µm
Geometrische Maßhaltigkeit [k, r, s, t, u]	$T_{erf.;0,95} \pm 1$ mm

[a] [DIN17851]; [b] [AMS4998]; [c] [EAD15]; [d] [Don06]; [e] [ASTM3049]; [f] [ISO17296a]; [g] [ISO52907]; [h] [PKW03]; [i] [DIN65123]; [j] [ASTM3122]; [k] [DIN65124]; [l] [ISO10675]; [m] [ISO25178]; [n] [DVS2713]; [o] [Mun13]; [p] [Reh10]; [q] [Wit15]; [r] [Kel06]; [r] [ISO1101]; [s] [ISO2768]; [t] [ISO52901] ; [u] [ISO52904]; [v] [Sey18]

Für den **Pulverwerkstoff** werden die Anforderungen an die Ausgangswerkstoffe zur additiven Fertigung von Bauteilen übernommen. Dabei konnten nach [Sey18] die **Pulverfraktionierung**, die **Dichte- und Fließfähigkeitseigenschaften**, die **chemische Zusammensetzung** sowie die **Morphologie** in einen direkten Zusammenhang zu den Ergebnisqualitäten pulverbettbasierter Verfahren gesetzt werden [ASTM3049, ISO17296a, ISO52907]. Im Rahmen dieser Arbeit werden diese Werte für unterschiedliche Pulverzustände bewertet.

Die Kriterien der Zielerreichung für die qualitätsgerechte Fertigung umfassen demzufolge neben der prozesssicheren Fertigung des Demonstrators innerhalb der Maßhaltigkeitsanforderungen auch das folgende Eigenschaftsprofil (siehe Tabelle 3.1).

Die wirtschaftliche Zielsetzung ist die kostengünstigere Fertigung der Bauteile im Vergleich zu konventionellen Fertigungsmethoden durch die Reduzierung der Aufwände in der spanenden Bearbeitung in Verbindung mit einem deutlich verringerten Materialeinsatz. Für die ressourcenschonende Fertigung soll die ökonomische und ökologische Nachhaltigkeit quantifiziert werden und im Vergleich zu den konventionellen Fertigungsverfahren eine nachhaltigere Produktion von Luftfahrtbauteilen aus Titan erzielen.

3.3 Lösungsweg

Der Lösungsweg zur Erreichung der definierten Zielstellung dieser Arbeit und die Beantwortung der Forschungsfragen kann auf fünf notwendige Handlungsfelder aufgeteilt werden. Im Folgenden werden die Inhalte dieser Handlungsfelder und insbesondere die konsekutive Verwendung der Teilergebnisse bis zu deren Zusammenführung in der Prozessstrategie aufgezeigt (siehe Abbildung 3.2).

Systematische Analyse der prozessualen und anlagensystemtechnischen Einflussfaktoren

Um den Einfluss der Anlagensystemtechnik auf das Prozessergebnis zu bewerten, werden zu Beginn die wesentlichen Einflussgrößen identifiziert und zusammengefasst. Auf der Basis dieser ganzheitlichen Beschreibung der Einflüsse auf das Prozessergebnis werden die wesentlichen Faktoren herausgearbeitet, die durch die Anlagensystemtechnik beeinflusst werden. Die ermittelten Einflussfaktoren werden experimentell evaluiert und die Erkenntnisse verwendet, um eine Definition der anlagensystemtechnischen Randbedingungen für die reproduzierbare Prozessführung mit dem LPA-Verfahren abzuleiten.

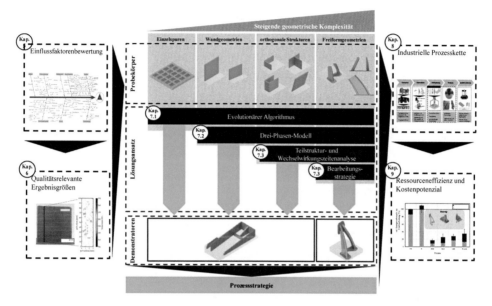

Abbildung 3.2:   Lösungsweg zur Erfüllung der definierten Zielsetzung sowie für die Beantwortung der Forschungsfragen

Bewertung der qualitätsrelevanten Ergebnisgrößen

Für die Bewertung der Eigenschaften LPA-gefertigter Strukturen in Abhängigkeit der Bauhöhe, werden die qualitätsrelevanten Ergebnisgrößen für Luftfahrtanwendungen erarbeitet. In einem ersten Schritt erfolgt die analytische Beschreibung des LPA-Prozesses zur Entwicklung einer initialen Bearbeitungsstrategie. Im nächsten Schritt werden die wesentlichen Ergebnisgrößen anhand einer einheitlichen Probekörpergeometrie untersucht und mit Literaturwerten verglichen. Auf der Grundlage dieser Ergebnisse werden die qualitätsrelevanten Einflussgrößen identifiziert, für die Abweichungen von den Anforderungen bestehen. Abschließend wird daraus das weitere Vorgehen für die nachfolgende Entwicklung der Prozessstrategie abgeleitet.

Ableitung der Prozessstrategie

Für die Ableitung der Prozessstrategie wird zu Beginn die Struktur der mehrstufigen Prozesskette festgelegt. Zu diesem Zweck werden zum einen die Stellgrößen und zum anderen die Ergebnisgrößen definiert, um eine aktive Steuerung der geometrischen Maßhaltigkeit zu ermöglichen. Des Weiteren wird die notwendige Wissensbasis, die durch den Anwender im Rahmen der Prozessführung genutzt wird, definiert.

Die Prozessstrategie wird in vier Stufen erarbeitet. Dabei wird die geometrische Komplexität der Probekörper stufenweise gesteigert. Für die erste Stufe wird eine Entwicklung der Prozessparameter mittels eines evolutionären Algorithmus an Einzelspuren durchgeführt. In einer zweiten Stufe wird die Veränderung der Randbedingungen mit steigender Aufbauhöhe an Wandgeometrien modelliert und für die weitere Verwendung beschrieben. Im dritten Schritt werden die Einflüsse von orthogonalen Strukturen und Überhängen untersucht. Im letzten Schritt werden Bearbeitungsstrategien für Freiformgeometrien untersucht, um die Fertigung im Zielkonflikt aus Bearbeitungszeit und Ergebnisgröße zu optimieren. Den Abschluss bildet die Zusammenführung der Teilschritte zu einer ganzheitlichen Prozessstrategie und deren Optimierung auf der Basis einer ersten Demonstration an einem simplifizierten Bauteil.

Demonstration in der industriellen Prozesskette

Für die Demonstration der entwickelten Prozessstrategie wird ein industrielles Luftfahrtbauteil verwendet und die erarbeiteten systematischen Vorgehensweisen angewendet. Abschließend werden die entwickelten Methoden bewertet und weiterführende Optimierungspotenziale aufgezeigt.

Evaluation des Kosten- und Ressourceneffizienzpotenzials

Die konventionelle Fertigung sowie alternative additive Herstellungsverfahren werden als Vergleichsbasis verwendet, um die Ressourceneffizienz des LPA-Verfahrens für die Fertigung von Titanbauteilen in der Luftfahrt zu bewerten. Dabei werden zum einen die kumulierten Energiebedarfe sowie zum anderen die verursachten CO_2-Emissionen ermittelt. Des Weiteren wird ein besonderes Augenmerk auf die Bewertung der Wirtschaftlichkeit des Verfahrens im Vergleich zu den alternativen Fertigungstechnologien gelegt.

4 Prozess- und Anlagentechnologie

In Abschnitt 2 sind die grundlegenden Wirkprinzipien sowie die wesentlichen Randbedingungen des LPA-Verfahrens aufgezeigt worden. Neben diesen Faktoren wird die Ergebnisqualität insbesondere durch die gewählte Anlagen- und Systemtechnologie beeinflusst. Um diesen Einfluss zu bestimmen, werden in diesem Kapitel die verwendeten Systemtechnologien aufgezeigt. Im Folgenden werden das Bearbeitungssystem, die Fokussieroptik, das Pulverfördersystem sowie die Strahlquelle beschrieben und durch die Erläuterung der Anlagenprogrammierung, der verwendeten Pulverwerkstoffe sowie die verwendete Messtechnik zur dreidimensionalen Vermessung der Geometrie ergänzt.

4.1 Anlagentechnik für das Laser-Pulver-Auftragschweißen

Das verwendete Bearbeitungssystem ist die Bearbeitungszelle TruLaser Robot 5020 der Fa. Trumpf. Die Handhabung des Bearbeitungskopfes erfolgt mit einem 6-Achs-Industrieroboter der Fa. Kuka, der über ein *Human-Machine-Interface* (HMI)-Bedienelement programmiert wird. Für die Aufnahme des Werkstücks wird ein Dreh-Kipp-Positioniersystem verwendet, der über zwei Achsen verfügt (siehe Abbildung 4.1).

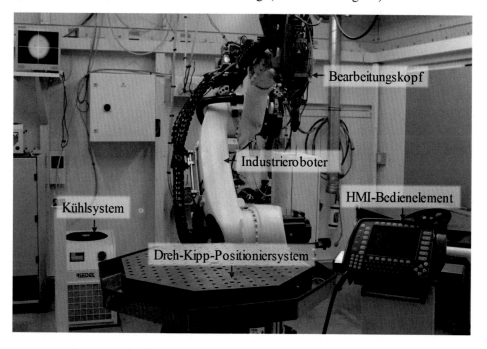

Abbildung 4.1:   Bearbeitungszelle TruLaser Robot 5020 mit LPA-Bearbeitungskopf

© Der/die Autor(en), exklusiv lizenziert durch
Springer-Verlag GmbH, DE , ein Teil von Springer Nature 2021
M. L. B. Möller, *Prozessmanagement für das Laser-Pulver-Auftragschweißen*,
Light Engineering für die Praxis, https://doi.org/10.1007/978-3-662-62225-4_4

Der LPA-Bearbeitungskopf verfügt für die Pulverdüse über ein zusätzliches Kühlsystem. In der Bearbeitungszelle ist die Zuführung der benötigten Prozessgase, des Pulvermassenstroms sowie der Laserstrahlung vorbereitet. Die Festlegung und Regelung der zugehörigen Parameter wird in der Robotersteuerung programmiert. Im Folgenden werden die verwendeten Teilsysteme für das LPA beschrieben.

4.1.1 Pulverfördersystem

Pulverfördersysteme können grundsätzlich anhand ihres Förderprinzips unterschieden werden [Jam12]. Der eingesetzte Tellerförderer PF2/2 der Fa. GTV (siehe Abbildung 4.2 (a)) arbeitet nach dem volumetrischen Förderprinzip, bei dem das geförderte Volumen über verschiedene Parameter definiert wird. Den wesentlichen Einfluss auf das geförderte Pulvervolumen haben dabei die Geometrie der Tellernut, die Rotationsgeschwindigkeit sowie die Eigenschaften des verwendeten Pulvers [She94]. Für den Förderprozess wird das Pulver aus einer Öffnung im Boden des Pulverreservoirs in den Dosierspalt des Fördertellers abgestreift. Durch die kontinuierliche Drehbewegung des Tellers wird das Pulver zum Abstreifer befördert und mit dem Trägergasstrom in das Leitungssystem eingebracht. Anschließend wird der Pulver-Gas-Strom zum Bearbeitungskopf geleitet (siehe Abbildung 4.2 (b)).

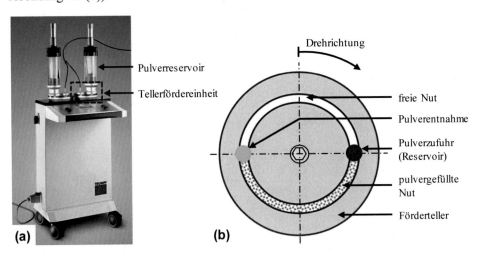

Abbildung 4.2:   Pulverfördertechnologie (a) Tellerpulverförderer mit zwei Pulverreservoirs (Fa. GTV Typ PF2/2); (b) schematische Funktionsweise des Tellerförderprinzips in der Tellerfördereinheit

Für den Förderteller wird für alle weiteren Untersuchungen eine rechteckige Nutgeometrie mit einer Nutbreite von 5 mm und Nuttiefe von 0,6 mm eingesetzt. Im Rahmen der Untersuchungen der wesentlichen systemtechnischen Einflussfaktoren wird sowohl die tellerdrehzahlabhängige Förderrate für die eingesetzten Pulver ermittelt als auch der Pulvermassenstrom in Abhängigkeit der aktuellen Füllmenge im Pulverreservoir.

4.1.2 Bearbeitungsoptik mit Pulverdüse

Der LPA-Prozess wird mit einer Bearbeitungsoptik BEO D70 der Firma Trumpf umgesetzt, die über eine motorische Fokussierung und eine *Charge Coupled Device* (CCD)-Kamera für die Prozessüberwachung verfügt. Die motorische Führung der Kollimationslinse ermöglicht die flexible Steuerung der Fokusposition entlang der Strahlachse. Für die Pulverzufuhr wird eine Dreistrahldüse verwendet, die den Pulver-Gas-Strom aus drei Öffnungen in den Laserstrahl einbringt und in dem Bearbeitungsabstand von $s_{LPA} = 16$ mm fokussiert (siehe Abbildung 4.3).

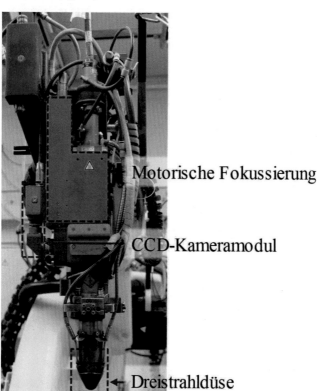

Abbildung 4.3:   Bearbeitungsoptik BEO D70 mit motorischer Fokussierung, CCD-Kameramodul und Dreistrahlpulverdüse

Die Schutzgasabschirmung wird sowohl stationär, durch die Entwicklung einer Schutz-gaskammer, als auch flexibel am Bearbeitungskopf sichergestellt. Zum einen erfolgt die Schutzgaszufuhr in Form von Argon mit der in die Bearbeitungsoptik integrierten Düse direkt im Bereich der Prozesswechselwirkungszone. Zum anderen wird in den nachfol-genden Abschnitten eine Lösung für die stationäre Schutzgasversorgung erarbeitet und die Funktionserfüllung bewertet.

4.1.3 Strahlquelle

Als Strahlquelle wird ein diodengepumpter Festkörperlaser verwendet. Die Laserstrah-lung des eingesetzten Yb:YAG-Scheibenlasers TruDisk6001 der Firma Trumpf wird mit einer maximalen Ausgangsleistung von 6 kW bei einer Wellenlänge von 1030 nm emit-tiert. Die flexible Führung der Laserstrahlung von der Erzeugung bis zum Bearbeitungsort erfolgt mit einem Lichtwellenleiter, welcher einen Faserkerndurchmesser von 300 μm aufweist.

4.2 Anlagenprogrammierung

Die anlagensystemtechnische Umsetzung der Handhabung des Bearbeitungskopfes er-folgt mit einem Kuka Roboter. Für die additive Fertigung von Strukturen ist es notwendig, eine Aufbaustrategie abzuleiten, damit die Herstellung der Bauteilgeometrie im LPA-Pro-zess umgesetzt werden kann. Die wesentliche Fragestellung betrifft die notwendige Ver-fahrbewegung des Roboters, die dem Bearbeitungskopf ermöglicht, an den definierten Po-sitionen und in der gewünschten Prozesschronologie das Material aufzutragen. Zu diesem Zweck bestehen zwei grundsätzliche Ansätze für die Anlagenprogrammierung. Auf der einen Seite besteht die Möglichkeit der manuellen Programmierung der Bewegungsbe-fehle in der *Kuka Robot Language* (KRL). Auf der anderen Seite können Vorgehenswei-sen aus der LBM-Prozesskette verwendet werden, bei denen die herzustellende Geometrie in dem Standard Triangulation Language (STL)-Format als Ausgangspunkt genutzt wird. Daraus wird die Schnittebeneneinteilung des Bauteils und damit die Grundlage für den schichtweisen Aufbau erstellt (sog. *Slicen*). Der nachfolgende Schritt zur Erzeugung der Bewegungsbefehle ist in bestehenden Veröffentlichungen für die variierenden system-technischen Voraussetzungen durch eine manuelle Programmierung gekennzeichnet [BGG13, BPM11, But19, HHM18].

Um das in dieser Arbeit vorliegende Ziel zur Erarbeitung einer Prozessstrategie zu errei-chen, sind die verfügbaren Lösungen aus den aufgezeigten Veröffentlichungen nicht ver-wendbar. Insbesondere ist das flexible Erzeugen von bauhöhenadaptiven Strategien nicht umgesetzt und die Notwendigkeit der manuellen Beschreibung der Bewegungsinformationen stellt eine wesentliche Einschränkung für die Durchgängigkeit der Prozesskette dar.

4.3 Pulverwerkstoff

Für den LPA-Prozess wird ein pulverförmiger Ausgangswerkstoff verwendet. Dieser stellt ein zweiphasiges Werkstoffsystem dar, bestehend aus den Pulverpartikeln und dem in den Zwischenräumen vorhandenen Gas [QF15]. Im Vergleich zu kompakten Feststoffen verfügen die Pulverwerkstoffe über Eigenschaften, die sich aus dem Zusammenwirken mehrerer Qualitätsmerkmale der beiden Phasen ableiten lassen [ISO52907].

Das verwendete Pulver wird in dem induktiv gekoppelten Plasmaverdüsungsprozess (*Inductively Coupled Plasma Atomization* (ICPA)) hergestellt. Dabei wird ein kontinuierlich geförderter Draht in einem Plasmabrenner mittels einer induktiven Energieeinbringung berührungslos aufgeschmolzen und von einem inerten Argongasstrom zerstäubt. Die entstehenden Pulverpartikel weisen aufgrund der berührungslosen Aufschmelzung und der konstanten inerten Atmosphäre nur geringste Verunreinigungen auf sowie im Vergleich zu anderen Herstellungsverfahren eine engere Verteilung der Pulverpartikelgrößen [EAT96, QF15]. Der verwendete sphärische Ti-6Al-4V-Pulverwerkstoff ist in Anhang A.2 aufgezeigt. Eine weiterführende Beschreibung der Pulverwerkstoffe sowie der Wechselwirkung zwischen den Qualitätsmerkmalen und dem Prozessergebnis für verschiedene additive Fertigungsverfahren ist in der Literatur ausführlich erläutert [DBT15, QF15, Sey18, SGS14].

4.4 Messtechnik und Verfahren zur Messfehlerermittlung

Im Folgenden wird das verwendete Messverfahren für die Erfassung der hergestellten Geometrien vorgestellt sowie eine Analyse der auftretenden Messfehler durchgeführt, um die Ergebnisqualität einzuordnen.

Die Geometrien der hergestellten Probekörper und Bauteile in dieser Arbeit werden mit einer Koordinatenmessmaschine (KMM) aufgenommen. Die verwendete Wenzel LH87 wird in Verbindung mit dem Lasertriangulationssensor ShapeTracer für die Messaufgabe eingesetzt. Die optische Vermessung der Geometrien ermöglicht eine gute Übertragbarkeit und Automatisierbarkeit der Messprozedur auch für komplexere Geometrien im weiteren Verlauf dieser Arbeit im Vergleich zu einer taktilen Vermessung. Die Bestimmung der dreidimensionalen Messunsicherheit U_3 erfolgt für die Messvolumina mittels der zugehörigen Kantenlängen L_3 der in dieser Arbeit vorhandenen Messungen (siehe Tabelle 4.1).

Tabelle 4.1:	Messunsicherheit der KMM in Verbindung mit dem ShapeTracer (ST) nach [VDI2617]			
Koordinaten-messmaschine	Messunsicherheit im Raum	U_3 für 80 mm	U_3 für 120 mm	U_3 für 300 mm
Wenzel LH87 ST	$21{,}7\,\mu m + \left(\dfrac{L_3}{350\ mm}\right)\mu m$	$21{,}9\,\mu m$	$22{,}0\,\mu m$	$22{,}5\,\mu m$

Für die Abschätzung des enthaltenen Messfehlers werden die wesentlichen Messfehler nach [DIN53804, ISO3534, ISO5725, VDI3441] untersucht und die Kenngrößen auf Basis der Gleichungen (2.4) - (2.6) ermittelt (vergleiche Abschnitt 2.5). Eine weiterführende Beschreibung der Auswertungen der geometrischen Toleranz der Demonstratorbauteile ist in [ME18, MJW17] aufgezeigt. Die Messfehleridentifikation erfolgt nach [Boh13, ISO10360, VDI3441]. Dabei können zwei wesentliche Fehler identifiziert werden. Zum einen resultiert ein Fehler aus der Verwendung der Koordinatenmessmaschine und zum anderen ergeben sich Fehler aus dem Einlegen des Bauteils sowie dem Ausrichten zwischen CAD-Referenz und der gemessenen Kontur.

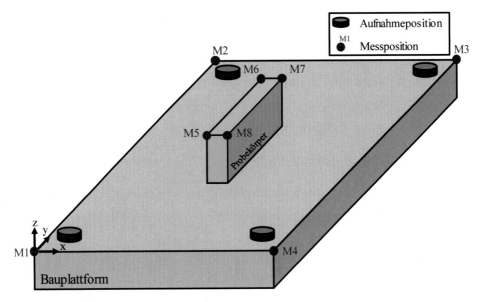

Abbildung 4.4:   Aufnahme- und Messpunkte der Bauplattform für die Untersuchung des Messfehlers

Für das Ausrichten der CAD-Referenzgeometrie zur eingemessenen Geometrie werden insgesamt sechs Punkte verwendet. Diese Punkte umfassen die vier Aufnahmepositionen sowie zwei feste Anschlagspositionen, die jeweils als starre Bezugsstellen programmiert werden und per Definition keinen Fehler beinhalten. Die Fehler des Einlegens sowie des

Ausrichtens resultieren aus der manuellen Ausführung dieser Prozesse und den damit verbundenen Abweichungen. Für die Messfehlerbewertung wird die Bauplattform 100-fach ($n_{Anz} = 100$) wiederholt eingespannt und dabei die acht Messpositionen im Bauteil-Koordinatensystem (KOS) vermessen (siehe Abbildung 4.4). Zusätzlich wird das Ausrichten der CAD-Referenz und der erfassten Geometrie durchgeführt und die Abweichungen ebenfalls erfasst.

Der Einlege- und Ausrichtungsfehler beinhaltet den Messmaschinenfehler, der die Genauigkeit der Koordinatenmessmaschine beschreibt. In Abbildung 4.5 sind die relativen Häufigkeiten der erfassten Messfehler aufgezeigt, die an den acht Messpositionen ermittelt worden sind.

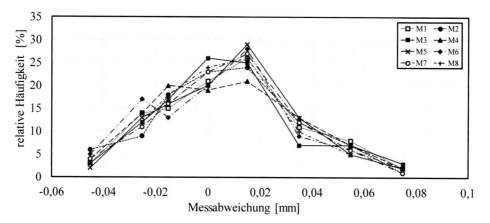

Abbildung 4.5:   Relative Häufigkeitsverteilung der Messabweichung infolge der Einlege- und Ausrichtungsabweichungen (für $n_{Anz} = 100$)

Die maximale empirische Standardabweichung der Einzelmesspunkte wird mit einem Wert von $s_m = 0{,}0313$ mm ermittelt. Dieser Fehler beinhaltet den Messmaschinenfehler, der nach Tabelle 4.1 bei $U_3 = 0{,}0225$ mm beträgt und somit einen wesentlichen Anteil an der gesamten Messabweichung darstellt.

4.5 Zusammenfassung und Fazit

Die vorgestellten Systemtechnologien bilden den Ausgangspunkt der weiterführenden Untersuchungen. In den nachfolgenden Experimenten wird der Einfluss der Anlagentechnologie auf den Bearbeitungsprozess quantifiziert. Neben der Definition von Randbedingungen und systemtechnischen Zustandsgrenzwerten, innerhalb derer die additive Produktion zu erfolgen hat, ist insbesondere die digitale Prozesskette ein wesentliches Element für die erfolgreiche Implementierung der erarbeiteten Prozessstrategie, um eine barrierefreie Durchgängigkeit der Prozesskette zu gewährleisten [Zey17].

Daher wird eine digitale Prozesskette zur direkten Ableitung der Bewegungsinformationen aus einem *Computer-Aided Design* (CAD)-Volumenmodell umgesetzt und in einer parametrisierten Datenstruktur zur mathematischen Formulierung der lagenweisen Parameteradaption ausgestaltet. Für die Abschnitte 6 und 7 wird für einfache Probekörpergeometrien eine manuelle Ableitung der Bewegungsinformationen aus den CAD-Daten vorgenommen und die Programmierung der Roboterbewegungen ebenfalls manuell durchgeführt.

Aufgrund des Programmierungsaufwandes und zur Realisierung der Prozesskettendurchgängigkeit wird für komplexere Bauteilgeometrien in industriellen Applikationen im Rahmen des Abschnitts 8 eine virtuelle Prozesskette erarbeitet, die direkt aus einem CAD-Volumenkörper eine ausführbare Fertigungsprogrammierung für den LPA-Prozess erstellt.

5 Anlagensystemtechnische und prozessuale Einflussfaktorenbewertung

In dem folgenden Abschnitt werden die grundlegenden Einflussfaktoren für die Bauteilqualität im LPA-Prozess identifiziert. Darauf aufbauend erfolgt eine Untersuchung der Anlagensystemtechnik, um die Prozessrandbedingungen zu untersuchen und etwaige Störeinflüsse auf den Prozess zu beschränken. Die ermittelten Einflussfaktoren sowie die Eigenschaften der Anlagensystemtechnik bilden die Basis für die weiterführenden Untersuchungen.

5.1 Identifikation der Einflussfaktoren

Schweißprozesse weisen vielfältige Prozessphänomene auf, deren Wirkprinzipien unterschiedlichen Teilgebieten der Physik zuzuordnen sind [Rad99]. Umfangreiche Untersuchungen belegen die Wirkung verschiedener Einfluss- und Störgrößen auf die resultierende Bauteilbeschaffenheit [BLB07, Gra18, Kel06, Ohn08, Pop05, Reh10, TKC04, Wit15]. Die große Anzahl der Einflussfaktoren weist zusätzlich untereinander komplexe Wechselwirkungsbeziehungen auf, sodass nach dem aktuellen Stand der Technik keine ganzheitliche Beschreibung der Abhängigkeiten zwischen den Stellgrößen und dem Prozessergebnis existiert. Um die Darstellung der Einflussfaktoren in eine übersichtliche Zusammenstellung zu überführen, werden die wesentlichen Einflussgrößen in einem Ishikawa-Diagramm gegliedert (siehe Abbildung 5.1). Die Kategorisierung der einzelnen Faktoren erfolgt in Anlehnung an Abbildung 2.9 und in Verbindung mit [Pop05, Reh10].

Neben der Identifikation der Einflussfaktoren zeigt die Auswertung bestehender Untersuchungen und numerischer Modellbildungen des LPA-Prozesses die besondere Relevanz von drei Gruppen unterschiedlicher Einflussgrößen [AP11, CCS10, HLP11, HMR15, PAF08, PL04, WS10]. Die erste Gruppe sind die beschreibenden Einflussfaktoren der räumlichen und zeitlichen Definition der Energieeinbringung sowie dessen Quantität. Die zweite Gruppe beschreibt die Pulvermassenzufuhr, während die verbliebene Gruppe die Wechselwirkung zwischen Laserstrahl und Pulverpartikeln formuliert. Auf dieser Grundlage werden die anlagentechnischen Eigenschaften für die Prozessführung untersucht, um das Verhalten der Systemtechnik für die weiteren Versuche abzuschätzen.

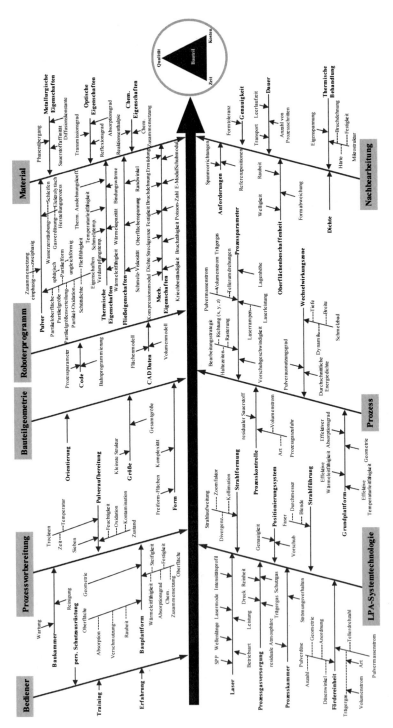

Abbildung 5.1:   Einflussfaktoren auf die Bauteilqualität für das LPA-Verfahren nach [BLB07, Gra18, Kel06, Ohn08, Pop05, Reh10, TKC04, Wit15]

5.2 Fertigungsprozessmanagement in der additiven Produktion

In Abschnitt 2.6 sind die Grundlagen des Fertigungsprozessmanagements sowie deren Einbettung in den Produktentstehungsprozess vorgestellt worden. In Analogie zu der Methodik des Geschäftsprozessmanagements wird im Rahmen dieser Arbeit das **Fertigungsprozessmanagement** für den Einsatz des LPA-Verfahrens in der additiven Fertigung untersucht (siehe Abbildung 2.14). Auf dieser Basis wird aus dem Fertigungsprozessmanagement eine Prozessstrategie abgeleitet. Diese Prozessstrategie zielt darauf ab, die Anteile der automatisierten, erfahrungswissensunabhängigen Elemente in der Prozessplanung zu maximieren und damit die Aufwände der nicht wertschöpfenden Tätigkeiten zu minimieren.

Eine **Prozessstrategie** bezeichnet eine systematische Methodik, die eine adaptierbare Vorgehensweise darstellt und für eine definierte Menge von Prozessen anwendbar ist [Grö15, Höc13]. Im Kontext des Fertigungsprozessmanagements wird der Begriff der Prozessstrategie auf eine Methodik zur Erarbeitung eines bauteilindividuellen Fertigungsprozesses übertragen. Dieser erarbeitete Fertigungsprozess gewährleistet die Herstellung des Bauteils in einer definierten Qualität unter Berücksichtigung der intra- und interprozessualen Anforderungen.

Die intraprozessualen Anforderungen bestehen zwischen einzelnen Fertigungsprozessschritten (vergleiche Abschnitt 2.6) und bedingen z.B. die Forderung des Einhaltens eines geometrischen Toleranzfeldes durch ein Fertigungsverfahren für nachfolgende Fertigungsprozesse (vergleiche Abschnitt 2.5) [Höc13]. Interprozessuale Anforderungen beschreiben die Notwendigkeit einer globalen Definition von konditionierten Schnittstellen zwischen mindestens zwei Hauptprozessen wie z.B. dem Fertigungsprozess und dem Versandprozess [Wer08].

Zu diesem Zweck sollen mit dem Fertigungsprozessmanagement die Herausforderungen überwunden werden, die für die beschriebenen konventionellen Vorgehensweisen zur Prozessoptimierung bestehen (vergleiche Abschnitt 2.6). Ausgehend von dem Fertigungsprozessmanagement ermöglicht eine Prozessstrategie, die sich durch minimale Aufwände für die Prozessauslegung auszeichnet, dass die Kosten entlang der Produktionsprozesskette reduziert werden [Höc13]. Das Ziel ist dementsprechend, eine Prozessstrategie zu entwickeln, die eine prozesssichere Produktion mittels LPA-Verfahrens von dreidimensionalen, dünnwandigen Geometrien innerhalb einer definierten Toleranz realisiert. Die Erarbeitung dieser Prozessstrategie gründet sich dabei auf drei wesentliche Säulen, die zur Erreichung der Zielsetzung, einer qualitätsgerechten Fertigung von Luftfahrtstrukturen, erforderlich sind (siehe Abschnitt 3.2).

Für die erste Säule werden, in der Identifikations- und Analysephase, die **Prozessrandbedingungen** untersucht sowie Grenzwerte für die einzelnen Einflussfaktoren definiert, die während der Prozessführung einzuhalten sind. Dadurch erfolgt die Ausführung des Fertigungsprozesses innerhalb definierter Randbedingungen (vergleiche Abschnitt 5.3 - 5.5). Des Weiteren ist für diese Säule die Untersuchung der qualitätsrelevanten Ergebnisgrößen wesentlich, um daraus den **bestehenden Entwicklungsbedarf** für eine vollumfängliche Gewährleistung der Bauteilqualität abzuleiten (vergleiche Abschnitt 6).

Die zweite Säule ist geprägt durch die Phase der Prozesserneuerung und -implementierung, die die Erschließung des identifizierten Entwicklungsbedarfs im Rahmen der **Erarbeitung einer qualitätszielorientierten Prozessstrategie** beinhaltet (Vergleiche Abschnitt 7.1 - 7.3).

Die **Demonstration und Optimierung der Prozessstrategie** stellen die dritte Säule dar, die sowohl die intra- als auch interprozessualen Erfordernisse berücksichtigen (vergleiche Abschnitt 7.4 - 8). Diese Säule umfasst somit die Prozessevaluierungs- und Prozessoptimierungsphase, innerhalb derer die neuartige Prozessstrategie ausgeführt und evaluiert wird (siehe Abschnitt 7.4). Im Nachgang der Prozessevaluierung wird eine Prozessverbesserung durchgeführt, auf deren Grundlage der optimierte Prozess erneut implementiert und in einer industriellen Applikation abschließend erprobt sowie evaluiert wird (siehe Abschnitt 8).

5.3 Analyse des Ausgangswerkstoffs

Die wesentlichen Eigenschaften des Ausgangswerkstoffs werden in Abschnitt 3.2 anhand der in der Literatur beschriebenen Einflussgrößen zusammengefasst. Dies beinhaltet die chemische Zusammensetzung, die Pulverfraktionierung, die Dichte- und Fließfähigkeitseigenschaften sowie die Morphologie des pulverförmigen Materials [Sey18]. Im Rahmen dieser Arbeit werden die Erkenntnisse aus den aufgezeigten Studien um die Untersuchungen für einen Pulverwerkstoff Neupulver (N-Pulver) mit Partikelgrößen im Bereich von 45 µm bis 105 µm mit sphärischer Morphologie erweitert (siehe Anhang A.2, Abbildung A.1). Dabei erfolgt die experimentelle Vorgehensweise entlang der normativen Vorgaben zur Bestimmung der Eigenschaftsmerkmale von Pulverwerkstoffen in der additiven Fertigung [ASTM3049, ISO17296a, ISO52907].

Die Untersuchung der chemischen Zusammensetzung des Pulverwerkstoffs (siehe Tabelle 5.1) erfolgt mit drei Analysemethoden, um die Anforderungen an die chemische Zusammensetzung überprüfen zu können.

Tabelle 5.1: Chemische Zusammensetzung des Pulverwerkstoffs (in Gew.-%)

Bezeichnung	Al	V	Fe	O	N	Sonstige		Ti
						einzeln	Summe	
Anforderung[1]	5,5 – 6,75	3,5 – 4,5	< 0,3	< 0,2	< 0,05	< 0,1	< 0,4	Rest
N-Pulver	6,33	4,01	0,16	0,07	0,01	0,03	0,1	Rest

[1] nach [AMS4998, DIN17851, Don06, EAD15]

Die Methoden umfassen die optische Emissionsspektrometrie mit induktiv gekoppeltem Plasma (ICP-OES) an einem Perkin Elmer Modell Optima 8300DV, die Trägerheißgasextraktion an einem Leco ONH836 sowie eine Massenspektrometrie mit induktiv gekoppeltem Plasma (ICP-MS) an einem Perkin Elmer NexION 300D. Die identifizierten chemischen Zusammensetzungen liegen für das Neupulver innerhalb der geforderten Spezifikationen (siehe Tabelle 5.1).

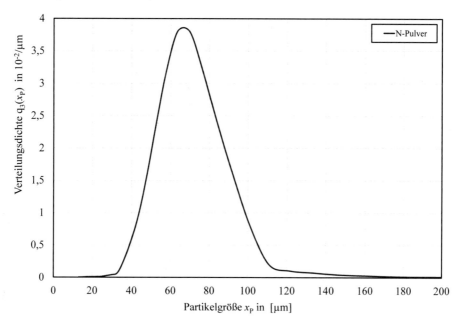

Abbildung 5.2: Partikelgrößenverteilungen für den untersuchten Ti-6Al-4V-Pulverwerkstoff

Zur Bestimmung der Partikelgrößenverteilung innerhalb des verwendeten Pulverwerkstoffs wird eine laserdiffraktometrische Untersuchung der Pulver mit einem Beckmann LS13320 nach [ISO13320] durchgeführt. In Abbildung 5.2 ist die volumenbezogene Verteilungsfunktion der Verteilungsdichte $q_3(x_p)$ dargestellt.

Das N-Pulver weist eine geringe Rechtsschiefe auf (N-Pulver: v_V =0,03 > 0) und ist gekennzeichnet durch eine gleichmäßige und enge Verteilung der Pulverpartikelgröße [SGS14, SG15]. Zur Bewertung der Dichte- und Fließfähigkeitseigenschaften werden die Schüttdichte sowie die Klopfdichte nach [ISO3923, ISO3953] und das Fließverhalten anhand der Durchflussrate nach [ISO4490] untersucht und jeweils fünf Mal wiederholt. Eine weiterführende Beschreibung der verwendeten Untersuchungsmethoden sowie der resultierenden Eigenschaften findet sich in [MEW16, SME18]. Die Ergebnisse des untersuchten Pulverwerkstoffs sind in Tabelle 5.2 dargestellt.

Tabelle 5.2:   Dichte- und Fließeigenschaften des verwendeten Pulverwerkstoffs

Bezeichnung	Siebstufen [µm]	Schüttdichte [g/cm³]	Klopfdichte [g/cm³]	Fließverhalten [s]
N-Pulver	45 und 105	2,498 ± 0,010	2,872 ± 0,004	23,4 ± 1,2

Auf der Basis der Untersuchungen ist erkenntlich, dass die Klopfdichte sowie die Schüttdichte des eingesetzten Pulverwerkstoffs im Vergleich zu dem in [Sey18] aufgezeigten Pulverwerkstoff (Partikelgrößenverteilung = 20 µm bis 45 µm; Klopfdichte = 2,38 g/cm³; Schüttdichte = 2,74 g/cm³) deutlich höhere Klopf- und Schüttdichten aufweist, da eine breitere Verteilung der Partikelgrößen die Kompaktierung in dem Messvolumen begünstigt. Das Fließverhalten des N-Pulvers liegt dabei im gleichen Bereich wie die in [Sey18] aufgezeigten Pulverwerkstoffe (Durchflussdauer 26 s). Die geringen Schwankungen im Fließverhalten ermöglichen ein stabiles LPA-Prozessverhalten, welches insbesondere auf die regelmäßige Partikelmorphologie zurückgeführt werden kann. Die weiterführende Untersuchung der Stetigkeit des Pulvermassenstroms erfolgt im Rahmen der Bewertung der verwendeten Systemtechnik.

5.4 Analyse der Systemtechnik

Für den Einsatz in der Produktion von Bauteilen für die Luftfahrt ist eine Abnahmeprüfung sowie eine kontinuierliche Verifizierung der Übereinstimmung des Maschinenzustands mit einem definierten Sollzustand erforderlich. Nach [DIN35224] wird die Abnahmeprüfung von pulverbettbasierten Laserstrahlmaschinen beschrieben. Diese Vorgehensweise wird im Rahmen dieser Arbeit auf das LPA-Verfahren übertragen.

Zu diesem Zweck werden die wesentlichen Einflussgrößen des Prozesses und die zugehörige Systemtechnik untersucht. Als erstes wird die für die **Energieeinbringung** verantwortliche Laserstrahlung im Bearbeitungsbereich analysiert. Im nächsten Schritt wird die **Materialzufuhr** charakterisiert, die im LPA-Prozess durch den Pulvermassenstrom dargestellt wird. Nachfolgend wird die ursächliche **Prozesswechselwirkung** und damit die Wechselwirkung zwischen Laserstrahlung und Pulverpartikeln erarbeitet. Abschließend werden die **Prozessrandbedingungen** geprüft. Zur Sicherstellung einer reproduzierbaren Prozessumgebung für die Verarbeitung von Titanlegierungen werden die erarbeitete Schutzgaskammer und das Prozessverhalten bewertet.

Das Ziel ist die zusammenfassende Definition eines störeinflussminimalen Prozessfensters für die nachfolgenden Versuche und die Entwicklung der Prozessstrategie.

5.4.1 Lasertechnik

Zur Beschreibung der Energieeinbringung werden die charakteristischen Kenngrößen des Laserstrahls vermessen. Als wesentliche Kenngrößen werden die Kaustik, die Intensitätsverteilung sowie der Fokusdurchmesser ermittelt. Für diese Untersuchungen wird ein Primes FokusMonitor FM+ verwendet. Dabei wird ein opto-mechanisches Messverfahren verwendet, bei dem eine rotierende Messspitze den Laserstrahl durchfährt und abtastet. An jeder momentanen Position innerhalb des Laserstrahls wird durch eine Bohrung in der Messspitze ein Anteil der Leistung auf eine Photodiode abgelenkt und durch die Zuordnung von Leistungsdaten zu den Positionsinformationen eine räumliche Verteilung der Leistung aufgezeigt. Ausgehend von dem Bearbeitungsabstand von der Pulverdüse $s_{LPA} = 16$ mm wird die Messung bei einer Fokusoptikposition von $s_{Fokus} = + 17$ mm und einer Laserleistung von $P_L = 1500$ W für die Leistungsverteilung in 48 Schnittebenen vorgenommen. In Abbildung 5.3 ist die Intensitätsverteilung im Bearbeitungsabstand dargestellt. Die Messungen der Laserstrahldurchmesser d_{Laser} für unterschiedliche Positionen der motorisierten Fokusverstellung sind in Anhang A.3 aufgezeigt (siehe Abbildung A.2).

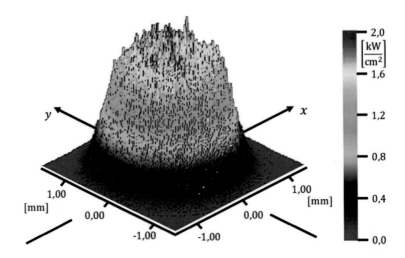

Abbildung 5.3:   Intensitätsverteilung in der Schnittebene für P_L = 1500 W, s_{Fokus} = + 17 mm im
                  Arbeitsabstand von 16 mm und einem resultierenden Laserstahldurchmessser
                  von d_{Laser} = 2,086 mm

Für die Beschreibung der Strahlkaustik werden die Strahldurchmesser jeder Ebene ohne
montierte Pulverdüse ermittelt und entlang der Propagationsrichtung aufgetragen (siehe
Abbildung 5.4 (a)). Dabei werden die einzelnen aufgenommenen Schnittebenen zur Ermittlung der Intensitätsverteilung jeweils entlang der Laserpropagationsrichtung in einem
Abstand von 1 mm zueinander angeordnet (siehe Abbildung 5.4 (b)).

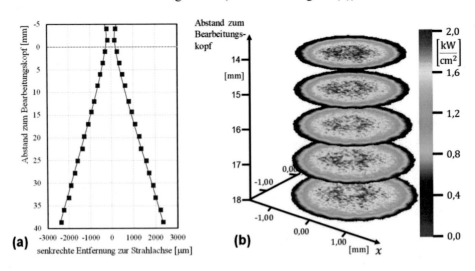

Abbildung 5.4:   (a)   Ermittelte   Laserstrahlkaustik   ohne   montierte   Pulverdüse;
                  (b) Intensitätsprofile über und unter dem Bearbeitungsabstand von 16 mm bei
                  P_L = 1500 W und s_{Fokus} = + 17 mm

Durch die Untersuchung der Strahlkaustik kann für die betrachteten Intensitätsprofile nachgewiesen werden, dass die ermittelten Leistungsverteilungen innerhalb des geeigneten Intensitätsbereichs für LPA-Prozesse von 10^3 - 10^4 W/cm^2 verortet sind [HG09, Pop05]. Um diesen Bereich einzuhalten, wird für den Fokusdurchmesser ein Wert von d_{Laser} = 2,086 mm gewählt und für die weiteren Untersuchungen verwendet.

5.4.2 Pulverfördersystem

In diesem Abschnitt wird die verwendete Pulverfördertechnologie analysiert, um die in Abschnitt 5.1 identifizierten, zentralen Einflussfaktoren für den Pulvermassenstrom zu evaluieren. Die wesentlichen Kenngrößen stellen die Fördermenge der Pulvermasse pro Zeiteinheit in Abhängigkeit der Fördergeschwindigkeit, die zeitliche Konstanz der geförderten Pulvermasse in Abhängigkeit des Reservoirfüllstandes sowie die Ausformung und der Durchmesser des Pulverfokus im Bearbeitungsabstand dar. Auf dieser Basis können die Pulverförderungskenngrößen durch die ermittelten Anlagenparameter festgelegt und für die weiteren Untersuchungen verwendet werden.

5.4.2.1 Bewertung der Pulverförderung

Im ersten Schritt wird die Fördermenge der Pulvermasse pro Zeiteinheit in Abhängigkeit der Fördergeschwindigkeit ermittelt, der sogenannte Pulvermassenstrom $\dot{m}_{Pul}$. Die Fördergeschwindigkeit wird durch die Tellerdrehzahl des Pulverförderers definiert. Für die Messungen wird nach einem Einfahrprozess die Pulvermenge erfasst. Der Zeitbedarf bis zur kontinuierlichen Förderung wird mit 25 Sekunden für alle durchgeführten Versuche veranschlagt. Das Pulver wird nach dem Einfahrprozess jeweils über einen Zeitraum von drei Minuten in einen Behälter gefördert und anschließend gewogen. Zur statistischen Absicherung erfolgt jede Messung fünf Mal und die Versuche werden in randomisierter Reihenfolge durchgeführt. Der Pulverförderer wird mit einem Teller der Nutbreite von 5 mm und einer Nuttiefe von 0,6 mm ausgerüstet, während der Füllstand im Reservoir konstant bei 800 g gehalten wird. Die Messungen für die Pulverförderung werden für das N-Pulver durchgeführt (siehe Abbildung 5.5).

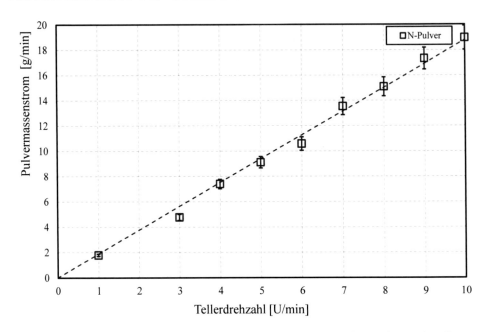

Abbildung 5.5:   Messwerte des Pulvermassenstroms für den untersuchten Pulverwerkstoff

Die Streuung der Messwerte nimmt mit steigender Tellerdrehzahl zu. Somit kann die ursächliche Veränderung des Pulvermassenstroms auf die Klopfdichte und damit der Fül-
lung der Nut im Pulverförderer zurückgeführt werden. Ein ergänzender Erklärungsansatz
der variierten Fördermenge besteht in der Abscheidung der größeren Pulverpartikel, die
entlang der Pulverförderstrecke aufgrund des höheren Gewichts Ablagerungen bilden
[Kel06, Wit15].

5.4.2.2   *Bewertung der zeitlichen Pulverförderkontinuität*

Für die Evaluierung der Beeinflussung der Fördermenge durch den Füllstand im Pulverreservoir werden mit dem N-Pulver Messungen mit variierenden Füllmengen durchgeführt.

Zu diesem Zweck werden die Randbedingungen analog zu Abschnitt 5.4.2.1 gewählt und
eine konstante Tellerdrehzahl von 6 U/min verwendet. In Abbildung 5.6 werden die Messergebnisse der Auswirkungen der Füllstandveränderung im Reservoir auf den Pulvermassenstrom aufgezeigt.

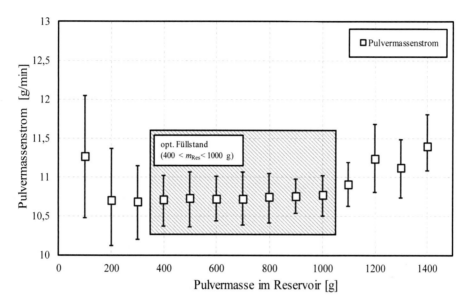

Abbildung 5.6:   Einfluss des Füllstandes im Reservoir auf den Pulvermassenstrom

Für eine Füllmenge im Reservoir von 400 g bis 1000 g wird ein optimaler Füllstandbereich identifiziert, bei dem sich eine annähernd konstante Pulvermassenförderung bei Spannweiten der Messwerte von 0,49 g/min bis zu 0,68 g/min und damit eine Schwankung der Förderung von ca. 5 % einstellt. Außerhalb des optimalen Füllstandbereichs nehmen die Spannweiten der Messwerte deutlich zu und die Mittelwerte der geförderten Pulvermasse weichen von dem Durchschnitt im Bereich des optimalen Füllstandbereichs ab.

Für die Erklärung der Unstetigkeiten in der Pulvermassenförderung außerhalb dieses optimalen Füllstandbereichs kann für den Bereich mit Füllmengen oberhalb von 1000 g wesentlich die zunehmende Wirkung der Gewichtskraft auf die pulvergefüllte Nut angenommen werden. Durch diese erfolgt eine gesteigerte Verdichtung des Pulvermaterials und damit eine gesteigerte Förderrate. Für die geringen Pulverfüllstände müssten entlang dieser Argumentation unterhalb von 400 g somit reduzierte Förderraten vorliegen. Im Gegensatz dazu steigen die Förderraten jedoch unterhalb des optimalen Füllstandbereiches erneut an. Ein Erklärungsansatz zur erneuten Steigerung der Förderraten kann auf der Grundlage der Erkenntnisse zur Lagerung von Pulverwerkstoffen unter Einwirkung von Vibrationen vorgenommen werden [Sey18]. Diese Ergebnisse zeigen, dass Vibrationen und Rührbewegungen innerhalb des Pulvers zu einer vertikalen Entmischung führen. Dabei sinken kleine Partikel ab, während größere Partikel in den oberen Bereich des Pulverreservoirs aufsteigen. Dieses als Paranuss-Effekt bezeichnete Phänomen kann damit zu einer Ausprägung einer breiteren Pulverfraktion im oberen Bereich des Pulverreservoirs führen, welche sich zum Ende des Förderprozesses und damit für die geringen Füllstände in einer erneut gesteigerten Packungsdichte widerspiegeln kann [Sey18]. Die abschließende Klärung der ursächlichen Wirkmechanismen für diese Schwankungen außerhalb des optimalen Füllstandbereichs kann anhand der aufgezeigten und diskutierten Ergebnisse nicht erfolgen.

Der optimale Füllstandbereich wird für die nachfolgenden Versuche eingehalten, um eine definierte Pulvermassenförderung zu gewährleisten.

5.4.2.3 Bewertung der Pulverfokusausformung

Für die Analyse der Pulverstrahlausformung werden die Randbedingungen der Untersuchungen aus den Abschnitten 5.4.2.1 und 5.4.2.2 weiterhin konstant gehalten.

Abbildung 5.7:   Pulverstrahlausformung am Bearbeitungskopf mit einem Pulverfokus r_{PFo} = 3,65 mm im Bearbeitungsabstand s_{LPA} = 16 mm

Wesentliche Einflüsse auf die Pulverstromformation sind neben der geometrischen Gestalt der Pulverdüse, die Eigenschaften des verwendeten Pulvers, der Austrittswinkel in Relation zur Erdbeschleunigung und das Düsen- sowie das Fördergas [HG09]. Der Bearbeitungskopf wird entsprechend der Erdbeschleunigung ausgerichtet, um Einflüsse aus der Gravitation auf die Pulverpartikel im Flug zu minimieren. Der freie Pulverstrahl wird mit zusätzlicher Beleuchtung vor einem schwarzen Hintergrund aufgenommen. Aus den Kamerabildern wird abschließend der Pulverfokus im Bearbeitungsabstand ermittelt. Der auf diese Weise bestimmte Pulverfokus von $r_{\text{PFo}} = 3{,}65$ mm wird für die analytische Bewertung der Wechselwirkung zwischen Laserstrahl und Partikelstrom verwendet.

5.4.3 Wechselwirkungsverhalten zwischen Laser und Pulvermassenstrom

Des Weiteren soll die ursächliche Prozesswechselwirkung zwischen dem Laserstrahl sowie dem Pulver-Schutzgasstrom hinsichtlich des Energieeintrages untersucht werden. Die Betrachtung der bestehenden Untersuchungen dieser Wechselwirkungen zeigt einen signifikanten Einfluss der vielfältigen Randbedingungen auf, wie z.B. der Pulverbeschaffenheit (Korngröße, -fraktion etc.), der Schutzgaszusammensetzung, der Düsenart (laterale Düsen, Ringspaltdüsen etc.), der Laserstrahleigenschaften sowie der Düsengeometrie (Öffnungsdurchmesser, Injektionswinkel etc.) [HG09, KKV13, KZN11, PR94, QMK06].

Für die gewählte Anlagentechnologie wird ein Versuchsaufbau entwickelt (siehe Abbildung 5.8 (a)), der eine experimentelle Beschreibung der Wechselwirkung zwischen Laserstrahl und Pulver-Schutzgasstrom ermöglicht. Als Ergebnisgröße wird die transmittierte Laserleistung nach dem Passieren der Wechselwirkungszone gemessen. Diese Leistung interagiert im Prozess mit dem Grundmaterial bzw. den bereits aufgebauten Strukturen. Die Differenz aus der initialen Laserleistung sowie der transmittierten Leistung beschreibt die im Pulverstrom absorbierte Leistung abzüglich eines Reflektionsverlustes. Der Versuchsaufbau umfasst eine Halterung für einen Crossjet, der unterhalb des Bearbeitungsabstandes von 16 mm die Pulverpartikel aus der Laserpropagationsrichtung entfernt. Des Weiteren ist in diesem Abstand an der Halterung ein als Lochblende ausgeführter Verwirbelungsschutz angebracht (siehe Abbildung 5.8 (b)). Die Leistungsmessung des transmittierten Anteils erfolgt mit einem Power Monitor der Fa. Primes (siehe Abbildung 5.8 (c)), der eine kalorimetrische Messung der aufgenommenen Leistung vornimmt (siehe Gleichung (5.1)).

$$P_{\text{Kalor}} = c_{\text{P,H}_2\text{O}}\, \dot{m}_{\text{H}_2\text{O}}\, (T_{\text{Rück}} - T_{\text{Vor}}) \tag{5.1}$$

Dabei wird die Leistung mittels der Temperaturdifferenz zwischen Vor- und Rücklauf ($T_{\text{Rück}}$-T_{Vor}), der Wärmekapazität $c_{p;H2O}$ des Wassers sowie dessen Massenstrom $\dot{m}_{H2O}$ ermittelt.

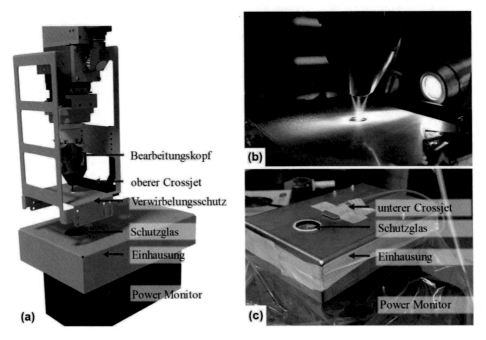

Abbildung 5.8:   (a) Versuchsaufbau zur Transmissionsmessung; (b) Prüfung der Verwirbelungsfreiheit am Freistrahl; (c) Power Monitor der Fa. Primes mit Einhausung und Schutzglas

Die Messungen erfolgen für eine Laserleistung von P_L = 1500 W und einem Laserstrahldurchmesser von d_{Laser} = 2,086 mm im Arbeitsabstand von der Düse 16 mm. Alle Messungen werden drei Mal wiederholt. Ermittelt werden die Transmissionsgrade für Pulvermassenströme zwischen 1,86 und 19,06 g/min. Der Transmissionsgrad wird in Gleichung (5.2) definiert und mit den Untersuchungsergebnissen für eine Lateraldüse verglichen (siehe Abbildung 5.9).

$$\varXi_T = \frac{P_{L,\text{transmittiert}}}{P_{L,\text{frei}}} \tag{5.2}$$

Dabei beschreibt der Transmissionsgrad $\varXi_T$ das Verhältnis zwischen der transmittierten Leistung nach passiertem Pulverstrom $P_{L,\text{transmittiert}}$ und der Leistung eines frei propagierten Laserstrahls $P_{L,\text{frei}}$. Die Messung wird jeweils 25 s nach dem Starten der Pulverförderung und dem Einschalten des Lasers gestartet sowie über einen Zeitraum von 90 s mit 1 Hz durchgeführt.

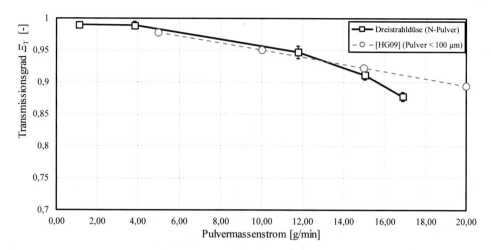

Abbildung 5.9:   Zusammenhang zwischen dem gemessenen Transmissionsgrad und dem Pulvermassenstrom; für $P_{Laser} = 1500\,W$ und $d_{Laser} = 2{,}086\,mm$ im Arbeitsabstand von 16 mm

Die Messungen des Transmissionsgrades weisen nur geringe Messschwankungen auf (siehe Abbildung 5.9), da die Datenaufnahme erst nach dem Einschwingzeitraum des Pulvermassenstroms von 25 s gestartet wird. Für die ermittelten Ergebnisse konnte eine vergleichbare Größenordnung zu bekannten Transmissionsuntersuchungen identifiziert werden. Die Transmissionsgrade werden im Folgenden verwendet, um auf der Basis einer analytischen Prozessbeschreibung ein erstes Prozessparameterfeld für die Untersuchung des progressiven Verhaltens der Qualitätsgrößen mit der Aufbauhöhe zu identifizieren.

5.4.4 Schutzgaskammer

Für die experimentellen Untersuchungen wird eine Schutzgaskammer entwickelt, um eine abgeschlossene Schutzatmosphäre zu erzeugen und den LPA-Prozess vor dem Einfluss der Umgebungsatmosphäre und damit vor Oxidation zu schützen. Die Zusammensetzung der Arbeitsatmosphäre, die für eine hinreichende Abschirmung vor den Einflüssen der Atmosphäre einen Grenzwert von 50 ppm nicht überschreiten sollte, wird anhand des verbliebenen Sauerstoffs beschrieben [KK17, SGB17, ZCT17].

Auf der einen Seite wird zu diesem Zweck eine mechanische Konstruktion für das Erzeugen eines abgedichteten Volumens erarbeitet, welche gleichzeitig die notwendige Bewegungsfreiheit für den Fertigungsprozess gewährleistet. Die Verbindung der Kammer zum Roboter wird durch zwei Lösungen realisiert. Zum einen kommt eine flexible, temperaturbeständige Schweißfolie zum Einsatz (siehe Abbildung 5.10). Zum anderen wird für größere Bauteile ein Faltenbalg mit einer Duplexbeschichtung zur Sicherstellung der

Dichtheit sowie der Temperaturbeständigkeit eingesetzt. Diese Lösungen werden jeweils magnetisch an einem zusätzlichen Flansch am Bearbeitungskopf montiert.

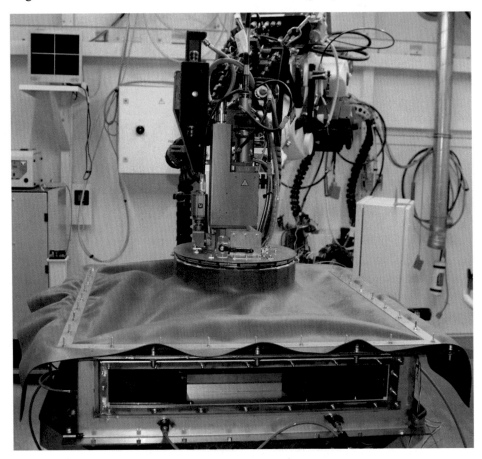

Abbildung 5.10:   Schutzgaskammer im Einsatz mit flexibler Schweißfolie

Auf der anderen Seite werden in einer Untersuchung mittels Schlierenfotografie [Set01] verschiedene konstruktive Gestaltungen der Gaszuführung untersucht. Die unterschiedlichen Ausführungen werden jeweils auf den Zeitbedarf bis zum Erreichen der gewünschten Arbeitsatmosphäre untersucht und verschiedene Schutzgasvolumenströme werden verwendet (siehe Abbildung 5.11).

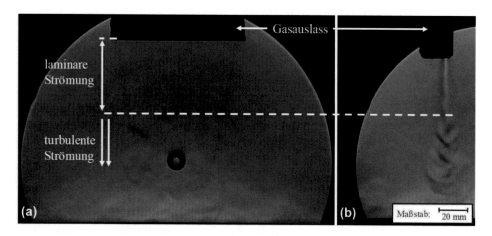

Abbildung 5.11: Schlierenfotografische Darstellung der Strömungseigenschaften am verwendeten Gasauslass für einen Argonvolumenstrom von 10 l/min; (a) Vorder- und (b) Seitenansicht

Für den Zeitbedarf zur Gewährleistung der Arbeitsatmosphäre kann aus den durchgeführten Untersuchungen eine Abhängigkeit zwischen der Länge der laminaren Ausströmung aus den Gasauslässen und der Zeit bis zum Erreichen des Grenzwertes ermittelt werden. Bei steigender Ausdehnung des laminaren Bereichs der Strömung kann eine reduzierte Dauer bis zum Erreichen der Arbeitsatmosphäre gemessen werden.

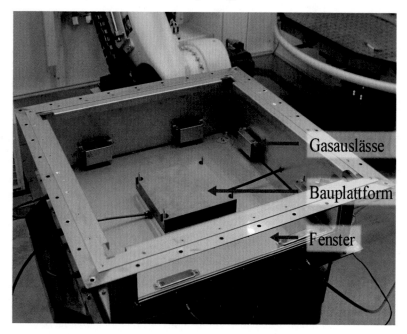

Abbildung 5.12: Aufbau der verwendeten Schutzgaskammer

Somit wird die geometrische Gestalt des Gasauslasses in Abhängigkeit der maximalen laminaren Strömungslänge ausgewählt und in der Schutzgaskammer verbaut. In der Schutzgaskammer wird die Bauplattform zentral positioniert und auf einer Längsseite ein Fenster für die Prozessbeobachtung eingebracht (siehe Abbildung 5.12).

Zum Abschluss der Entwicklung wird die entwickelte Schutzgaskammer für den Einsatz evaluiert, in dem der residuale Sauerstoffwert in der Kammer gemessen und darauf basierend die initiale Spülzeit vor dem Fertigungsprozess spezifiziert wird. Die Versuche werden fünf Mal wiederholt, wobei jeweils eine Demontage der Schutzgaskammer am Bearbeitungskopf erfolgt und das Spülen jeweils für 10 Minuten nach erneuter Montage ausgehend von Umgebungsatmosphäre ausgeführt wird (siehe Abbildung 5.13).

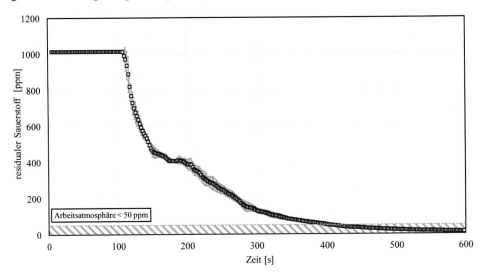

Abbildung 5.13:   Untersuchung des Spülprozesses der Schutzgaskammer

Der Messbereich des verwendeten Sauerstoffsensors ist beschränkt auf Werte zwischen 10 und 1000 ppm mit einer angegebenen Genauigkeit von ± 8 ppm. Der Schutzgasstrom wird für jeden Gasauslass auf 10 l/min geregelt. Daher besteht bis zu dem Zeitpunkt bei 108 s ein Messwert außerhalb des Messbereichs des Sensors und die Sensordatenerfassung weist erst ab diesem Zeitpunkt den korrekten Messwert aus. Nach einer Spülzeit von 405 s ist der Sollwert von 50 ppm erreicht und nach 600 s wird ein mittlerer verbleibender Sauerstoffgehalt von 13 ppm gemessen.

Für den LPA-Prozess wird die Schutzgaskammer mit Argongas gespült bis die geforderte Atmosphäre von maximal 50 ppm verbleibendem Sauerstoff erreicht ist. Des Weiteren wird der Wert des residualen Sauerstoffgehalts in den Untersuchungen prozessbegleitend überprüft.

5.5 Zusammenfassung und Fazit

Die Ergebnisse der anlagentechnologischen Auswirkung auf die Prozessführung werden genutzt, um gezielt die Prozessführung sowohl der weiteren Untersuchungen aber auch für die zu entwickelnde Prozessstrategie zu beeinflussen.

Darum werden die folgenden Randbedingungen fixiert bzw. in einem definierten Bereich gehalten. Die weiterführenden Untersuchungen werden mit dem N-Pulver als Ausgangswerkstoff durchgeführt. Die Bearbeitung erfolgt innerhalb des Bearbeitungsabstands von $s_{LPA} = 16$ mm und bei einer Fokusoptikposition von $s_{Fokus} = +17$ mm. Für die Pulverförderung werden die gemessenen Pulvermassenströme verwendet (siehe Abbildung 5.5) und das Pulverreservoir im Bereich des optimalen Füllstands von 400 g bis 1000 g befüllt sowie für den Verlauf der Experimente beibehalten.

Auf der Grundlage der ermittelten Pulverfokusausformung und der untersuchten Wechselwirkung zwischen dem Laserstrahl und dem Pulvermassenstrom wird im Folgenden eine analytische Beschreibung des Prozessergebnisses vorgenommen, um einen initialen Parametersatz zu identifizieren.

6 Bewertung der qualitätsrelevanten Ergebnisgrößen

In diesem Abschnitt wird einleitend eine Vorgehensweise zur Parameterexploration aufgezeigt, die in der Folge für eine erfahrungsunabhängige Prozessparameteridentifikation verwendet werden kann. Auf der Grundlage dieser Methode wird ein initialer Parametersatz für das LPA-Verfahren definiert, um die in Kapitel 3 aufgezeigten luftfahrtrelevanten Eigenschaften zu untersuchen sowie deren Abhängigkeit von der Aufbauhöhe zu bewerten (siehe Abbildung 6.1 (a)). Zu diesem Zweck werden Wandstrukturen gefertigt und für die experimentellen Untersuchungen präpariert (siehe Abbildung 6.1 (b)).

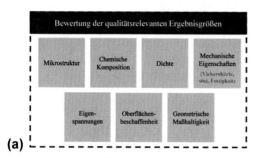
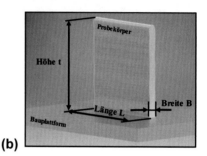

(a)   **(b)**

Abbildung 6.1:   Untersuchung der qualitätsrelevanten Ergebnisgrößen (a) luftfahrtrelevante Eigenschaften; (b) definierte Probekörpergeometrie der Wandstrukturen

6.1 Parameterexploration

Für die Untersuchung der Eigenschaften der aufgebauten Strukturen wird im ersten Schritt eine vereinfachte Parameterexploration vorgenommen. Im weiteren Verlauf der Arbeit wird diese Methodik verwendet, um die Parameter vereinfacht auf weitere Anwendungen zu übertragen. Zur Begrenzung des Versuchsumfangs wird eine simplifizierte analytische Beschreibung der Energieströme im Prozess vorgenommen (siehe Abbildung 6.2).

Für die geometrische Beschreibung der aufgeschweißten Lage wird diese näherungsweise als Zylinderabschnitt betrachtet, um die bestehenden geometrischen Beziehungen für die analytische Berechnung eines initialen Parametersatzes zu nutzen [HS98].

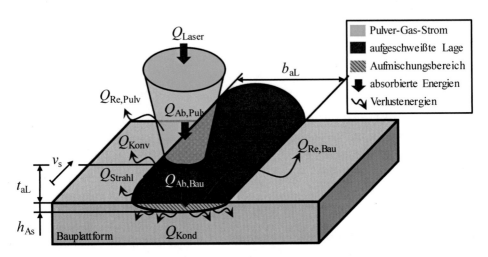

Abbildung 6.2:   Energieströme des LPA und geometrische Kenngrößen der aufgeschweißten
                  Lage

Die wesentlichen geometrischen Kenngrößen einer aufgeschweißten Lage stellen deren
Breite b_{aL}, die Höhe t_{aL} über der Bauplattform sowie die Tiefe des Aufmischungsbereiches
h_{As} dar. Die geometrische Beschreibung des Aufmischungsverhältnisses Ψ_{Auf} erfolgt nach
[Dil00] mit dem Verhältnis aus der Tiefe der Aufmischung und der Lagenhöhe (siehe
Gleichung (6.1)).

$$\Psi_{Auf} = \frac{h_{As}}{t_{aL} + h_{As}} \tag{6.1}$$

Zur Abschätzung des Aufmischungsgrades Ψ_{Auf} wird für den LPA-Prozess eine geometrische Aufmischung von 8 % angenommen [Dil13, Pop05]. Die wesentlichen Geomet-
riekenngrößen für die Arbeitsplanung stellen die Breite sowie Höhe der aufgeschweißten
Lagen dar. Auf der Basis dieser Kenngrößen erfolgt die Ableitung der Fertigungsplanung
für die in der Konstruktionsphase beschriebenen Geometrien. Zum einen muss identifiziert werden, wie viele Lagen nebeneinander in einer Ebene benötigt werden und zum
anderen welche Schichthöhe für die einzelnen Ebenen existiert. Das Aspektverhältnis Φ_{Asp}
beschreibt dabei das Verhältnis von der Breite b_{aL} der aufgeschweißten Lagen zu deren
Höhe t_{aL} (siehe Gleichung (6.2)).

$$\Phi_{Asp} = \frac{b_{aL}}{t_{aL}} \tag{6.2}$$

Nach [HLP11, Jam12, TKC04] können aufgrund der im Schmelzbad vor der Erstarrung
wirkenden Größen (Oberflächenspannung, Viskosität etc.) maximalen Ausprägungen der

Aspektverhältnisse experimentell ermittelt werden. Dabei werden mit einem Aspektverhältnis von $\Phi_{\text{Asp}} = 4$ zum einen eine gute metallurgische Anbindung zur darunterliegenden Lage und zum anderen eine geringe Aufmischung erzielt. Dadurch wird die Herstellung der notwendigen Anbindung bei gleichzeitig minimierter Wärmezufuhr im LPA-Prozess realisiert.

Die Betrachtung dieser Wärmezufuhr und damit der Energieströme innerhalb der Prozesszone des LPA-Prozesses erfolgt ausgehend von der zugeführten Laserenergie. Die wesentlichen Wechselwirkungsphänomene und deren Beschreibungen basieren auf den Untersuchungen von [Bin93, HG09, JAM16, PL04, TKC04]. Die Zusammenführung der Teilenergieströme sowie deren Verknüpfung mit den geometrischen und physikalischen Randbedingungen bilden die Grundlage für die Identifikation der initialen Prozessparameter (siehe Gleichung (6.3)).

$$Q_{\text{Laser}} = \underbrace{Q_{\text{Re,Bau}} + \left[m_{\text{Bau}}\, c_{\text{P,Ti64}}\, \Delta T_{\text{R,S}} + Q_{\text{S,Bau}} \right] +}_{\text{Wechselwirkung des Laserstrahls mit der Bauplattform}}$$

$$\underbrace{Q_{\text{Re,Pulv}} + Q_{\text{Ab,Pulv}} +}_{\text{Wechselwirkung des Laserstrahls mit dem Pulverstrom}} \tag{6.3}$$

$$\underbrace{Q_{\text{Strahl}} + Q_{\text{Konv}} + Q_{\text{Kond}}}_{\text{Verlust durch Strahlung, Konvektion und Konduktion}}$$

Die zugeführte Laserenergie Q_{Laser} wird auf drei Wechselwirkungen aufgeteilt. Der erste Bestandteil beschreibt die Interaktion des Laserstrahls mit der Bauplattform. Dabei wird ein Teil der Leistung reflektiert $Q_{\text{Re,Bau}}$. Dieser Reflektionsanteil kann jedoch vernachlässigt werden, aufgrund der Annahme, dass die von der Bauplattform reflektierten Anteile erneut im Pulverstrom aufgenommen werden [HG09, TKC04]. Die verbleibende Energiemenge wird von der Bauplattform aufgenommen. Unter der Voraussetzung, dass die Schmelztemperatur überschritten wird, besteht der absorbierte Anteil der Leistung auf der einen Seite aus der Schmelzwärme $Q_{\text{S,Bau}}$. Auf der anderen Seite wird dieser Anteil ergänzt um das Produkt aus der aufgeschmolzenen Masse der Bauplattform m_{Bau}, der zugehörigen Wärmekapazität $c_{\text{p,Ti64}}$ und der Differenz zwischen der Raum- sowie der Schmelztemperatur $\Delta T_{\text{R,S}}$.

Der zweite Bestandteil wird innerhalb des Pulverstroms absorbiert $Q_{\text{Ab,Pulv}}$ bzw. reflektiert $Q_{\text{Re,Pulv}}$. Diese Energieströme sind abhängig von der spezifischen Bauform des Bearbeitungskopfes, der Düsengeometrie sowie weiteren Parametern. Daher ist in Abschnitt 5.4.3

der transmittierte Anteil der Laserstrahlung Q_{Tran} nach Passieren des Pulver-Gas-Stromes ermittelt worden. Der Anteil des reflektierten Leistungsverlustes im Pulverstrom $\xi_{\text{V,Re}}$ kann nach [TKC04] abgeschätzt werden (siehe Gleichung (6.4)).

$$\xi_{\text{V,Re}} = \frac{Q_{\text{Re,Pul}}}{Q_{\text{Ab,Pul}} + Q_{\text{Re,Pul}} + Q_{\text{Tran}}} = \frac{r_{\text{Las}}^2}{10\,(r_{\text{PFo}}^2)} \tag{6.4}$$

Dabei wird näherungsweise eine gleichmäßige Verteilung und Größe der Pulverpartikel über den Pulverfokus angenommen, der mit r_{PFo} beschrieben wird. Das Verhältnis zwischen den Flächen des Pulverfokus sowie des Laserfokus ($\pi\, r_{\text{Las}}^2$) wird im Folgenden als Näherung des Pulverwirkungsgrades $\eta_{\text{Pul,approx.}}$ genutzt (siehe Gleichung (6.5)).

$$\eta_{\text{Pul,approx.}} = \frac{\pi r_{\text{Las}}^2}{\pi r_{\text{PFo}}^2} = \frac{r_{\text{Las}}^2}{r_{\text{PFo}}^2} \tag{6.5}$$

Unter Berücksichtigung der nach [Jam12] definierte Streckenmasse Ω_{Strecke} kann das pro Strecke aufgebrachte Material aus dem Pulvermassenstrom $\dot{m}_{\text{Pul}}$ sowie der Vorschubgeschwindigkeit v_s kalkuliert werden (siehe Gleichung (6.6)).

$$\Omega_{\text{Strecke}} = \frac{\dot{m}_{\text{Pul}}}{v_s} \tag{6.6}$$

Die Querschnittsfläche der aufgetragenen Lage A_{aL} wird mit diesem bekannten Pulverwirkungsgrad und auf Grundlage der Massenerhaltung mit der Streckenmasse ermittelt (siehe Gleichung (6.7)).

$$A_{\text{aL}} = \frac{\Omega_{\text{Strecke}}}{\rho_{\text{Ti64}}}\,\eta_{\text{Pul}} = \frac{\dot{m}_{\text{Pul}}}{v_s\,\rho_{\text{Ti64}}}\,\eta_{\text{Pul,approx.}} \tag{6.7}$$

Aus der Querschnittsfläche wird unter Annahme der Ausformung der Naht als Zylinderabschnitt (siehe Abbildung 6.2) mit Hilfe der mathematischen Randbedingungen des Zylinderabschnitts (siehe Gleichung (6.8)) die Nahtbreite ermittelt.

$$A_{\text{aL}} \approx \frac{2}{3}\,b_{\text{aL}}\,t_{\text{aL}} \tag{6.8}$$

Durch die Verwendung des definierten Aspektverhältnis von $\Phi_{\text{Asp}} = 4$ (siehe Gleichung (6.2)) wird ein näherungsweiser Zusammenhang zwischen der Querschnittsfläche der Naht und der Nahtbreite hergestellt. Das nachfolgende Einsetzen von Gleichung (6.8) in Gleichung (6.7) ermöglicht somit die Berechnung der Nahtbreite b_{aL} in Abhängigkeit des gewählten Pulvermassenstromes sowie der Vorschubgeschwindigkeit. Für die Ermittlung der optimalen Kombination dieser Prozessparameter werden die gemessenen Pulvermassenströme $\dot{m}_{\text{Pul}}$ aus Abschnitt 5.4.2.1 verwendet. Die Vorschubgeschwindigkeiten v_s

werden von 0,4 bis 1,2 m/min variiert, um bei maximaler Pulvermassenzufuhr mindestens eine Nahtbreite von 4 mm zu erzielen. In Abbildung 6.3 sind die berechneten Nahbreiten für variierte Vorschubgeschwindigkeiten v_s sowie Pulvermassenströme $\dot{m}_{Pul}$ dargestellt.

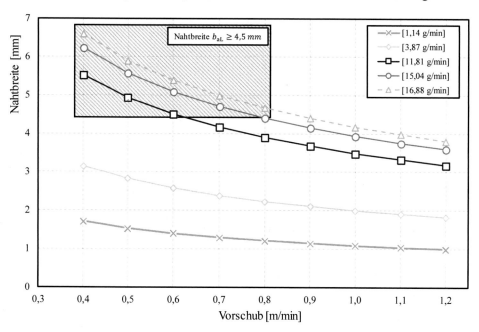

Abbildung 6.3:   Modellierte   Abhängigkeit   zwischen   Nahtbreite,   Vorschub   und Pulvermassenstrom für die initiale Parameteridentifikation

Für den initialen Parametersatz wird eine minimale Nahtbreite von 4 mm gefordert, um die Wandstärken der Demonstratorstrukturen mit einer einzelnen Lage darzustellen. Gegenüber der kalkulierten Lagenbreite wird ein Sicherheitsaufschlag auf eine geforderte Lagenbreite b_{aL} von 4,5 mm verwendet. Zu diesem Zweck wird aus den ermittelten Parametersätzen (siehe Abbildung 6.3) für den Pulvermassenstrom $\dot{m}_{Pul} = 11{,}81$ g/min sowie eine Vorschubgeschwindigkeit von $v_s = 0{,}01$ m/s gewählt. Für die Vervollständigung eines initialen Prozessparametersatzes steht somit die Ermittlung der Laserleistung P_L aus.

Zu diesem Zweck werden durch die Verwendung der vorangehend beschriebenen Abstraktionen und Simplifikationen aus Gleichung (6.3) sowohl die reflektierte Energie von der Bauplattform $Q_{Re,Bau}$ als auch die Energieverluste durch Strahlung Q_{Strahl}, Konvektion Q_{Konv} und Konduktion Q_{Kond} zur Ermittlung der prozessnotwendigen Energiemenge vernachlässigt. Die benötigte und damit zuzuführende Energiemenge wird somit durch den aufzubringenden Energieanteil für das Aufschmelzen des Bauplattform- und Pulvermaterials sowie die zugehörigen Schmelzwärmen bestimmt. Die Schmelzwärmen berechnen sich dabei aus der aufgeschmolzenen Materialmasse multipliziert mit der spezifischen Schmelzenthalpie s_{Ti64}. Die Energieverluste aus der Wechselwirkung des Laserstrahls mit dem Pulvermassenstrom $Q_{Re,Pul}$ werden durch den Anteil der reflektierten Laserleistungen im Pulverstrom nach Gleichung (6.4) abgeschätzt. Die zugeführte Laserenergie Q_{Laser}, die die zeitliche Wechselwirkung der Laserstrahlung mit der Prozesszone beschreibt [Pop05, TKC04], wird um diesen reflektierten Anteil $\zeta_{V,Re}$ reduziert.

$$Q_{Laser} = P_L t_{Ww} \qquad (6.9)$$

Für die Ermittlung der benötigten Laserleistung wird die entsprechend der identifizierten Vorschubgeschwindigkeit resultierende Wechselwirkungszeit t_{Ww} zur Erzeugung des Materialauftrags berechnet. Von der zugeführten Laserenergie Q_{Laser} (siehe Gleichung (6.9)) wird der reflektierte Anteil $\zeta_{V,Re}$ Q_{Laser} subtrahiert und in die Gleichung (6.10) eingesetzt. Abschließend wird die entstandene Gleichung nach der Laserleistung P_L aufgelöst, um die benötigte Laserleistung für die initialen Prozessparameter abzuschätzen.

$$P_L = \frac{(m_{Pulv} + m_{Bau})\, c_{P,Ti64}\, (T_S - T_R) + \rho_{Ti64} s_{Ti64} (V_{Pulv} + V_{Bau})}{t_{Ww}\left(1 - \dfrac{r_{Las}^2}{10 r_{PFo}^2}\right)} \qquad (6.10)$$

Die notwendige Laserleistung wird zu $P_L = 1527$ W ermittelt. In einer experimentellen Erprobung werden fünf Lagen (Länge 70 mm) unter Verwendung der identifizierten Parameter aufgeschweißt. Die Geometrie dieser Lagen werden mit der Koordinatenmessmaschine Wenzel LH87 aufgenommen (vergleiche Abschnitt 4.4).

Die vorhergesagte Nahtbreite b_{aL} von 4,5 mm beträgt im arithmetischen Mittel der Messungen 4,11 mm ± 0,04 mm und erreicht somit die minimale Anforderung an die Lagenbreite. Die abgeschätzte Lagenhöhe t_{aL} beträgt 0,48 mm, wohingegen die Messung der aufgeschweißten Lagen eine Höhe von 0,80 ± 0,02 mm ergibt. Aufgrund der sehr stark vereinfachten und durch Annahmen gestützten Vorhersage des ersten Parameterumfangs und der erläuterten Abweichungen zwischen vorhergesagten und experimentell ermittelten geometrischen Parametern, wird im weiteren Verlauf der Arbeit eine Vorgehensweise aufgezeigt, um den Schritt der Parameteridentifikation zum einen präziser und zum anderen robuster zu gestalten.

Im Vergleich zu dem vereinfachten Pulverabsorptionsmodell ist der signifikante Unterschied zwischen dem vorhergesagten Pulverwirkungsgrad sowie dem aus dem gemessenen Volumenauftrag kalkulierten Pulverwirkungsgrad auffallend. Da der nach Gleichung (6.5) kalkulierte Pulverwirkungsgrad $\eta_{Pul,approx.}$ von 34 % auf der Näherung basiert, dass die Schmelzbadgröße durch den Durchmesser des Laserstrahls im Fokuspunkt angenähert werden kann, liegt an der Stelle eine bedeutende Abweichung der Modellierung von der Realität vor. Die Pulverpartikel, die am Laserauftreffpunkt vorbeifliegen, landen trotzdem in dem durch Wärmeleitung vergrößerten Schmelzbad. Der experimentell ermittelte Pulverwirkungsgrad beträgt 68 %. Dieser Wert wird vorläufig für die weiteren Untersuchungen genutzt und in den nachfolgenden Abschnitten in Abhängigkeit herzustellender Geometrien untersucht. Der identifizierte Parametersatz wird im Folgenden detailliert vorgestellt und für die Herstellung der Probekörper in diesem Kapitel genutzt.

6.2 Parameterdefinition

Zur Erzeugung der Probekörpergeometrien werden die einzelnen Lagen aufeinander aufgebaut. Im vorangegangenen Abschnitt sind die Parameter für die Herstellung der Proben ermittelt worden (siehe Tabelle 6.1).

Tabelle 6.1: Parameter für die Herstellung der Proben

Parameter	Wert	
Laserleistung P_L	1500	W
Vorschubgeschwindigkeit v_s	0,01	m/s
Pulvermassenstrom $\dot{m}_{Pul}$	11,81	g/min
Laserspotdurchmesser d_{Laser}	2,086	mm
Höhe der Lagen t_{aL}	0,8	mm

Die Laserleistung wird dabei an den Endpunkten der einzelnen Lagen innerhalb einer definierten Zeit $t_R = 10$ ms auf die Sollleistung P_L linear gesteigert, um während der Beschleunigungsphase des Roboters bis zur Sollgeschwindigkeit eine konstante Leistungszufuhr zu ermöglichen. Der vertikale Offset zwischen den einzelnen Lagen der Wandgeometrie wird mit 0,8 mm aus den Messergebnissen der Vorversuche gewählt (siehe Abschnitt 6.1). Die Proben werden in der Schutzgaskammer hergestellt unter Verwendung eines Argon-Schutzgasstromes von 20 l/min aus dem Prozesskopf und eines Helium-Fördergasstromes von 5 l/min. Innerhalb der Schutzgaskammer ist eine Grundplatte angeordnet, die auf ihrer Unterseite gekühlt ist und somit einen konstanten Wärmeabfluss aus der aufgebauten Struktur ermöglicht.

Für die initiale Untersuchung werden Wandstrukturen als Probekörper aufgebaut (siehe Abbildung 6.1 (b)). Für die Herstellung dieser Geometrien erfolgt eine Programmierung der Roboterbewegung startend im Ursprung des KOS in positiver x-Richtung (vergleiche

Abschnitt 2.2.2), um am Ende der Lage den vertikalen Offset in z-Richtung zu verfahren und eine Lage in entgegengesetzter x-Richtung aufzuschweißen.

6.3 Evolution der Mikrostruktur

Für die Untersuchung der Mikrostruktur erfolgt das Austrennen von Querschliffproben aus den Wandstrukturen. Im Rahmen dieser Arbeit wird die Evolution der Mikrostruktur sowie deren Abhängigkeit von der Aufbauhöhe exemplarisch für eine repräsentative Probe beschrieben. Die aufgezeigten Ergebnisse werden den in [MSE17, SME18] simulierten Temperaturverläufen und den daraus abgeleiteten Gefügeausprägungen gegenüberge-stellt. Weiterführende Versuchsergebnisse sowie eine detaillierte Analyse der Evolution der Mikrostruktur werden in [HME17b, HME17a, MEW16, SME18] erläutert. Des Weiteren wird in diesen Veröffentlichungen ergänzend der Einfluss auf die Mikrostruktur beschrieben, der durch die Variation von Prozessparametern und mittels aufbauhöhenabhängiger Prozessstrategien erzielt werden kann. Die Trennpositionen der Querschliffe sind in Abbildung 6.4 dargestellt.

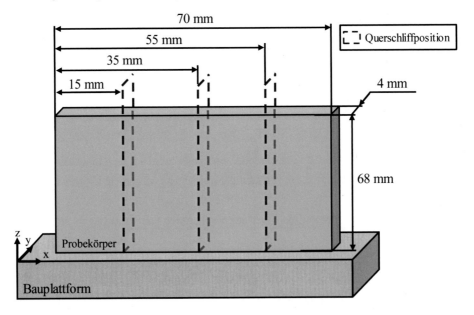

Abbildung 6.4:   Positionen und Orientierung der Querschliffe für die Untersuchung der Mikrostruktur

Zur weiteren Untersuchung werden die Querschliffproben eingebettet. Im Anschluss an einen Schleif- und Polierprozess erfolgt die metallografische Präparation nach Kroll [Zwi13]. Die lichtmikroskopische Untersuchung wird mit einem Olympus GX51 bei einer

200-fachen Vergrößerung durchgeführt. Zu dem Zweck der rasterelektronenmikroskopischen Untersuchungen wird ein Rasterelektronenmikroskop (REM) Zeiss Supra VP55 bei 3000-facher Vergrößerung unter Verwendung des Rückstreuelektronendetektors für die Erzeugung eines Materialkontrastbilds eingesetzt [Urb15, Zwi13]. Dabei ist die Rückstreuung des Elektronenstrahls abhängig von der chemischen Zusammensetzung der betrachteten Bereiche. Schwere chemische Elemente resultieren in vermehrter Rückstreuung und damit höheren detektierten Intensitäten, die auf den REM-Aufnahmen hell abgebildet werden [Urb15]. Im Rahmen der Untersuchungen der Ti-6Al-4V-Legierung erscheinen somit die β-Phasenbereiche dunkler, bedingt durch den Vanadiumanteil, im Vergleich zu der aluminiumreichen α-Phase [Urb15, Zwi13].

Im Rahmen der lichtmikroskopischen Untersuchung der Mikrostruktur wird zu Beginn eine Übersichtsaufnahme erstellt. Diese ermöglicht einen Überblick über die Gefügestruktur auf der gesamten Bauhöhe. Entlang dieser Bauhöhe können vier Bereiche in Abhängigkeit der jeweils auftretenden Mikrostruktur identifiziert werden. Dabei besteht zwischen den Bereichen ein kontinuierlicher Übergang der jeweils identifizierten Strukturen (siehe Abbildung 6.5). Die Größe der primären β-Körner wird mit Werten zwischen 300 μm und 700 μm ermittelt, indem auf der Grundlage der Bildung von α-Phasenbereichen an den ehemaligen Korngrenzen deren Ausmaße identifiziert werden (vergleiche Abschnitt 0 und [SME18]). Für die weiterführende Untersuchung der Gefügestrukturen erfolgen mit dem REM entlang der Probenhöhe die Aufnahmen der Gefügestrukturen an mehreren Positionen.

Abbildung 6.5:   Lichtmikroskopische Übersichtsaufnahme des Querschliffes mit Einteilung in vier Mikrostrukturbereiche

Der Bereich I besteht in den ersten zwei Lagen unabhängig von der nachfolgenden Aufbauhöhe vollständig aus der martensitischen α'-Phase (siehe Abbildung 6.6 (a)). In direkter Nähe zu der Bauplattform bestehen sehr große Abkühlgeschwindigkeiten. Durch das Aufbringen der nachfolgenden Lagen wird in der thermischen Simulation ein kontinuierliches Pendeln der Temperaturen in den beiden ersten Lagen über- und unterhalb der Martensitstarttemperatur T_{MS} in Verbindung mit weiterhin großen Abkühlraten aufgezeigt [MSE17, SME18].

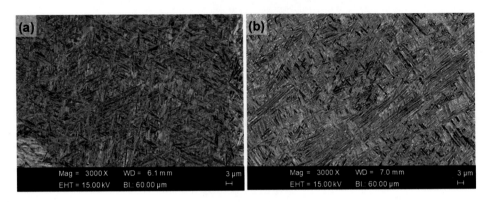

Abbildung 6.6:   REM-Aufnahmen im Materialkontrastbild bei 3000-facher Vergrößerung (a) Mikrostruktur der ersten Lage weist martensitische α'-Phase auf; (b) Mikrostruktur der fünften Lage mit sehr feinen $\alpha+\beta$-Lamellen in der Korbgeflecht-Struktur

In dem Bereich II werden sehr feine $\alpha+\beta$-Lamellen in der Korbgeflecht-Struktur identifiziert (siehe Abbildung 6.6 (b)) (vergleiche [PL02]). Unabhängig von einer Variation der gesamten Aufbauhöhe liegt diese Mikrostruktur bis zur sechsten Lage der Wandstruktur vor. An dieser Position in der Wandstruktur verhindert der Energieeintrag der nachfolgenden Lagen ein Unterschreiten der Martensitstarttemperatur. Allerdings erfolgt aufgrund der vorhandenen hohen Abkühlgeschwindigkeiten und der geringen Anlasstemperaturen keine Vergröberung der Mikrostruktur [MSE17, SME18].

Die Ausprägung der Mikrostruktur in dem Bereich III ist abhängig von der gewählten Bauhöhe des Probekörpers. An den ehemaligen β-Korngrenzen liegen α-Phasenbereiche vor. In Abbildung 6.7 (a) ist das Wachstum der α-Lamellen in das Korninnere der ehemaligen β-Körner zu erkennen, wodurch eine $\alpha+\beta$-lamellare Struktur entsteht [PL02, Zwi13]. Mit steigender Bauhöhe erfolgt eine zunehmende Vergröberung der auftretenden Strukturen, da die Anlasstemperaturen für die gewählte Bauhöhe in der Simulation bis ca. 50 °C unter die β-Transustemperatur T_β ansteigen [MSE17, SME18] und durch den stetigen Energieeintrag der nachfolgenden Lagen über größere Zeiträume gehalten werden.

Der vierte und damit oberste Bereich IV der Wandstruktur weist im Vergleich zum dritten Bereich eine feinere Struktur auf. Dieser besteht aus einer $\alpha+\beta$-lamellaren Struktur und ausgeprägten α-Phasenbereichen an den ehemaligen Korngrenzen (siehe Abbildung 6.7 (b)). Dabei bedingt die im Vergleich zum vorangegangenen Bereich reduzierte Haltedauer der Anlasstemperatur eine geringere Vergröberung, da nur eine reduzierte Anzahl an zusätzlichen Lagen auf diese aufgebaut wird.

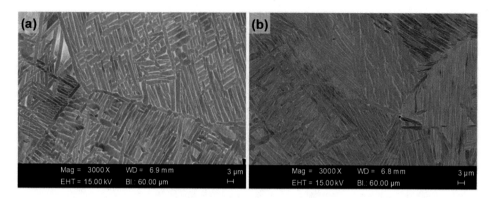

Abbildung 6.7:   REM-Aufnahmen im Materialkontrastbild bei 3000-facher Vergrößerung (a)
Mikrostruktur in dem dritten Bereich III mit vergröberten $\alpha+\beta$-Lamellen in der
Korbgeflecht-Struktur; (b) Mikrostruktur in dem vierten Bereich IV mit
gleichgerichteten $\alpha+\beta$-Lamellenbereichen

Die aufgezeigte Ausformung der Mikrostruktur der auftretenden Phasen kann auch in Untersuchungen von alternativen Auftragschweißverfahren und weiteren additiven Fertigungsverfahren aufgezeigt werden [KK04a, KK04b, PL02, QMW05, SGB17]. Die thermischen Randbedingungen sowie die Probekörper- und Bauteilgeometrie definieren dabei die Entstehung der mikrostrukturellen Ausprägung.

6.4   Chemische Komposition

Die chemische Zusammensetzung einer Legierung hat einen wesentlichen Einfluss auf deren mechanisch-technologische Eigenschaften [BCS13, Hor13]. Der Verlust von Legierungselementen in Folge der thermischen Wirkung eines Herstellungsprozesses wird als Abbrand bezeichnet [Dil13, FTW13]. Zur Modellierung und experimentellen Analyse dieses Abbrandphänomens bestehen in der Literatur umfangreiche Ergebnisse für vielfältige Fertigungsverfahren [CNC10, CPD87, IIS03, KFK16, KSK14, SII04, ZVG94]. In Abhängigkeit des Fertigungsprozesses, der Anlagentechnik, der Prozessparameter und der verwendeten Legierung erfolgt die Ausprägung des Verlustes von Legierungselementen. Die Größenordnung des Abbrandes wird dabei wesentlich durch die thermischen Randbedingungen beeinflusst, die sich unter anderem in Folge der Intensitätsverteilung der Energiezufuhr einstellen [HDF03b, HDF03a, KD84, KPM07, MD93].

Für die additive Fertigung mit dem Laser-Pulver-Auftragschweißen wird an dieser Stelle die Einhaltung der normativen Grenzwerte untersucht, die die Gewährleistung der materialspezifischen Anforderungen sicherstellen (vergleiche Tabelle 3.1). In der verwendeten Legierung Ti-6Al-4V ist insbesondere das Legierungselement Aluminium aufgrund des

geringeren Schmelz- und Siedepunktes im Vergleich zu den Elementen Titan und Vanadium für dieses Phänomen exponiert. Um die chemische Zusammensetzung entlang der
Aufbauhöhe zu bestimmen, werden drei Wandstrukturen unter Verwendung der in Abschnitt 6.2 entwickelten Parameter gefertigt.

In Aufbaurichtung werden jeweils drei Proben mit dem Drahterodierverfahren herausgetrennt und für die Analytik aufbereitet (siehe Abbildung 6.8). Die Kantenlänge der Proben
für die Untersuchungen betragen 30 mm. Aus diesen Proben wird jeweils an der Ober-
kante ein Bohrspan entnommen und in einem HCl/H$_2$O-Gemisch in Lösung gebracht.

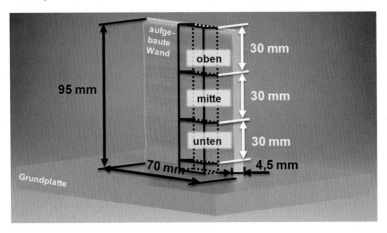

Abbildung 6.8:   Wandgeometrie und Position der Proben zur Ermittlung der chemischen
                   Komposition entlang der Aufbauhöhe

Die Messung der Legierungsbestandteile erfolgt mittels optischer Emissionsspektrometrie
mit induktiv gekoppeltem Plasma (ICP-OES) (siehe Abschnitt 5.3). Die Ergebnisse der
Untersuchungen sind in Tabelle 6.2 dargestellt. Mit steigender Aufbauhöhe zeigen sämtliche untersuchten Probekörper eine Reduzierung des Aluminiumanteils auf.

Tabelle 6.2:   Chemische Zusammensetzungen der Wandstrukturen entlang der Aufbauhöhe
                 in Abhängigkeit des eingesetzten Pulverwerkstoffs (siehe Abschnitt A.2)

		Ti [Gew.-%]	Al [Gew.-%]	V [Gew.-%]
Probekörper	oben	bal.	6,57	4,11
N-Pulver	mitte	bal.	6,64	4,07
	unten	bal.	6,72	4,07

Der aufgezeigte Abbrand von Aluminium im LPA-Prozess nimmt für alle Probekörper über die Aufbauhöhe zu. Dieser Umstand ist auf eine Veränderung der Randbedingungen des Prozesses zurückzuführen, da die Prozessparameter während des Aufbaus konstant gewählt sind. Die weiterführende Untersuchung dieser veränderlichen Randbedingungen erfolgt im weiteren Verlauf der Arbeit (vergleiche Abschnitt 7.2).

Die maximale Reduzierung des Aluminiumanteils wird im Mittel mit 0,15 Gew.-% für eine Aufbauhöhe von 95 mm ermittelt (siehe Tabelle 6.2). Als minimaler Aluminiumanteil wird in einem aufgebauten Probekörpern ein Wert von 6,52 Gew.-% gemessen. Dieser Aluminiumgehalt ist weiterhin innerhalb der normativen Vorgaben für die Titanlegierung Ti-6Al-4V nach [AMS4998, DIN17851, Don06, EAD15]. Für alle Probekörper wird sowohl für den verbleibenden Aluminiumgehalt als auch die weiteren Anteile der Legierung aufgezeigt, dass die Spezifikationen für Ti-6Al-4V eingehalten werden (vergleiche Tabelle 3.1).

6.5 Dichte

Die Struktureigenschaften eines Bauteils in Bezug auf die statische und dynamische Festigkeit werden durch Hohlräume wie z.B. Poren und Risse vermindert [Hor13]. Die Entstehung von Poren ist auf unterschiedliche Mechanismen im Fertigungsprozess zurückzuführen. Für das LPA-Verfahren sind drei Formationsprozesse zur Porenbildung ursächlich.

Zum ersten begünstigen gelöste Gase in der schmelzflüssigen Phase die Porenbildung, da die hohe Erstarrungsgeschwindigkeit ein vollständiges Ausgasen verhindert. Diese Poren zeigen eine sphärische Erscheinungsform. Die Gase können dabei durch remanente Atmosphärenanteile in der Prozesszone, eine verunreinigte Bauplattform oder durch das Pulvermaterial in das Schmelzgut eingetragen werden [MA15, Sey18, ZGS15]. Als zweites können Poren durch nicht vollständig aufgeschmolzene Pulverpartikel und die daraus resultierenden interpartikulären Hohlräume entstehen [STS16, WLH15]. Das Erscheinungsbild dieser Porosität ist häufig irregulär mit einer zeiligen Ausprägung entlang der Bearbeitungsrichtung. Ursächlich hierfür ist eine unzureichende Abstimmung zwischen den Pulvereigenschaften (Partikelfraktionen, Pulvermassenstrom etc.) sowie den gewählten Prozessparametern (Laserleistung, Fokusdurchmesser, etc.), um einen ausreichenden Energieeintrag für das Aufschmelzen zu gewährleisten [KHG16]. Der dritte Entstehungsmechanismus ist die mechanische Porenbildung. Diese Poren zeichnen sich ebenfalls durch eine irreguläre Struktur aus und können von sphärischen, zeiligen bis hin zu vollkommen unregelmäßigen geometrischen Erscheinungsformen reichen [Sch10, SH16]. Die

Ursache ist entweder in äußeren Einflüssen, der Wahl einer zu großen Vorschubgeschwindigkeit, Ungänzen in der Nahtoberfläche vorangegangener Schichten oder aber in Hohl-
raumbildungen durch eine ungeeignete Anordnung der Einzellagenschichtung begründet
[KHG16, QRD15, SH16, Sch10]. Im Folgenden werden die definierten Proben auf die
auftretende Porositätsform sowie die Quantität der Porosität untersucht.

Im Rahmen dieser Arbeit ist das Ziel für die additive Fertigung von Luftfahrtstrukturen
mit dem LPA-Verfahren, eine Dichte von > 99,75 % zu gewährleisten (vergleiche Tabelle
3.1). Deshalb werden die gewählten Randbedingungen und Prozessparameter hinsichtlich
der Gewährleistung dieser Qualitätsanforderung über die gesamte Bauhöhe untersucht.

Zu diesem Zweck wird eine lichtmikroskopische Messung der Dichte an Querschliffen
durchgeführt. Dabei erfolgt mit einer Bildverarbeitung ein Grauwertabgleich, um damit
automatisiert Hohlräume und Poren von dem Vollmaterial zu abstrahieren. Die resultie-
renden Flächen der Poren A_{Poren} werden ins Verhältnis zu der Gesamtfläche A_{gesamt} gesetzt,
um die Porosität $\Theta_{\text{Porosität}}$ zu beschreiben (siehe Gleichung (6.11)).

$$\Theta_{\text{Porosität}} = \frac{\sum A_{\text{Poren}}}{A_{\text{gesamt}}} \qquad\qquad (6.11)$$

Aus der Messung der Porositäten an der Schnittebene erfolgt die Kalkulation der Probendichte Φ_{Probe} (siehe Gleichung (6.12)).

$$\Phi_{\text{Probe}} = 1 - \Theta_{\text{Porosität}} \qquad\qquad (6.12)$$

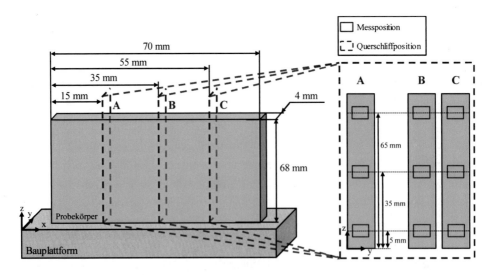

Abbildung 6.9:   Positionen der Querschliffe und Dichtemessungen an den Probekörpern

In Vorbereitung der Messung werden die Probekörper metallographisch präpariert und mit einem Lichtmikroskop Olympus GX51 analysiert. Insgesamt werden drei Wandstrukturen hergestellt, die an drei Positionen aufgetrennt werden. Die Lokalisation der Trennschnitte sowie die Messpositionen sind in Abbildung 6.9 dargestellt.

Auf den Schliffebenen werden drei identische Bereiche mit einer Größe von 940 µm x 1400 µm definiert. Um das Verhalten der Dichte mit zunehmender Bauhöhe zu untersuchen, werden die untersuchten Bereiche in einer z-Höhe über der Bauplattform von 5 mm, 35 mm und 65 mm positioniert. Für die definierten Bereiche wird der Grauwertabgleich durchgeführt und die Bewertung der Porosität sowie der Probendichte vorgenommen (siehe Abbildung 6.10). Rot hervorgehoben sind die Bereiche, die der Algorithmus als Hohlräume identifiziert hat.

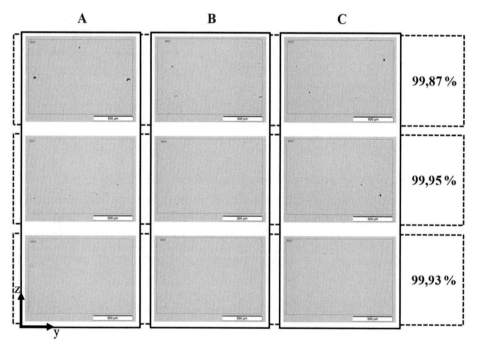

Abbildung 6.10:   Lichtmikroskopische Analyse der Probendichte an Querschliffen

Die untersuchten Proben weisen eine minimale Dichte von 99,84 % und eine maximale Dichte von 99,98 % auf, während das arithmetische Mittel bei 99,92 % die minimal zulässige Dichte für Funktionsbauteile im Zustand nach der LPA-Fertigung ohne weiterführende Nachbearbeitung erreicht. In Abbildung 6.11 sind die gemessenen Porositäten aufgezeigt. Mit steigender Aufbauhöhe kann an den gewählten Messstellen eine Zunahme

der Porosität und damit eine verminderte Probendichte bei fortgeschrittener Bauhöhe aufgezeigt werden.

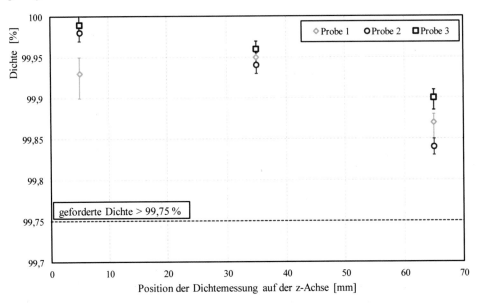

Abbildung 6.11:   Verlauf der Probendichte über der Bauhöhe für die untersuchten Probekörper

Die in dieser Arbeit aufgezeigte Probendichte kann somit die geforderte Dichte von
99,75 % erfüllen. Im Vergleich dazu zeigen die Ergebnisse bestehender Untersuchungen
[KMS00, MA15, Wit15, ZGS15] mittlere Probendichten zwischen 99,94 % und 98,8 %
auf. Die verschiedenen Anlagensysteme, variierende Probekörpergeometrien sowie gewählten Randbedingungen der Veröffentlichungen ermöglichen jedoch keine direkte Vergleichbarkeit der Ergebnisse.

Aufgrund der sehr guten erzielten Dichte sowie der ergänzenden Möglichkeit, die Dichte
durch nachgelagerte Prozessschritte weiter zu verbessern, wird die Optimierung der
Dichte in dieser Arbeit nicht weiterführend untersucht. Um der Porosität in additiv gefertigten Bauteilen entgegenzuwirken, können Bauteile in Abhängigkeit ihres Einsatzzwecks
heiß-isostatisch gepresst werden. Dies erfolgt bei Drücken zwischen 100 MPa und
200 MPa sowie Temperaturen kurz unterhalb der β-transus Temperatur [PL02, PKW03].

6.6 Mechanische Eigenschaften

In diesem Abschnitt werden die mechanischen Eigenschaften in Abhängigkeit der Aufbauhöhe untersucht. Im ersten Schritt wird mit dem Vickershärtemessverfahren ein Härteverlauf über die volle Bauhöhe bestimmt. Während im zweiten Schritt in Zugversuchen die aufbauhöhenabhängigen Zugfestigkeiten und Bruchdehnungen ermittelt werden.

6.6.1 Vickershärte

Die Härte eines Materials ist beschrieben als der mechanische Widerstand, der dem Eindringen eines anderen Körpers entgegengesetzt wird [BCS13]. Als Messverfahren wird im Rahmen dieser Arbeit die Vickershärteprüfung nach [ISO6507] verwendet. Eine detaillierte Beschreibung der verwendeten Randbedingungen sowie weiterer Ergebnisse erfolgt in [MEW16], während eine weiterführende Einführung in die Grundlagen der Härteprüfung in [BCS13, Her07, Hor13] dargestellt ist. Für die betrachtete Titanlegierung liegen in Abhängigkeit der vorliegenden Gefügestruktur nach [LW07, PL02] Härtewerte in einem Bereich von 300 HV bis 400 HV vor. In [PMC15, SPC12] wird für ein martensitisches Gefüge ein Härtebereich von 355 HV bis 390 HV ermittelt. Die Widmannstätten-Gefügestruktur wird mit Härtewerten von 315 HV bis 350 HV identifiziert. Zur Erfassung des Härteverlaufs wird aus den Probekörpern, die für die Untersuchung der statischen Festigkeit vorgesehen sind, ein Bereich herausgetrennt und ein Querschliff erzeugt, der für die Härtemessung präpariert wird (siehe Abbildung 6.13 (b)).

Für die Untersuchung der Vickershärte wird eine automatisierte Einbringung der Prüfeindrücke mit einer Prüflast von HV1 an der Härteprüfmaschine Struers DuraScan 70 vorgenommen. Das System verfügt über eine lichtmikroskopische Eindruckaufnahme sowie eine Bildauswertung zur automatischen Vermessung der Vickerseindrücke. Die Definition der Abstände zwischen den einzelnen Messpositionen wird in Abhängigkeit eines Testeindruckes ermittelt [BCS13, MEW16]. Auf Basis dieses Abstands wird ein zweidimensionales Messraster auf der gesamten Bauhöhe der Probe aufgenommen. Die Messdaten werden für die ermittelten Eindruckabmessungen in Verbindung mit der Prüfkraft ausgewertet und interpoliert. Die Auswertung zeigt den zweidimensionalen Härteverlauf in der y-z-Ebene für den Querschliff (siehe Abbildung 6.12).

Angrenzend an die Bauplattform ist ein Bereich erhöhter Härte identifizierbar, der in Folge der großen Abkühlgradienten in der Nähe der zu Prozessbeginn noch kalten Bauplattform entsteht (vergleiche Abschnitt 6.3). Mit steigender Aufbauhöhe reduziert sich die Härte, da die Wärmeableitung verringert ist und durch den Wärmestau die Temperaturgradienten vermindert werden. Dies hat zur Folge, dass die Abkühlgeschwindigkeiten sinken und damit auch die Härte reduziert wird. Diese Ergebnisse sind vergleichbar mit den Härteverläufen, die in der Literatur aufgezeigt werden [Kel06, LW07, PMC15]. Diese Studien beschränken sich jedoch auf die Untersuchung der Härteverläufe an geringen Bauhöhen.

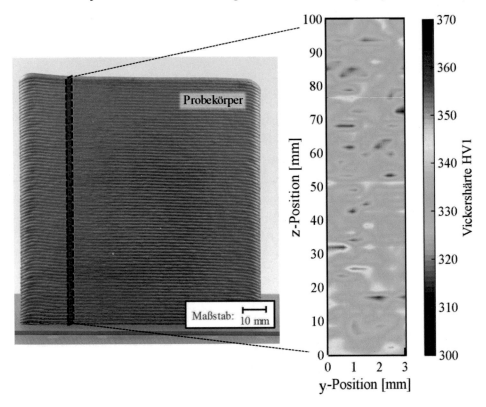

Abbildung 6.12:   Vickershärteverlauf in der y-z-Ebene

Die erzielten Werte liegen für die gewählten Randbedingungen und initialen Prozessparameter somit auch bei steigenden Bauhöhen innerhalb des geforderten Härtebereichs von 300 – 410 HV (vergleiche Tabelle 3.1). Eine weiterführende Untersuchung zur Optimierung der Einflüsse auf die resultierenden Härteeigenschaften durch die gezielte Variation der Prozessparameter ist in [MEW16] veröffentlicht. Da im weiteren Verlauf der Prozesskette eine Wärmebehandlung erfolgt, wird auf eine Optimierung der Härteverläufe durch die Variation der Prozessparameter verzichtet.

6.6.2 Statische Festigkeiten

Die statische Festigkeit, der Elastizitätsmodul sowie das plastische Deformationsvermögen eines Materials stellen für die Auslegung von statisch belasteten Bauteilen zentrale Kennwerte dar [BCS13, Hor13]. Um die genannten Eigenschaften zu ermitteln, werden in dieser Arbeit Zugversuche durchgeführt. Die Proben werden dabei in variierender Position entlang der Aufbaurichtung erzeugt. Für die Zugproben wird eine Flachzugprobenform nach [DIN50125] gefertigt (siehe Abbildung 6.13).

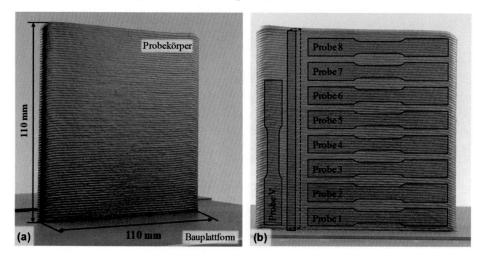

Abbildung 6.13: (a) Abmaße der Probekörper; (b) Anordnung der Zugproben in den aufgebauten Wandstrukturen nach [DIN50125] Form E

Die Proben werden sowohl über die Bauhöhe verändert positioniert als auch in ihrer winkligen Ausrichtung mit Winkeln von 0 ° bis 90 ° variiert, um eventuelle Eigenschaften zu identifizieren. Nach dem Aufbau der Wandstrukturen werden die Zugproben mit dem Drahterodierverfahren (siehe Abschnitt 6.7.5.4) herausgetrennt. Die Durchführung der Zugversuche erfolgt mit einer Zwick Z100 Materialprüfmaschine nach [ISO6892]. Die Flachproben werden in der Zugprüfmaschine eingespannt und die Extensometer zur Aufnahme der Dehnungen an der Probe befestigt.

Abbildung 6.14:   Eingespannte Zugprobe mit befestigten Extensometern in der Zwick Z100
                    Materialprüfmaschine

Nach der Durchführung der Versuche werden die aufgenommenen Kraftwerte und die
Extensometerdaten für die Darstellung in einem Spannungs-Dehnungsdiagramm aufbereitet (siehe Abbildung 6.15).

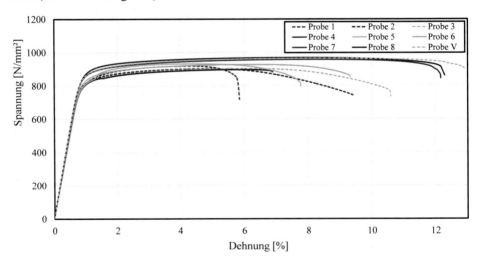

Abbildung 6.15:   Spannungs-Dehnungsdiagramme für die variierenden Probekörperpositionen

Für den Vergleich mit Ergebnissen aus der Literatur sowie weiteren additiven Fertigungsverfahren werden im Folgenden der Elastizitätsmodul, die Zugfestigkeit sowie die Bruchdehnung weiterführend untersucht (siehe Abbildung 6.16).

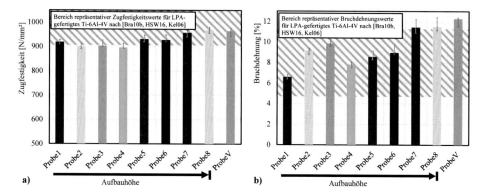

Abbildung 6.16:   (a) Zugfestigkeiten und (b) Bruchdehnungen der untersuchten Probekörper in
                    Abhängigkeit der Probenorientierung zur Aufbaurichtung

Die Zugfestigkeiten der Proben in horizontaler Richtung zeigen mit zunehmender Bauhöhe eine moderate Steigerung auf (siehe Abbildung 6.16 (a)). Die vertikalen Zugproben
weisen eine Zugfestigkeit auf dem Niveau der maximalen Festigkeiten der horizontalen
Proben auf. In bestehenden Untersuchungen wird zumeist eine fallende Festigkeit mit zunehmender Bauhöhe beschrieben [CPB15, KP16, QRD15]. Allerdings bestehen ebenfalls
Untersuchungen, die kein eindeutig progressives oder degressives Verhalten mit steigender Bauhöhe aufzeigen, so wie auch in den vorliegenden Untersuchungen kein eindeutiger
Trend festzustellen ist [BBL10, HSW16]. Als wesentliche Ursache für diese unterschiedlichen Ausprägungen der mechanischen Festigkeit entlang der Bauhöhe wird die Varianz
der gewählten Prozessparameter in den unterschiedlichen Untersuchungen und damit der
thermischen Randbedingungen während der Prozessführung beschrieben [HSW16,
STS16].

Im Vergleich dazu steigt in den durchgeführten Zugversuchen die Bruchdehnung mit steigender Bauhöhe signifikant an und weist annähernd eine Verdopplung auf von der Zugprobe im untersten Bereich der Wandstruktur bis zur Probe im obersten Bereich der Wandstruktur (siehe Abbildung 6.16 (b)). Die vertikalen Zugproben zeigen dabei eine Bruchdehnung auf dem Niveau der horizontalen Zugproben mit der höchsten Bruchdehnung von
etwa 12 % auf. In der Literatur ist die Steigerung der Bruchdehnung mit zunehmender
Bauhöhe sowie die zunehmende Bruchdehnung für vertikale im Kontrast zu horizontalen
Zugproben vielfältig beschrieben [KP16, STS16]. Allerdings bestehen auch an dieser
Stelle analog zu den Festigkeitsergebnissen verschiedene Untersuchungsergebnisse, die in

Folge der gewählten Randbedingungen keine klare Trendbildung entlang der Bauhöhe für die Bruchdehnung beschreiben [HSW16].

Die ermittelten charakteristischen Materialkennwerte sind für alle Bauhöhen innerhalb des geforderten und in der Literatur aufgezeigten Bereichs für LPA-gefertigtes Material. Der Elastizitätsmodul wird mit einem mittleren Wert von 112 GPa ermittelt und befindet sich damit im Rahmen der in der Literatur ermittelten Werte sowie innerhalb der definierten Anforderungen [Don06, STS16].

Die grundsätzliche technische Eignung des LPA-Verfahrens zur Herstellung von luftfahrt-spezifischen Materialeigenschaften für dynamisch belastete Bauteile wird in [BBL10, Bra10b] aufgezeigt.

6.7 Eigenspannungen

Unerwünschte Deformationen sowie remanente Spannungen aus den Fertigungsprozessen wirken sich nachteilig auf die nachfolgenden Fertigungsschritte und die Betriebseigen-schaften der hergestellten Bauteile aus. Zur Gewährleistung einer reproduzierbaren Pro-duktqualität sowie geringstmöglicher Ausschussraten müssen die Fertigungstoleranzen prozesssicher eingehalten werden. Zu diesem Zweck werden die Formänderungen und die Ausbildung von Eigenspannungen soweit reduziert, dass ein reproduzierbares Prozesser-gebnis innerhalb der vorgegebenen Toleranzgrenzen sichergestellt werden kann. Damit für mechanisch belastete Bauteile die Betriebssicherheit gewährleistet ist, muss entweder die Spannungssituation auf ein vernachlässigbares Niveau reduziert oder die Überlage-rung der remanenten Bauteilspannungen mit den äußeren Lasten bei der Konstruktion be-achtet werden. Aus der Berücksichtigung der Eigenspannungen im Konstruktionsprozess ergeben sich Obergrenzen für zulässige Spannungen, die im Bauteil nach dem Fertigungs-prozess verbleiben dürfen.

Im Rahmen dieser Arbeit erfolgt die Analyse der Eigenspannungssituation für LPA-ge-fertigte Probekörper. Auf der einen Seite werden die entstehenden Spannungen auf Basis einer Schweißstruktursimulation erfasst, während auf der anderen Seite die Ausprägung der Eigenspannungssituation in einer experimentellen Untersuchung mit der *Crack Com-pliance Methode* (CCM) ermittelt werden. Der Verlauf der Eigenspannungen wird entlang der Bauhöhe für mehrere Probengrößen untersucht und gegenübergestellt. Die detaillierte Beschreibung dieser Vorgehensweise zur Bewertung der Evolution der Eigenspannungs-entstehung ist in Abbildung 6.17 dargestellt. Eine weiterführende Beschreibung der Er-gebnisse sowie die vergleichende Bewertung der Eigenspannungen zu pulverbettbasierten additiven Fertigungsverfahren wird in [ME18, MHW16] aufgezeigt.

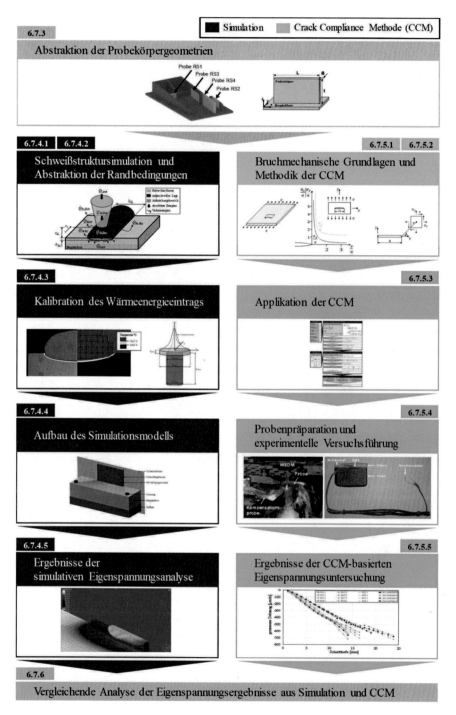

Abbildung 6.17: Vorgehensweise zur Untersuchung der Eigenspannungssituation von LPA-gefertigten Strukturen

6.7.1 Thermomechanische Korrelation von Eigenspannungen und Deformationen

Eigenspannungen bezeichnen in einem Bauteil bestehende Spannungen, die unter Abwesenheit äußerer Kräfte im Gleichgewicht stehen [Rad13]. Diese können während der unterschiedlichen Phasen des Produktlebenszyklus von der Herstellung bis zum Betrieb in das Bauteil gelangen und sind in ihrer Ausprägung abhängig von den spezifischen Eigenschaften der eingesetzten Werkstoffe sowie der Bauteilgeometrie [Hor13, Sha07].

Bei gleichmäßiger und ohne äußeren Zwang erfolgender Erwärmung eines isotropen Körpers stellt sich eine äquidistante Ausdehnung in alle Raumrichtungen ein. Wird auch die Abkühlung unter thermischen Gleichgewichtsbedingungen und ebenfalls ohne äußeren Zwang durchgeführt, nimmt der Körper anschließend wieder den geometrischen Ausgangszustand ein. Die Existenz äußerer Zwänge sowie ungleichmäßiger Aufheiz- und Abkühlvorgänge führt zur Entstehung von mechanischen Spannungen im Bauteil, die mit oder ohne Formänderungen einhergehen [BCS13, Rad13]. Während des Auftragschweißprozesses bedingt die Wärmeleitung innerhalb des Materials die lokale Ausprägung unterschiedlicher Temperaturniveaus. Wechselwirkungen zwischen diesen Bereichen führen dazu, dass heiße Bereiche im Prozessumfeld durch die umgebenden, kalten Grundwerkstoffbereiche sowie durch eine äußere Einspannung des Bauteils eine Dehnungsbehinderung erfahren.

Die Bildung von Eigenspannungen und Formänderungen sind miteinander verknüpft und weisen ein gegenläufiges Verhalten auf, welches jeweils abhängig von den Freiheitsgraden der Einspannung beim Aufheiz- bzw. Abkühlprozess ist (siehe Abbildung 6.18).

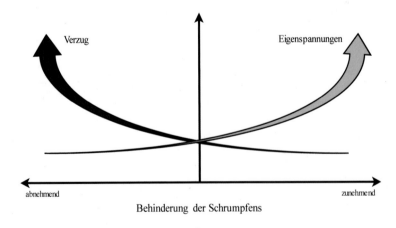

Abbildung 6.18:   Korrelation zwischen Verzug und Eigenspannungen nach [FTW13]

Eigenspannungen können entsprechend ihrer sogenannten Fernwirkung klassifiziert werden [MK06, WB01a]. Die Fernwirkung ist ein Maß für die Distanz, auf der sich ein äußeres Gleichgewicht durch die wechselseitige Wirkung der Eigenspannungen einstellt. Somit wird durch diese Fernwirkung die Dimension des Bereichs beschrieben, über den die summierten Kräfte und Momente im Werkstück von außen betrachtet gleich Null sind. In Tabelle 6.3 werden die Eigenspannungen anhand der jeweiligen Fernwirkung in Typenklassen eingeteilt.

Tabelle 6.3:   Einordnung von Eigenspannungen nach der Fernwirkung (nach [RDB12, WB01a])

Einordnung	Dimension	Fernwirkung	Entstehung
Typ I	Makrospannungen	Die remanenten Spannungen stehen über weite Entfernungen im Gleichgewicht, häufig in Bauteildimension.	Große Temperaturgradienten, plastische Verformung
Typ II	Mikrospannungen	Die Spannungen vom Typ II sind innerhalb der Dimension eines Korns ausgeglichen.	Mehrphasige Werkstoffe, Phasentransformationen
Typ III	Submikrospannungen	Atomare Distanzen bis Abmessungen im Subkornbereich benötigen diese Spannungen zum Ausgleich.	Grenzflächen, Spannungsfelder von Versetzungen

In diesem Abschnitt werden die Makrospannungen untersucht, um in einem ersten Schritt die globale Bauteilsituation zu untersuchen. Zur Beschreibung der Anforderungen an Strukturbauteile wird für den Aspekt der Eigenspannungen die Ausprägung der Fernwirkungsdimension der Makrospannungen definiert [Dil13, FTW13, MK06, Rad02]. Daher werden im Folgenden die Eigenspannungen erster Art, die Makrospannungen, synonym mit dem Oberbegriff Eigenspannungen verwendet.

6.7.2 Eigenspannungen und Verzug beim Laser-Pulver-Auftragschweißen

Die hohe Leistungsdichte des Laserstrahls ermöglicht eine sehr schnelle Erwärmung des Materials. Mit steigender Temperatur nimmt die Streckgrenze des Werkstoffs ab, während sich das Material ausdehnt. Die Ausdehnung des Schmelzbades ist durch den umgebenden Grundwerkstoff eingeschränkt, wodurch Druckspannungen in dem Schmelzbad verursacht werden. Beim Abkühlen zieht sich das verflüssigte Material deutlich stärker zusammen, als der umgebende Grundwerkstoff, der somit eine Dehnungsbehinderung bewirkt.

Aufgrund der behinderten Schrumpfung während der Abkühlung entstehen Zugspannungen an der Oberfläche der aufgeschweißten Lage [MK06, Rad02].

Der aufgezeigte fokussierte Energieeintrag des LPA-Verfahrens bedingt somit durch die großen Temperaturgradienten eine besonders ausgeprägte Eigenspannungssituation. Die Freisetzung dieser Spannungen führt bereits während der Fertigung oder aber in nachgelagerten Fertigungsprozessschritten zu ungewünschten Maßabweichungen bis hin zum Bauteilversagen (siehe Abbildung 6.19).

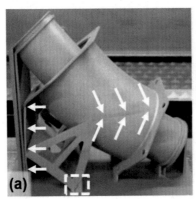 

Abbildung 6.19:   (a) Verzüge resultieren in Bauteil – und Stützstrukturversagen im LBM-Prozess;
(b) Rissbildung und Prozessabbruch im LPA-Prozess

Solange die Eigenspannungen im inneren Gleichgewicht vorliegen, erfolgt keine Beeinflussung der Struktur. Im Betrieb kann es jedoch zu einer Überlagerung der Eigenspannungen mit externen Kräften kommen, woraus je nach Ausprägung der Spannungssituation positive oder negative Auswirkungen resultieren. Sobald die Streckgrenze des Materials überschritten wird, kommt es zur plastischen Deformation des Bauteils und bei fortschreitender Deformation zur Rissinitiierung.

Durch das Aufbringen nachfolgender Schichten im LPA-Prozess wird in dünnwandigen Strukturen der Wärmeabfluss kontinuierlich reduziert. Im Vergleich zu dem LBM-Prozess resultiert diese Verringerung des Wärmeabtransports in verminderten Temperaturgradienten und somit einer verringerten Ausbildung der Eigenspannungssituation [HG09, TKC04]. Die thermischen und prozessspezifischen Randbedingungen sind somit im LPA-Verfahren stark korrelierend mit der geometrischen Struktur des Bauteils und bedingen die Ausprägung der Eigenspannungs- und Verzugscharakteristik [SVP19].

In der Literatur bestehen für die pulverbettbasierten Verfahren vielfältige Untersuchungen zu den komplexen Wechselwirkungen der Einflussfaktoren, die für die Eigenspannungsentstehung ursächlich sind. Des Weiteren werden der Prozess der Entstehung von Eigenspannungen sowie Strategien zu deren Vermeidung und zur Kompensation auftretender Verzüge erforscht [Bus13, KKP15, Mun13].

Für die additive Fertigung im Pulverbett sind die ursächlichen Wirkprozesse zur Eigenspannungsentstehung und die daraus resultierenden Hemmnisse in der Prozesskette bekannt. Die in diesen Prozessen bestehenden großen Abkühlgradienten und die damit einhergehende Einbringung von Eigenspannungen sind der wesentliche Grund, dass die Eigenspannungssituation einen Prozessabbruch oder aber das Bauteilversagen (siehe Abbildung 6.19 (a)) in nachgelagerten Fertigungsschritten verursachen kann [ME18, MHW16]. Im Vergleich zu diesen additiven Fertigungsverfahren weist der LPA-Prozess reduzierte Abkühlgeschwindigkeiten im Prozess und somit einen positiven Ausblick auf die zu erwartende Eigenspannungssituation auf.

6.7.3 Abstraktion der Probekörpergeometrien

Für die Untersuchung der Eigenspannungen werden sowohl die Limitationen des LPA-Prozesses als auch die Restriktionen der Simulation und der experimentellen Untersuchungsverfahren berücksichtigt. Daher werden die Probekörper in vier Größen als Wandgeometrie (Proben RS1 bis RS4) aufgebaut und für die experimentelle Versuchsführung jeweils drei identische Proben (RS1.1 bis RS1.3) hergestellt (vergleiche Abschnitt 6.7.5). Zur Herleitung der Probengeometrien werden verschiedene Bereiche des Demonstratorbauteils (vergleiche Abschnitt 7.4.1) identifiziert (siehe Abbildung 6.20 (a)) und die jeweilige Geometrie für die Probenkörper genutzt (siehe Abbildung 6.20 (b)). Um eine qualitative Aussage über die Progression der Eigenspannungen mit zunehmender Aufbauhöhe zu ermöglichen und eine quantitative Bestimmung der remanenten Eigenspannungssituation vornehmen zu können, werden die Ergebnisse für die verschiedenen Aufbauhöhen miteinander verglichen.

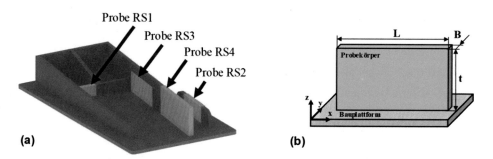

Abbildung 6.20:   (a) Demonstratorbauteil mit abstrahierten Probengeometrien; (b) Definition der Geometrien für die Herstellung der Proben RS1 bis RS4

Die gewählte Geometrie der Proben eröffnet zum einen eine große Auswahl verschiedener Methoden zur Ermittlung der Eigenspannungen. Zum anderen können die Eigenspannungen sehr exakt ermittelt werden, ohne komplexe Umlagerungsprozesse oder Geometrieinterdependenzen zu berücksichtigen, was eine weitere Reduzierung der Ergebnisqualität begründen würde [WB01b]. Die Bezeichnungen der Proben sowie deren geometrische Abmessungen sind in Tabelle 6.4 dargestellt.

Tabelle 6.4:   Probenbezeichnungen und zugehörige Abmessungen

Probenbezeichnung	Abmessungen L x t x B [mm]
RS1.1..3	30 x 15 x 4,25
RS2.1..3	35 x 17,5 x 4,25
RS3.1..3	40 x 20 x 4,25
RS4.1..3	45 x 25 x 4,25

Die aufgezeigten Probekörpergeometrien werden im Folgenden für die simulationsbasierte Untersuchung der Eigenspannungen (vergleiche Abschnitt 6.7.4) sowie für die Probenherstellung zur experimentellen Eigenspannungsanalyse (vergleiche Abschnitt 6.7.5) verwendet.

6.7.4 Simulation des Eigenspannungszustands

Das Laser-Pulver-Auftragschweißen stellt einen Prozess mit komplexen Wechselwirkungen unterschiedlicher Prozessphänomene dar, die verschiedenen Teilgebieten der Physik zuzuordnen sind. Beispielsweise basiert das Prozessphänomen des Schmelzbades auf den Grundlagen der Physikteilgebiete der Fluidstatik und -mechanik sowie der Thermodynamik. Auf letzterem Teilgebiet gründet sich ebenso die Problemstellung der Wärmeleitung [Rad99].

Die Problemstellung der Wärmeleitung kann mit Hilfe der zugrundeliegenden physikalischen Wechselwirkungen durch Differentialgleichungen beschrieben werden. Innerhalb komplexer technischer Wirkzusammenhänge treten die einzelnen Phänomene allerdings in gegenseitiger Überlagerung und Interaktion auf. Nach dem aktuellen Stand von Wissenschaft und Technik ist das Resultat der Vielzahl der Einflussfaktoren, dass die vollumfängliche und exakte analytische Beschreibung in einer mathematischen Formulierung nicht möglich ist [Rad13].

Daher werden für die Beschreibung realer Systeme Näherungslösungen eingesetzt und zu diesem Zweck die realen Systeme auf geeignete Modelle vereinfacht. Eine gebräuchliche Methode zur Lösungsfindung für physikalische Problemstellungen ist die Finite-Elemente-Methode (FEM), bei der ein Bauteil in kleine Elemente diskretisiert wird [BZ02, Gaw09]. Dabei wird für die näherungsweise Lösung des Gesamtsystems durch die Beschreibung der Eigenschaften jedes Elements und die Definition der vorhandenen Randbedingungen (wie z.B. Temperaturen und äußere Lasten) die Grundlage gebildet. Anschließend erfolgt das Aufstellen von Gleichungssystemen zur Beschreibung der Interaktionen zwischen den einzelnen Elementen und schließlich die Lösung dieser Gleichungssysteme mit Hilfe numerischer Verfahren. Aus der berechneten und interpretierten Antwort des Modells kann eine Vorhersage für das Verhalten des Realsystems abgeleitet werden [Kle14].

Der allgemeine Ablauf einer FEM-Analyse ist schematisch in Abbildung 6.21 dargestellt. Thermomechanische Problemstellungen wie die Kopplung zwischen Wärmewirkung und mechanischem Verzug im Rahmen einer Schweißstruktursimulation erfordern die Formulierung der thermischen Randbedingungen [BZ02, Dho04].

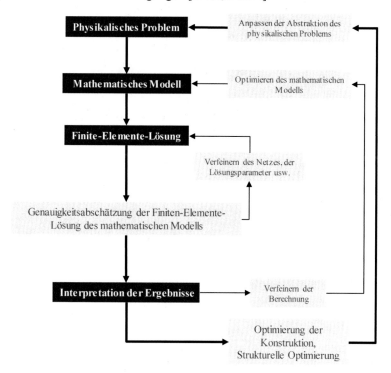

Abbildung 6.21:   Schematischer Ablauf einer Finite-Elemente-Analyse nach [BZ02]

6.7.4.1 Numerische Beschreibung der Eigenspannungen und Deformationen

Entsprechend der jeweiligen Zielsetzungen können Schweißsimulationen nach [Rad02] in drei Kategorien unterteilt werden. Abbildung 6.22 zeigt diese Kategorien, die die Teilbereiche der Schweißsimulation darstellen. Im Rahmen der zunehmenden Zusammenführung der Teilbereiche werden die verbindenden Ein- und Ausgangsgrößen zu deren Verknüpfung verwendet. Aktuelle Entwicklungen der Schweißsimulation zielen auf die wechselseitige Nutzung dieser Parameter und damit einer ganzheitlichen Beschreibung der Wirkgrößen in Schweißprozessen ab [Roe07, Sch07, Urn12].

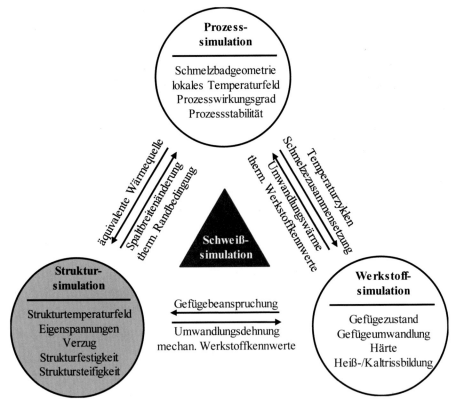

Abbildung 6.22:   Teilbereiche der Schweißsimulation sowie deren Korrelationsgrößen nach [Rad02]

In der Prozesssimulation werden die physikalischen Phänomene und die resultierenden Zusammenhänge zwischen Randbedingungen und Prozessparametern modelliert. Diese Zusammenhänge und Wechselwirkungsmechanismen stellen die Grundlage dar, um ein Abbild der Prozessführung zu erhalten. Diese ermöglichen weiterhin eine Beschreibung des abgeleiteten Schweißwärmeenergieeintrages, der die Ausbildung der Schmelzbadgeometrie und des lokalen Temperaturfelds definiert [Rad99, Ryk57, Sku04].

Für die **Prozesssimulation** erfolgt nach dem Stand von Wissenschaft und Technik die Verknüpfung von analytisch beschreibbaren physikalischen Vorgängen sowie empirisch ermittelten Wirkzusammenhängen, um die auftretenden Prozessphänomene effizient zu modellieren [Rad13]. Dieses Vorgehen, die Kombination näherungsweiser Lösungen mit physikalischen Gesetzmäßigkeiten, ermöglicht eine deutle Reduzierung der Gesamtmodellkomplexität. Die wesentlichen Zielstellungen aktueller Untersuchungen bestehen zum einen in der Lösung der inversen Problemstellung bei der Prozessparameterfindung für verschiedenartige Schweißverfahren sowie für additive Fertigungsverfahren [Rad99, Sku04, Str04, Zey17, ZVG94]. Zum anderen werden Lösungen erforscht, die die Kenngrößen des abstrahierten Wärmeeintrags als Eingabe für eine nachfolgende Struktursimulation ermitteln [Len02, Rad02, Sak13].

Die **Werkstoffsimulation** hat zum Ziel, die metallurgischen Abläufe während des Schweißprozesses sowie daraus resultierende transiente Gefügezustände und zugehörige mechanisch-technologische Eigenschaften zu untersuchen. Auf der Basis berechneter Gefügezustände können die Festigkeits- und Härtekennwerte für das Schweißgut sowie die Wärmeeinflusszone vorhergesagt werden [Kom06, Plo98]. Des Weiteren dient die Werkstoffsimulation der Ermittlung von thermophysikalischen und -mechanischen Materialkennwerten, um auf diese Weise die experimentellen Aufwände für deren Bestimmung zu reduzieren. Die Werkstoffsimulation kann somit verwendet werden, um die relevanten Materialkennwerte für die Prozess- und Struktursimulation bereitzustellen [RRB06, Sch07, Vos01].

Das Ziel der **Schweißstruktursimulation** ist die Vorhersage der Verzüge und Eigenspannungen [Rad02]. Den Ausgangspunkt für die Kalkulation der Eigenspannungen bildet das Strukturtemperaturfeld, welches eine numerische Abstraktion des realen Temperaturfeldes sowie der physikalischen Randbedingungen darstellt und deshalb durch geeignete Experimente zu validieren ist. Zentrales Interesse aktueller Forschungsarbeiten ist die Kombination der Struktursimulation mit einer Prozesssimulation, um eine konsistente Temperaturfeldberechnung zu ermöglichen. Durch dieses Vorgehen kann das in der Prozesssimulation ermittelte Temperaturfeld ohne weitere Kalibrierung verwendet werden, da eine hinreichende Fundierung der entsprechenden Ergebnisse durch physikalische Gesetzmäßigkeiten sichergestellt ist [Rad99, Rad13].

Im Folgenden werden die Grundlagen und die Vorgehensweise für eine numerische Schweißstruktursimulation erläutert, um damit die resultierende Eigenspannungssituation entlang der Aufbauhöhe bewerten zu können.

Die Schweißstruktursimulation basiert auf der Wärmeübertragung, die grundlegend als Transport von Energie in Form von Wärme beschrieben werden kann. Die ursächliche Triebkraft zur Entstehung der Wärmeübertragung ist in einer existierenden Temperaturdifferenz zwischen zwei thermisch konnektierten Systemen oder zwei benachbarten Bereichen innerhalb eines Systems begründet. Die Grundlage für die Berechnung des Temperaturfeldes ist der Erste Hauptsatz der Thermodynamik (siehe Gleichung (6.13)) [GM95, Ste15].

$$\Delta U = \delta Q + \delta W \qquad\qquad (6.13)$$

Die innere Energie U erfährt demzufolge eine Veränderung durch den Transport von Wärme Q und/oder mechanischer Arbeit W. Für die Wärmeleitung wird im vereinfachten Fall die Positionsveränderung sowie das Einwirken mechanischer Kräfte vernachlässigt, sodass die Veränderung der inneren Energie ausschließlich auf dem Transport von Wärme basiert (siehe Gleichung (6.14)) [Rad13].

$$\Delta U = \delta Q \qquad\qquad (6.14)$$

Im instationären Fall, d.h. in Folge einer zeitlichen Veränderung des Temperaturfeldes, entsteht eine zeitliche Änderung der inneren Energie. Unter Annahme einer Differenz zwischen zu- und abgeführtem Wärmestrom, kann der instationäre Fall der Wärmeleitung in Abhängigkeit der Temperaturdifferenz sowie der Materialkennwerte dargestellt werden (siehe Gleichung (6.15)) [GM95, Rad13].

$$\frac{\partial Q}{\partial t} = \frac{\Delta U}{\Delta t} = \frac{\Delta T}{\Delta t} V \rho c \qquad\qquad (6.15)$$

Im LPA-Prozess wird dem Material lokal Wärme zugeführt, sodass in Abhängigkeit der spezifischen Wärmekapazität c_p (mit $c_\mathrm{p} = \rho c$) ein Anstieg der Temperatur erfolgt. Aus Gleichung (6.15) wird die Feldgleichung der Wärmeleitung abgeleitet. Dabei wird vorausgesetzt, dass ein isotropes, homogenes Wärmeleitkontinuum sowie der Wärmeeintrag in Form einer volumetrischen Wärmequelle vorliegt [GM95, Rad02, Rad13].

$$\frac{\partial T}{\partial t} = \frac{\lambda}{c_\mathrm{p}} \left(\frac{\partial^2 T}{\partial x^2} + \frac{\partial^2 T}{\partial y^2} + \frac{\partial^2 T}{\partial z^2} \right) + \frac{1}{c_\mathrm{p}} \frac{\partial Q_\mathrm{vol}}{\partial t} \qquad\qquad (6.16)$$

Zur Ermittlung der Evolution der Eigenspannungen mit steigender Aufbauhöhe wird in dieser Arbeit die Software zur Schweißstruktursimulation *Simufact.Welding* verwendet. Da diese Softwarelösung für die Bewertung der Eigenspannungen an Verbindungsschweißnähten vorgesehen ist, wird in den folgenden Abschnitten deren Adaption für die Beschreibung der Eigenspannungen in der additiven Fertigung mit dem LPA-Verfahren erarbeitet und aufgezeigt.

6.7.4.2 Abstraktion der Randbedingungen für die numerische Beschreibung

Die wesentlichen Energieströme während eines Schweißprozesses bestehen auf der einen Seite aus der Energie, die durch die Wärmewirkung des Schweißprozesses in das System eingebracht wird. Auf der anderen Seite existieren an den Systemgrenzen sowie innerhalb des Systems Wärmeströme, die durch Temperaturgradienten und die damit induzierten Ausgleichprozesse entstehen.

Deshalb erfolgt in Abhängigkeit des zu beschreibenden Schweißverfahrens die Gestaltung der mathematischen Abstraktion des Energieeintrags im Rahmen einer Ersatzwärmequelle (vgl. Abbildung 6.23). Für konventionelle Schweißverfahren, wie z.B. das Lichtbogenschweißen, hat sich die Ersatzquelle nach Goldak etabliert [GA06]. Dementgegen wird für Schweißtechnologien mit hochfokussiertem Energieeintrag, wie beispielsweise das Elektronen- oder Laserstrahlschweißen, eine rotationssymmetrische Ersatzwärmequelle mit gaußförmiger Verteilung der zugeführten Energie eingesetzt [Rad02, Sch07].

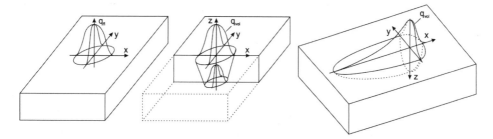

Abbildung 6.23:   Gauß-Normalverteilung der Oberflächenquelldichte q_{fl} (links) und Volumenquelldichte q_{vol} (mitte); doppelt ellipsoide Ersatzwärmequelle nach Goldak (rechts) [GA06, Rad02, Sch07]

Zur Beschreibung des Energieeintrages im LPA-Prozess werden in der Literatur unterschiedliche Strategien aufgezeigt. Zum einen werden die grundlegenden Transportphänomene, die im Bereich der Prozesszone auftreten, theoretisch und experimentell untersucht [KKZ13, KZN11, WS10], um daraus angepasste Goldak-Ersatzwärmequellen abzuleiten.

Diese zeichnen sich insbesondere durch eine detaillierte Beschreibung der Wechselwirkungen zwischen dem Argonschutzgasstrom, den Pulverpartikeln und dem Laserstrahl aus [BLB07, HLP11, KKV13]. Zum anderen wird die Herangehensweise verfolgt, den Wärmenergieeintrag durch die Verwendung Gauß-normalverteilter Ersatzwärmequellen zu abstrahieren [ANL14a, ANL14b, MMN16].

Im Rahmen der vorliegenden Arbeit wird auf Basis der betrachteten Schliffbilder und der Temperaturfelduntersuchungen des LPA-Prozesses eine hybride Ersatzwärmequelle entwickelt. Diese realisiert auf der einen Seite die näherungsweise Beschreibung der annähernd kreisrunden Geometrie der schnell abkühlenden Prozesszone. Auf der anderen Seite ermöglicht die hybride Gestaltung der Wärmequelle, dass die Abstimmung der Wärmewirkung zwischen dem Materialauftrag und dem Aufmischungsbereich im Grundmaterial getrennt vorgenommen werden kann. In der entwickelten hybriden Ersatzwärmequelle wirken zu diesem Zweck in der Prozesszone gleichzeitig zwei Wärmequellen.

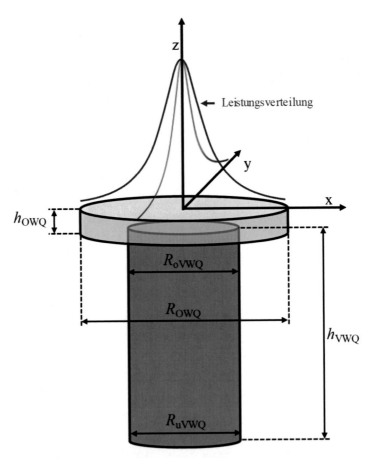

Abbildung 6.24:   Parametrisierung der verwendeten hybriden Wärmequelle

In Abbildung 6.24 wird die Verknüpfung der beiden Wärmequellen dargestellt. Dabei wird eine Gauß-verteilte Oberflächenwärmequelle (türkis) mit einer konstant verteilten Volumenwärmequelle (grau) überlagert. Die Kalibration sowie die Parameterdefinition werden in Abschnitt 6.7.4.3 detailliert beschrieben.

Für die Festlegung der zugeführten Wärmemenge wird einerseits die Laserleistung des Prozesses verwendet und andererseits der thermische Wirkungsgrad des LPA-Verfahrens auf die vorliegende Prozesssituation angepasst. In den Umkehrpunkten der Schweißtrajektorien werden die Rampen für den Wärmeenergieeintrag analog zu den Rampen der Laserleistung umgesetzt.

Neben der beschriebenen Quantität des Energieeintrages legen die geometrischen Parameter der Wärmequelle den Wirkungsbereich der Energie sowie die Verteilung der Energiezufuhr innerhalb dieser Geometrie fest. Zum einen besteht die Wärmequelle aus der Gauß-verteilten Oberflächenwärmequelle, bei der die Verteilung der Energie auf der Wirkungsfläche über den Gaußparameter beschrieben wird. Die Reduzierung des Parameters fokussiert die zugeführte Energie auf einen kleineren Bereich. Dementgegen wird die Volumenquelle mit einem konstanten Energieeintrag über das definierte Volumen belegt.

Die Aufteilung der im Prozess wirkenden Leistung erfolgt mit dem Parameter des Volumenanteils. Dieser verteilt die Energiezufuhr zwischen der oberflächen- sowie der volumenwirksamen Wärmequelle und beschreibt als prozentualer Volumenanteil, welchen Energiemengenanteil die volumenverteilte Wärmequelle im Verhältnis zum Gesamtenergieeintrag beiträgt.

Die zeitliche Diskretisierung des Energieeintrages wird so gewählt, dass die Wärmequelle mit der beschriebenen Schweißgeschwindigkeit durch das FE-Modell bewegt wird. Die Zeitschrittweite der Berechnungsiterationen wird zusätzlich so definiert, dass die Integrationspunkte der Elemente entlang der Trajektorie, unter Berücksichtigung der Konfiguration von Wärmequellengeometrie und Schweißgeschwindigkeit, jeweils in mindestens einem Zeitschritt einen Wärmeeintrag erfahren.

Neben dieser Beschreibung der Wärmezufuhr müssen für das Wärmeleitmodell die Randbedingungen der unterschiedlichen Wärmeflüsse an der Systemgrenze zwischen Bauteil und Umgebung definiert werden. Diese thermodynamischen Randbedingungen können in konvektive, abstrahlende und festkörperleitende Wärmeflüsse unterteilt werden [Dho04, Rad02]. Die **konvektive Wärmeleitung** basiert auf dem Energietransport innerhalb von Fluiden [Ste15] und ist proportional zu der Differenz zwischen der Bauteiltemperatur T_B und der Temperatur der Umgebung T_0 (siehe Gleichung (6.17)).

$$q_k = \alpha_k(T_B - T_0) \qquad\qquad (6.17)$$

Dabei beschreibt die Wärmeübergangszahl α_k die Randbedingungen der Konvektion (z.B. die Ausbildung von Grenzschichten). In Analogie zu der Konvektion kommt es beim direkten Kontakt zwischen dem Bauteil und anderen Festkörpern zur **Festkörperwärmeleitung**. Die Ausprägung dieses Wärmeflusses ist proportional zu dem Temperaturunterschied der beiden Körper (siehe Gleichung (6.18)) [Ste15].

$$q_{fe} = \alpha_{fe}(T_B - T_0) \qquad\qquad (6.18)$$

Für den Fall der Festkörperwärmeleitung spezifiziert die Wärmeübergangszahl α_{fe} die Kontaktfläche sowie die materialspezifische Paarung der in Kontakt befindlichen Oberflächen. Die **Wärmeabstrahlung** beschreibt den Energietransport in Form von Strahlung, die ausgehend von dem betrachteten Körper in dessen Umgebung erfolgt. Entsprechend des Stefan-Boltzmann-Gesetzes ist der abfließende Wärmestrom für einen erwärmten Körper proportional zu der Differenz der jeweils vierten Potenz von Bauteil- und Umgebungstemperatur (siehe Gleichung (6.19)) [Ste15].

$$q_s = \sigma_s \varepsilon_s A_s \left(T_B{}^4 - T_0{}^4\right) \qquad\qquad (6.19)$$

Die Strahlungsleistung für einen schwarzen Körperstrahler wird durch σ_s beschrieben. In Verbindung mit dem spezifischen Emissionsgrad ε_s kann so der Proportionalitätsfaktor für einen nicht ideal schwarzen Körperstrahler, d.h. das reale System ermittelt werden.

6.7.4.3   Kalibration des Wärmeenergieeintrags

Der Wärmeenergieeintrag stellt, neben der Definition der Randbedingungen und der Gestaltung des Simulationsmodells, eine wesentliche Einflussgröße für die Qualität der Abbildung des realen Prozessverhaltens durch die Simulation dar [Rad13, Sch07]. Zur Vereinfachung des Vorgehens während der Wärmequellenkalibrierung kann der iterative Abgleich zwischen dem simulierten und dem realen Wärmeeintrag optimiert werden. Bestehende Forschungsarbeiten verwenden zu diesem Zweck verschiedene Methoden der künstlichen Intelligenz, wie z.B. Neuronale Netze [Sch14a, SMH11], sowie automatisierte Auswertungsmethoden für die Beschreibung der Temperaturfelder mittels Thermografieaufnahmen [Urn12].

In dieser Arbeit wird ein iteratives Vorgehen auf Basis von zwei Vergleichsgrößen für die Bestimmung der Wärmequelleneigenschaften gewählt, welches im Folgenden detailliert beschrieben wird. Um die abstrahierte Wärmequelle und die modellierten Randbedingungen mit der Realität abzugleichen, wird zum einen der aufgeschmolzene Bereich im Querschliff untersucht [MHW16, MSE17, MSJ17]. Zum anderen werden die Temperaturen während des LPA-Prozesses mit Hilfe von Thermoelementen und Thermografieaufnahmen bestimmt [MHW16].

Zur temperaturbasierten Bewertung des Eintrags der Wärmeenergie wird ein Versuchsaufbau konzipiert. Dabei ist das Ziel, auf der einen Seite den Wärmeenergieeintrag mit möglichst geringen Störeinflussfaktoren zu erfassen und auf der anderen Seite eine umfangreiche Datenbasis für den Abgleich mit dem simulierten Energieeintrag zu erhalten. Im Rahmen der Untersuchungen werden für jeden der fünf Versuchsdurchläufe jeweils zwei einzelne Schweißlagen auf einer bestehenden Wand aufgetragen. Prozessbegleitend erfolgen die Thermografieaufnahmen sowie die Temperaturmessungen mittels der Thermoelemente (siehe Abbildung 6.25).

Abbildung 6.25:   Versuchsaufbau   zur   experimentellen   Validierung   des   simulierten
                   Wärmeeintrages

Unter der Zielsetzung, einen Referenzenergieeintrag des LPA-Prozesses für den Abgleich mit der Simulation zu ermitteln, wird eine idealisierte Versuchsumgebung gestaltet, die die Anzahl der Störgrößen minimiert. Die additiv gefertigte Wandstruktur wird frästechnisch auf die Sollmaße nachbearbeitet (Höhe: 30 mm, Länge: 50 mm, Breite: 4,7 mm) (siehe Abbildung 6.26). Diese Wandstruktur wird so in der Schutzgaskammer angeordnet, dass die optische Achse der Infrarotkamera (IRCam Equus 81kM MCT) senkrecht zu der Wandoberfläche angeordnet ist, um das Temperaturfeld dieser Wand zu ermitteln. Auf der gegenüberliegenden Wandoberfläche erfolgt eine diskrete Temperaturmessung an defi-

nierten Positionen mittels Thermoelementen (Typ K, Durchmesser: 0,25 mm, Thermokoeffizient k_{th} = 43 µV/K) [WW11]. Die Messmethode der Thermoelemente basiert auf dem
Seebeck-Effekt, der für elektrische Leiter die Entstehung einer Spannung beschreibt, die
sich zwischen Bereichen unterschiedlicher Temperatur ausbildet [WW11]. Damit sich bei
der Messung in einem geschlossenen Stromkreis die Potenzialdifferenz nicht ausgleicht,
werden zwei verschiedene Materialien miteinander verbunden. Diese Verbindungsstelle
stellt die Messstelle dar. An dem Messgerät wird eine Vergleichstemperatur T_{VS} aufgenommen, um relativ zu dieser Vergleichsstellentemperatur und auf Basis der zwischen den
beiden Metallen gemessenen Thermospannung U_{th} die Temperatur an der Messstelle T_{Mess}
zu bestimmen. Die Messstellentemperatur T_{Mess} ist somit direkt verknüpft mit der Thermospannung U_{th}, wobei der Thermokoeffizient k_{th} des Thermoelementes den Proportionalitätsfaktor darstellt (siehe Gleichung (6.20)) [Par16].

$$U_{th} = k_{th}\,(T_{Mess} - T_{VS}) \tag{6.20}$$

Für die Aufnahme der Thermospannungen wird der Messverstärker MGC Plus der Firma
HBM verwendet, während die Auswertung der resultierenden Temperaturen an der Mess-
stelle mit der Software CatmanAP erfolgt. Die Positionen der Thermoelemente an der
Wandstruktur sind in Abbildung 6.26 dargestellt.

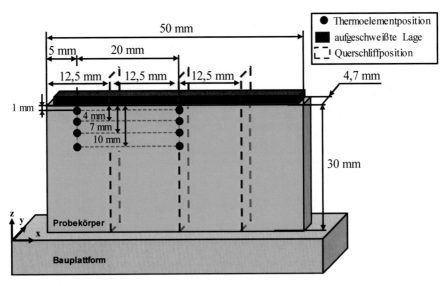

Abbildung 6.26:   Thermoelement- und Querschliffpositionen für die Ermittlung des
                  Wärmeenergieeintrags

Im Vorfeld der Versuche zur Ermittlung des Wärmeenergieeintrages erfolgt die Kalibration der Infrarotkamera und damit der Abgleich des Zusammenhangs zwischen der gemessenen Strahlungsintensität und der Oberflächentemperatur auf dem Probekörper. Für diese Kalibration der Infrarotkamera werden jeweils zwei Lagen in Versuchsschweißungen aufgebracht. Im Nachgang werden diese Auftragsnähte spanend entfernt und der Versuchsablauf wird fünf Mal wiederholt. Dabei wird das Thermokamerabild an den Positionen der Thermoelemente ausgewertet. Der Ablauf des Kalibrationsprozesses erfolgt in Anlehnung an [Ber14, BLS13, UVG14] und wird in [MCH16] beschrieben. Die vielfältigen Einflussfaktoren auf die Ergebnisse der Thermografiemessung werden in [Ber14, MCH16] detailliert vorgestellt. Die Abhängigkeit zwischen den gemessenen Strahlungsintensitäten $C_s(T)$ und den zugehörigen Oberflächentemperaturen T_O wird durch eine Adaption des Stefan-Boltzmann-Gesetzes [MCH16] beschrieben (siehe Gleichung (6.21)).

$$C_s(T) = a_I(T_O + 273,15 \text{ K})^4 + b_I \qquad (6.21)$$

Die Parameter a_I, b_I werden zur Abstimmung der Kalibrationskurve und der gemessenen Temperaturverläufe genutzt. Auf der Basis dieser Kalibrationskurven werden aus den aufgenommenen Strahlungsintensitäten die zugehörigen Temperaturen abgeleitet. Die geometrischen Abstände in den Thermografieaufnahmen und damit die Identifizierung der auszuwertenden Positionen werden mit Hilfe der Sensorgeometrie, der Bild- sowie der Brennweite ermittelt. Die wesentlichen Kenngrößen und Einstellungen der Infrarotkamera sind in Tabelle 6.5 aufgezeigt.

Tabelle 6.5:   Gewählte Konfiguration der Infrarotkamera für die Kalibrationsexperimente

Parameter	Einstellungen	
Sensorbreite x -höhe	320 x 256	Pixel
Pixelpitch	30	μm
Messwellenlängenbereich	1,5 bis 5	μm
Integrationszeit	0,05	ms
Bildrate	200	fps
Objektiv	IR M 50	-
Brennweite	50	mm
Winkel zw. Probenoberfläche und optischer Achse	90	°

Zur Bestimmung der Parameter a_1, b_1 werden die ermittelten Temperaturen aus den Thermoelementmessungen mit den aufgenommenen Strahlungsintensitäten der Thermografiebilder entsprechend Gleichung (6.21) verknüpft (siehe Abbildung 6.27).

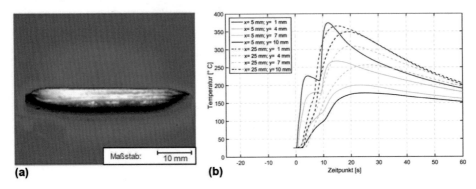

Abbildung 6.27:   (a) Infrarotkameraaufnahme nach 12s; (b) Zeit-Temperatur-Kurven der Thermoelemente innerhalb der Kalibrationsexperimente bis 60 s nach Prozessstart

Die Temperaturkurven stellen die erste Datenquelle zur Kalibration des Wärmeenergieeintrages für die Simulation dar. Ergänzend wird der beschriebene Versuchsaufbau (siehe Abbildung 6.25) als weitere Kalibrationsdatenquelle genutzt, um die eingebrachte Wärmemenge auf der Grundlage des aufgeschmolzenen Volumens mit der Simulation abzugleichen [Sak13, Urn12].

Zu diesem Zweck werden die aufgetragenen Lagen und die Wandstruktur mittels Drahterosionsverfahren (vergleiche Abschnitt 6.7.5.4) an vier Positionen getrennt (siehe Abbildung 6.26), metallografisch aufbereitet und lichtmikroskopisch untersucht, um die aufgeschmolzenen Materialvolumina zwischen Experiment und Simulation miteinander zu vergleichen. Die Schliffbilder werden hinsichtlich der äußeren Geometrie der aufgetragenen Lagen sowie des aufgeschmolzenen Volumens ausgewertet und die arithmetischen Mittelwerte der geometrischen Kenngrößen als Grundlage für den Aufbau des Simulationsmodells genutzt.

Auf der Basis der Ergebnisse der experimentellen Validierung wird ein Simulationsmodell aufgebaut, welches auf der einen Seite die geometrischen Randbedingungen abbildet und auf der anderen Seite entsprechend des experimentell ermittelten Wärmeenergieeintrags kalibriert wird. Die Modellbildung wird aus Hexaederelementen mit acht Integrationspunkten (siehe Abbildung 6.28 (b)) aufgebaut [Dho04, Kle14]. Für die Definition der Elementgröße wird die h-Konvergenz untersucht und die Elementgrößen in einem Bereich von 0,15 mm bis 0,45 mm variiert [GTR12, Kle14].

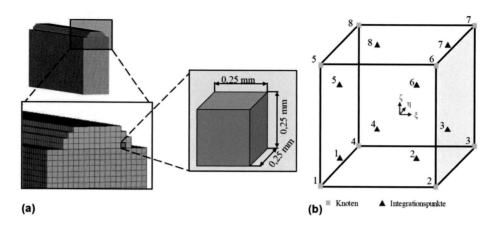

(a)

(b) ▪ Knoten ▲ Integrationspunkte

Abbildung 6.28:   (a) Elementgröße aus h-Konvergenzstudie; (b) Verwendete Hexaederelemente
mit acht Integrationspunkten und elementspezifischem Koordinatensystem nach
[Dho04]

Die Elementgrößen werden hinsichtlich zweier Zielgrößen evaluiert. Zum einen wird die
Ergebnisgüte verglichen, indem die Elemente bezüglich ihres Abbildungsvermögens der
Temperaturgradienten sowie der integrierten Temperaturverläufe für die aufgenommenen
Messwerte innerhalb der ersten drei Sekunden bewertet werden. Zum anderen wird die
benötigte Rechenzeit der Konvergenzsimulation in Abhängigkeit der Elementgröße ermittelt. Die ausgewählten Elemente für die weiteren Untersuchungen haben eine Kantenlänge
von 0,25 mm (siehe Abbildung 6.28 (a)). Eine detaillierte Beschreibung der Vorgehensweise zur Konvergenzuntersuchung ist in [MSE17] dargestellt.

Die Kalibration erfolgt auf der Grundlage einer vierstufigen Strategie, die im Rahmen des
Forschungsprojektes ShipLight [SL18] entwickelt und in Anlehnung an bestehende Vorgehensweisen gestaltet [Sak13, Urn12] sowie in [MHE16] veröffentlicht worden ist. Das
grundlegende Prinzip ist die sukzessive Steigerung der Abbildungsgenauigkeit bei syste-
matischer Definition der variablen und der konstanten Parameter. Zu diesem Zweck werden in Summe sieben Iterationen mit jeweils zehn variierten Wärmequellenparametern
ausgeführt bis diese Parameter durch das Modell in einem Gütebereich von $\pm$ 2 % abgebildet werden. Die identifizierten Kennwerte der Wärmequelle sind in Tabelle 6.6 zusammengefasst.

Tabelle 6.6:   Kennwerte der kalibrierten Wärmequelle entsprechend der verwendeten
                 Parametrisierung (siehe Abbildung 6.24)

Parameter	Wert	
Parametrisierung des Energieeintrages		
Leistung	1500	W
Wirkungsgrad	0,417	-
Start- und Endrampen der Leistung	10	ms
Schweißgeschwindigkeit	0,01	m/s
Zeitschrittweite	0,1	s
Oberflächenwärmequelle		
Radius R_{OWQ}	1,5	mm
Wirkungstiefe h_{OWQ}	0,1	mm
Gaußparameter	3	-
Volumenwärmequelle		
Radius (oben) R_{oVWQ}	1,5	mm
Radius (unten) R_{uVWQ}	0,25	mm
Höhe h_{VWQ}	0,375	mm
Volumenanteil V_{Anteil}	0,6	-

Die vergleichende Untersuchung der Querschliffresultate mit den Simulationsergebnissen
erfolgt in der Software *Simufact.Welding*. Hierzu werden die Temperaturhistorien aufgezeigt, das heißt die jeweiligen Maximaltemperaturen der einzelnen Elemente erfasst. Unterhalb der Solidustemperatur werden alle Bereiche in blau dargestellt, während die Bereiche oberhalb der Liquidustemperatur in rot und im Übergangsbereich gelb eingefärbt
sind. Die Gestaltung des Vergleichs zwischen den simulierten und experimentell ermittelten Schliffbildern ist in Abbildung 6.29 dargestellt.

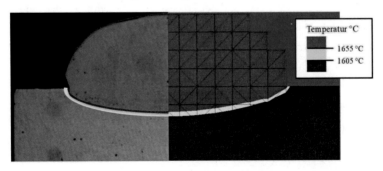

Abbildung 6.29:   Kalibration der Simulationsergebnisse an den Schliffbildern der aufgebrachten
                    Lagen

6.7.4.4 Aufbau des Simulationsmodells

Im Folgenden wird die kalibrierte Wärmequelle für die weiteren Untersuchungen verwendet. Um die Eigenspannungsentstehung für die identifizierten Probekörpergeometrien (vergleiche Abschnitt 6.7.3) simulativ abzubilden, werden die Randbedingungen aus der experimentellen Versuchsführung in das Simulationsmodell übertragen (siehe Abbildung 6.30).

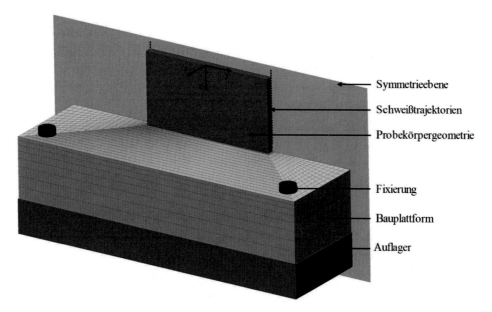

Abbildung 6.30:   Abstrahiertes FE-Modell für die Schweißsturktursimulation des LPA-Prozesses

Die notwendige Vernetzungsdichte nimmt mit zunehmender Entfernung zur Prozesszone ab, sodass in Bereichen geringerer Temperaturgradienten die Vernetzung für eine optimierte Berechnungszeit angepasst wird. Zur Abstraktion der Einspannungssituation werden die Zylinderschrauben, die in den Experimenten verwendet werden, durch die Fixierungselemente (rot) und die Kühlplatte durch ein Auflager (blau) im Modell dargestellt (siehe Abbildung 6.30). In den Experimenten wird die Schraubenkraft $F_x = 4$ kN über einen Drehmomentschlüssel gewährleistet. Durch die Fixierungselemente wirkt ebenfalls eine Kraft von $F_x = 4$ kN auf die Bauplattform. Die Schweißtrajektorien beschreiben den Verlauf der einzelnen Lagen in der y-z-Ebene. Am Ende jeder Lage startet die nächste Lage, die um den Offset in negativer x-Richtung verschoben ist. Für die Probekörpergeometrien wird die Lagenanzahl entsprechend der Sollgeometrie angepasst.

Nach der Herstellung der Probekörper erfolgt das Abtrennen von der Bauplattform in den Experimenten mit dem WEDM, um den thermischen Einfluss auf die Probekörper zu beschränken. Im Rahmen der Simulation wird das Abtrennen dargestellt, indem die Randbedingungen an den Knoten zwischen Probekörpergeometrie und Bauplattform in der y-z-Ebene gelöst werden. Im nächsten Schritt werden in der Software *Simufact.Welding* die vorhandenen Verformungen, Dehnungen sowie Spannungen mit der PreState-Funktionalität auf die abgetrennte Wandstruktur übertragen. Die hieraus entstehende remanente Spannungssituation wird dann mit den Spannungen aus der experimentellen Eigenspannungsuntersuchung verglichen. Zu diesem Zweck werden in der Mittelachse der Probe entlang der x-Achse die Elementknoten ausgewählt und die simulierten Temperaturverläufe sowie die auftretenden Spannungen σ_{yy} erfasst. Eine detaillierte Betrachtung des Vergleichs zwischen Simulation und Experiment für die auftretenden Temperaturen und zugehörigen Temperaturzyklen in Verbindung mit den resultierenden Gefügestrukturen erfolgt in [SME18].

In Ergänzung zu den in Abschnitt 2.3.1 aufgezeigten Materialeigenschaften, werden im Folgenden die temperaturabhängigen Werkstoffkenngrößen beschrieben, um daraus ein Materialmodell für die Simulation abzuleiten. Die Definition des Materialmodells erfolgt auf der Grundlage bestehender Untersuchungen zu den Werkstoffeigenschaften. Die Fortführungen der Kurvenverläufe, die in den Modellen durch gestrichelte Linien gekennzeichnet sind (z. B. extrapolierte Wärmekapazität nach [BWC94]), repräsentieren die Annahmen der zugehörigen Quelle.

Für die Beschreibung der temperaturabhängigen Wärmekapazität von Ti-6Al-4V wird der Verlauf nach [DMS86] (siehe Abbildung 6.31 (a)) verwendet. Die Dichte des Werkstoffs wird nach [MB08] gewählt (siehe Abbildung 6.31 (b)).

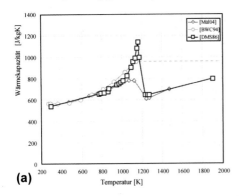 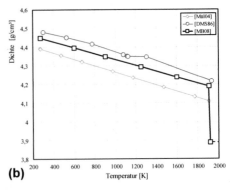

Abbildung 6.31:   (a) Wärmekapazität Ti-6Al-4V nach [BWC94, DMS86, Mül04]; (b) Dichte Ti-6Al-4V nach [DMS86, MB08, Mül04]

Die Materialkennwerte für die Wärmeleitfähigkeit werden ebenfalls nach [DMS86] beschrieben (siehe Abbildung 6.32 (a)), während die Werte für den Elastizitätsmodul anhand der Ergebnisse von [PL02] im Simulationsmodell verwendet werden (siehe Abbildung 6.32 (b)).

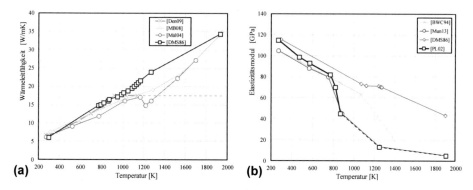

Abbildung 6.32:   (a) Wärmeleitfähigkeit Ti-6Al-4V nach [DHM15, DMS86, MB08, Mül04]; (b) Elastizitätsmodul Ti-6Al-4V nach [BWC94, DMS86, Mun13, PL02]

Das Modell der Fließspannungen wird anhand von [DMS86] dargestellt (siehe Abbildung 6.33 (a)) und durch die Ergebnisse der Warmzugkurven ergänzt (siehe Abbildung 6.33 (b)).

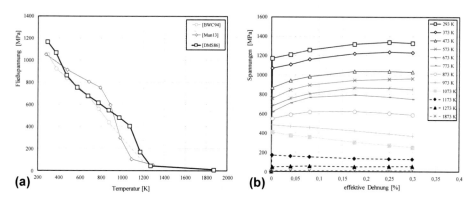

Abbildung 6.33:   (a) Fließspannung Ti-6Al-4V nach [BWC94, DMS86, Mun13]; (b) Warmzugkurven Ti-6Al-4V nach [DMS86]

Auf der Basis des beschriebenen Materialmodells werden im nächsten Abschnitt die Ergebnisse der simulativen Untersuchung zu den remanenten Eigenspannungen präsentiert.

6.7.4.5   Ergebnisse der simulativen Eigenspannungsuntersuchung

In den vorangegangenen Abschnitten sind der Wärmeenergieeintrag sowie der Aufbau des Simulationsmodells für die Fertigung von Wandstrukturen mit dem LPA-Verfahren untersucht worden. Auf der Grundlage dieser Voruntersuchungen werden die nachfolgenden Berechnungen durchgeführt. Aus dem ermittelten Energieeintrag werden die entstehenden Temperaturen kalkuliert und daraus die resultierenden Spannungen und Verformungen abgeleitet (siehe Abbildung 6.34).

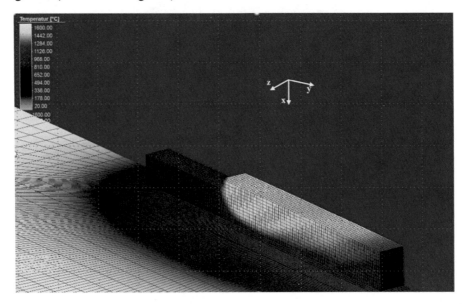

Abbildung 6.34:   Visualisierung der Temperaturverteilung während des simulierten Aufbauprozesses (KOS-Ursprung analog zu Abbildung 6.30)

Die Simulationen werden für die vier Probekörpergeometrien durchgeführt, um den Einfluss der Aufbauhöhe auf die Ausprägung des Eigenspannungszustands zu bewerten. Im Anschluss an die Simulation des Aufbauprozesses und des Abtrennens der Wandstrukturen von der Bauplattform werden die resultierenden Eigenspannungszustände ausgewertet. Die Spannungen σ_{yy}, die entlang der x-Achse des Simulationsmodells erfasst werden, sind in Abbildung 6.35 dargestellt. Für deren vergleichende Bewertung mit den experimentell ermittelten Eigenspannungen werden die simulierten Spannungen durch die Methode der kleinsten Fehlerquadrate an eine Polynomfunktion angepasst [HS98, Her09].

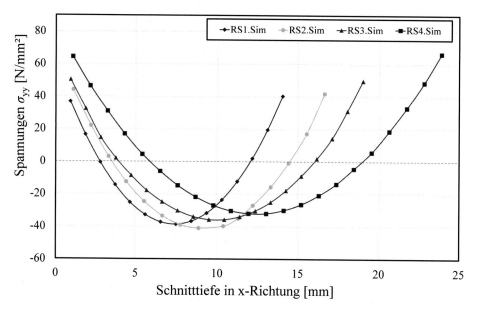

Abbildung 6.35: Simulierter Eigenspannungsverlauf σ_{yy} entlang der Schnittkontur in x-Achsenrichtung (vgl. Abbildung 6.30) für die vier Probekörpergeometrien

Die Ergebnisse weisen mit zunehmender Probengröße eine steigende Ausprägung der simulierten Eigenspannungen σ_{yy} auf. Dieses Verhalten stimmt mit den vorab getätigten Überlegungen zur Fertigung von Wandstrukturen überein. Die Kumulation der Spannungen, die durch die iterative Überlagerung der Einzellagen entsteht, weist dementsprechend eine progressive Spannungsentwicklung auf (siehe Abschnitt 6.7.2). Die Eigenspannungssimulationen zeigen an der Ober- und Unterseite der Wandstrukturen jeweils einen Bereich mit Zugspannungen, während sich in der Probenmitte eine Region mit Druckspannungen ausprägt. Die maximalen Zugspannungen werden an der Probe S4.Sim mit einem Wert von 66,4 N/mm² ermittelt. Die Randbedingungen der Simulation unterliegen mehreren Vereinfachungen, deren Ursachen und Größenordnungen in den vorangegangenen Abschnitten aufgezeigt worden sind. Daher werden, zur Validierung der simulierten Ergebnisse, die Eigenspannungen nachfolgend experimentell ermittelt. Im Rahmen des Abgleichs von Simulation und Experiment erfolgt abschließend die Bewertung der Eigenspannungssituation sowie deren Kontrastierung zu Literaturquellen (siehe Abschnitt 6.7.6).

6.7.5 Experimentelle Untersuchung der Eigenspannungen

Die Vielzahl der Entstehungsursachen von Eigenspannungen sowie die bereits im Auslegungsprozess notwendigen Kenntnisse [WTE08] über deren Art und Ausprägung haben

zahlreiche Methoden etabliert, die eine Quantifizierung des Eigenspannungszustandes ermöglichen [PZJ08, Rad02, RDB12, Sch90, WB01b]. Abbildung 6.36 stellt Verfahren zur
Messung von Eigenspannungen in Abhängigkeit ihrer zugehörigen Auflösung sowie der
Eindringtiefe dar. Im Rahmen dieser Arbeit erfolgt, unter Abwägung des Eindringtiefen-
und Auflösungsvermögens, die experimentelle Eigenspannungsanalyse mit der *Crack
Compliance Methode*. Die Ergebnisse dieser Untersuchungen werden anschließend mit
den Simulationsresultaten aus Abschnitt 6.7.4 verglichen.

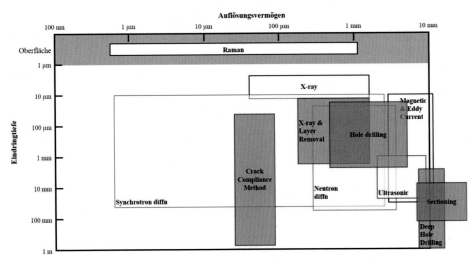

Abbildung 6.36:   Vergleichender Überblick über die Auflösung sowie Tiefeninformation für
                   Verfahren zur Bestimmung von Eigenspannungen nach [Pri99, RDB12,
                   WTE08]

6.7.5.1 Crack Compliance Methode zur Messung von Eigenspannungen

Die *Crack Compliance Method* (CCM) stellt ein teil-zerstörendes Messverfahren dar, welches den Verlauf von Eigenspannungen über einen großen Anteil des Probenquerschnittes
darstellen kann [SB97]. Aus diesem Grund hat sich die CCM in vielfältigen Anwendungen als Messverfahren etabliert. Für die experimentelle Versuchsführung der CCM sowie
die Auswertung der Messungen werden in der Literatur verschiedenartige Lösungsansätze
aufgezeigt, die im Folgenden beschrieben sowie an die vorliegende Messaufgabe angepasst werden [CF85, MHW16, SCF97, WB01b].

Das charakteristische Prinzip der CCM bildet für sämtliche dieser Lösungsansätze den
Ausgangspunkt zur Entwicklung des Vorgehens. Das Ziel besteht darin, auf der Grundlage
eines inkrementell eingebrachten Schnittes, die Spannungen sukzessive in Verformungen

freizusetzen, um daraus einen Einblick in die remanente Eigenspannungssituation zu erhalten [CF85, FC02]. Dabei werden die Spannungen entlang einer definierten Strecke im Bauteil ermittelt, indem entlang dieser Strecke mit einem möglichst kraft- und wärmefreien Prozess ein Schnitt eingebracht wird [RDB12]. Bei dem inkrementellen Vorgehen wird für jeden Fortschritt die entstehende Dehnung gemessen, die aus der Umlagerung der Eigenspannungen resultiert [CF07, FCF03]. Für eine definierte Probengeometrie, in Verbindung mit der Position der Dehnungsmessung, besteht eine analytische Beziehung zwischen der freigesetzten Eigenspannung und der gemessenen Verformung in Abhängigkeit des Schnittfortschritts [Pri99]. Dieser Schnitt wird dabei modellhaft als infinitesimaler Anriss beschrieben und ermöglicht somit die Anwendung der Prinzipien der linear-elastischen Bruchmechanik, um die Ausdehnung des linear-elastischen Spannungsfeldes zu beschreiben, welches die Rissspitze umgibt [GS11, Sch80]. Unter Verwendung dieser Annahme können die gemessenen Dehnungen verwendet werden, um die remanenten Eigenspannungen zu berechnen.

Den Ausgangspunkt für die Bewertung dieser Spannungen an Rissen und damit die Grundlage für die CCM stellen die Untersuchungen des Spannungsfeldes an elliptischen Kerben unter einer externen Last dar [Ing13]. Die Reduzierung der kürzeren Halbachse der elliptischen Kerbe führt zu der Betrachtung eines infinitesimalen Spaltes in einer unendlich ausgedehnten Platte. In senkrechter Orientierung zu der Ausdehnung des infinitesimalen Spalts wirkt eine externe Last. Diese Konfiguration beschreibt den Griffith-Riss [Gri21]. Die analytische Beschreibung dieses Modells ermöglicht die Untersuchung des Spannungsfeldes in Rissspitzennähe (siehe Abbildung 6.37 (a), (b)).

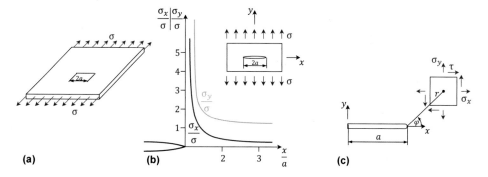

Abbildung 6.37: (a) Unendliche Platte mit scharfem Riss der Länge 2a unter externer Last σ^∞; (b) Spannungsverlauf an der Rissspitze; (c) Polarkoordinaten zur Beschreibung der Nahfeldgleichungen mit $\frac{r}{a} \ll 1$; nach [ABF13, Ing13, Jud17]

Dieses Modell wird erweitert, indem auf Basis der Beschreibung des komplexen Spannungsfeldes in einer Scheibe [Wes39] die Übertragung der mathematischen Formulierung des Spannungsfeldes in die Polarkoordinaten r und φ erfolgt (siehe Abbildung 6.37 (c)) [Irw57, Sne48]. Für den rissnahen Bereich $r/a \ll 1$ können die Normalspannungen σ_{yy} nach Gleichung (6.22) ermittelt werden.

$$\sigma_{yy} = \sigma \sqrt{\frac{a}{2r}} \cos\frac{\varphi}{2}\left(1 + \sin\frac{\varphi}{2}\sin\frac{3\varphi}{2}\right) \tag{6.22}$$

Diese charakteristische Form, die sogenannte Nahfeldgleichung nach [Sne48] (siehe Gleichung (6.22)), ergibt sich auch für variierte Geometrien sowie Lastsituationen. Die Veränderungen der Lasten und Geometrien können dabei durch konstante Parameter beschrieben werden [Jud17]. Durch Erweiterung der Gleichung (6.22) mit $\sqrt{(\pi/\pi)}$ kann die Anpassung der Nahfeldgleichung an veränderte Randbedingungen nach [Irw57] erfolgen, indem die Konstante K_I für diese variierten Faktoren ermittelt wird (siehe Gleichung (6.23)).

$$K_I = \sigma \sqrt{\pi a}\, Y_I\left(\frac{a}{w}\right) \tag{6.23}$$

In Gleichung (6.23) ist K_I der Spannungsintensitätsfaktor und beschreibt die Intensität des Spannungsfeldes an der Rissspitze [Sch80]. Der Korrekturfaktor Y_I ist abhängig von der Geometrie des defektfreien Bauteils, der Beschaffenheit und Lage des Risses sowie der vorliegenden Lastsituation. Der Parameter w definiert die spezifische Bauteilabmessung [GS11]. Für einen Riss nach Griffith [Gri21] gilt $Y_I = 1$.

Die Relation zwischen den freigesetzten Verformungen durch einen eingebrachten Anriss und dem Eigenspannungsfeld wird mit Hilfe des Superpositionsprinzips ermittelt, welches grundlegend die additive Verknüpfung unterschiedlicher Randwerte zu einer ganzheitlichen Lösung beschreibt [Kun08]. Die ursprüngliche Darstellung zur Beschreibung des Spannungsfeldes an einem Riss unter externer Zugbelastung [Bue58, Bue73] wird in [CF85] erweitert auf die Anrisserzeugung zur Eigenspannungsmessung (siehe Abbildung 6.38).

Das Einbringen eines Schnittes in ein Bauteil mit remanenten Eigenspannungen (Situation A) wird zur Vereinfachung mit dem Einbringen eines Anrisses gleichgesetzt, wobei die Rissflanken kontaktfrei sind und die Verformungen als rein elastisch angenommen werden [CF07]. Durch eine idealisierte, spannungsfreie Schnittherstellung werden ausschließlich die Spannungen an den Rissflanken freigesetzt (Situation B). Umgekehrt liegt der gleiche Vorgang vor, wenn eine Spannung der gleichen Größenordnung aus Situation A mit umgekehrtem Vorzeichen im Bereich des Risses wirkt (Situation C) und somit zu einer spannungsfreien Schnittsituation in B führt. Für die Berechnung der Deformationen in Folge der umgelagerten Eigenspannungen kann also die Situation C verwendet werden, da in Situation A keine Verformung existent ist [CF07]. Im Folgenden werden die verwendeten Grundlagen aus der linear-elastischen Bruchmechanik aufgezeigt sowie die Methodologie der CCM.

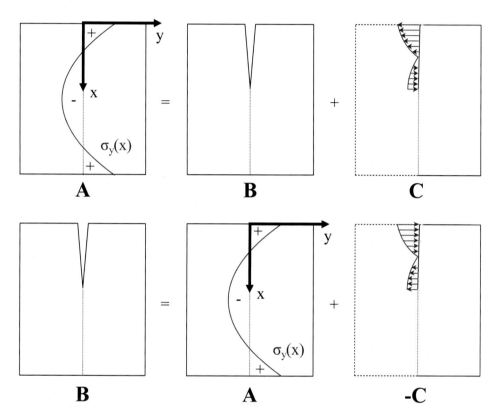

Abbildung 6.38:   Superpositionsprinzip zur Ermittlung der Dehnungen durch eine inkrementelle Relaxation der Eigenspannungen nach [CF85, Pri99]

6.7.5.2 *Bruchmechanische Grundlagen und Methodik der CCM*

Die in der Literatur beschriebenen Lösungsansätze zur Durchführung der CCM können wesentlich durch **drei** Kriterien unterschieden werden [CF07, Pri99]. Das erste Merkmal ist die Art des **analytischen Lösungsansatzes** und die Auswahl der gewünschten Ergebnisgröße. Als zweites Kriterium ist die **experimentelle Vorgehensweise** zu benennen. Neben dem Prozess zur Schnitteinbringung und der Gestaltung der Probengeometrie umfasst diese auch die Definition der Art und Position der Dehnungsmessungen. Der dritte Aspekt beschreibt die **untersuchte Applikation sowie das Herstellungsverfahren** und damit das verwendete Material sowie die Eigenspannungshistorie. Im Folgenden wird der analytische Lösungsansatz beschrieben, der für die vorliegende Arbeit verwendet und angepasst wird. Die experimentelle Vorgehensweise sowie der Einfluss aus dem Herstellungsverfahren werden in Abschnitt 6.7.5.4 erläutert.

Als Ergebnisgröße wird an dieser Stelle die Spannung σ_{yy} definiert, die entlang des einzubringenden Schnittes ermittelt werden soll. Der **analytische Lösungsansatz** wird für diesen Zweck in zwei wesentliche Schritte unterteilt, die direkte und die inverse Lösung. In einem ersten Schritt wird die direkte Lösung ermittelt. Dazu müssen die Elemente der Nachgiebigkeitsmatrix bestimmt werden, um das Verhalten des Bauteils bei bekannter Lastsituation zu beschreiben. Diese Nachgiebigkeiten können beispielsweise mittels FEM oder bruchmechanischer Methoden ermittelt werden [Pri99], wobei im Rahmen dieser Arbeit die Nachgiebigkeitsmatrizen mit Hilfe eines FEM-Modells nach [LH07] berechnet werden. Diese Berechnung erfolgt, indem eine definierte Eigenspannung auf das Modell aufgeprägt wird und an diesem Modell, für jeden inkrementellen Schnittfortschritt, die freigesetzten Dehnungen erfasst werden.

Für die Modellierung der Randbedingungen der CCM ist die exakte Kenntnis der Lagebeziehung zwischen Dehnungsmessstelle und Schnitteinbringung sowie der Abmessungen der Probekörper erforderlich (siehe Abbildung 6.39).

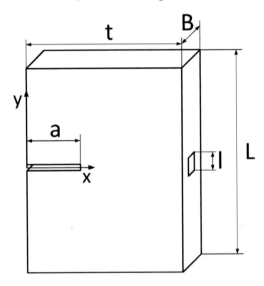

Abbildung 6.39:   Angepasste Probengeometrie für die CCM mit der Schnittlänge a und der Messbereichslänge l nach [FC02, LH07]

Im zweiten Schritt, der inversen Lösung, wird der unbekannte, ursprüngliche Eigenspannungszustand ermittelt, in dem das Spannungsfeld identifiziert wird, welches am besten mit den gemessenen Dehnungen korreliert. Die inverse Lösung dieses Zusammenhangs zwischen der Eigenspannungssituation und der beobachteten Dehnungen ε_{Mess} am Dehnungsmessstreifen (DMS) kann dann in Abhängigkeit des Schnittfortschritts berechnet werden.

Einen herkömmlichen Ansatz zur Lösung der inversen Problemstellung stellt die inkrementelle Spannungsberechnung für jeden Teilschritt der Schnitteinbringungen dar [RL87]. Dabei werden die im vorangegangenen Schritt eingebrachten Spannungen mit den im aktuellen Schritt freigesetzten Dehnungen zu einer schrittweisen Beschreibung des Spannungsfeldes zusammengesetzt. In [Sch90, SCF97] wird auf Basis der inkrementellen Spannungsüberlagerung ein inverser Lösungsansatz aufgezeigt (vergleiche Formel (6.24)), der im ersten Schritt den Spannungsintensitätsfaktor K_I ermittelt und daraus das Spannungsfeld in Rissspitzennähe ableitet.

$$K_I(a) = \frac{E'}{Z(a)} * \frac{d\varepsilon_{Mess}}{da} \qquad (6.24)$$

Im ebenen Spannungszustand ist E' gleichzusetzen mit dem Elastizitätsmodul E. Ergänzend beschreibt $Z(a)$ die Einflussfunktion zur Berücksichtigung der individuellen Probengeometrie sowie der Position der Dehnungsmessung. In der Literatur sind für eine Vielzahl von Anwendungen die zugehörigen Einflussfunktionen beschrieben [FR05, MMM85, Sch90, Sha91, WC91]. Das notwendige Differenzieren der Messwerte führt jedoch zu steigenden Ungenauigkeiten für tiefe Rissgeometrien [Fet98, WC91] und ist somit für die gewünschte Untersuchung des Eigenspannungsfeldes über einen Großteil des Bauteilquerschnittes an dieser Stelle nicht geeignet.

Im Rahmen der vorliegenden Arbeit wird ein alternativer Lösungsansatz für die inverse Problemstellung auf der Grundlage einer Reihenentwicklung verwendet [CF07]. Der Ansatz der Reihenentwicklung wird in der Literatur erstmals für die Bohrlochmethode beschrieben [Sch81] und in [CF85] auf die CCM übertragen. Dabei ist insbesondere die Toleranz dieses Ansatzes gegenüber Messungenauigkeiten aus der Dehnungsmessung hervorzuheben, welche im Vergleich zu den beschriebenen inkrementellen inversen Lösungsansätzen deutlich reduziert sind. Ausführliche vergleichende Untersuchungen mit alternativen Lösungsansätzen für die inverse Problemstellung sind in [CF07, GCF94] aufgezeigt. In der nachfolgenden Herleitung der bruchmechanischen Grundlagen für die CCM erfolgt die Kennzeichnung von Matrizen durch rechteckige Klammern, während Vektoren mit geschweißten Klammern notiert werden. Für die Reihenentwicklung wird die Spannung als Funktion entlang der Schnittlinie $\sigma(x)$ dargestellt (siehe Gleichung (6.25)).

$$\sigma(x) = \sum_{j=2}^{m} A_j P_j(x) = [P]\{A\} \tag{6.25}$$

Dabei bezeichnet A_j die unbekannten Amplituden, die aus den gemessenen Dehnungen zu bestimmen sind. Mit dieser Vorgehensweise wird die Problemstellung, die Eigenspannungsverteilung in dem vorliegenden Körper zu identifizieren, auf die Ermittlung der Amplitudenkoeffizienten A_j reduziert. Die Faktoren $P_j(x)$ stellen eine beliebige Funktionsreihe dar, beispielsweise Potenz-, Fourier-Reihen oder Legendre-Polynome, welche für die Anwendung der Reihenentwicklung im Rahmen der CCM nach [CF07, Fet87] vergleichend untersucht werden. In diesen Untersuchungen wird insbesondere die inhärente Gewährleistung der Kräfte- und Momentengleichgewichte über der Probenhöhe t (vgl. Gleichung (6.26)) hervorgehoben, die durch die Verwendung der höheren Ordnungen ($j{\geq}2$ bis m) der Legendre-Polynome L_j ermöglicht wird [Pri99].

$$0 = \int_{0}^{t} \sigma(x) dx \tag{6.26}$$

Das n-te Legendre-Polynom $P_n(x)$ wird auf dem Intervall von $[-1,1]$ nach [Her09] wie folgt dargestellt ((siehe Gleichung (6.27)).

$$P_n(x) = \frac{1}{2^n n!} \left(\frac{\partial}{\partial x} [x^2 - 1] \right)^n \tag{6.27}$$

Zu dem Zweck der Verwendung in der CCM wird $P_n(x)$ nach [SK11] auf ein Intervall von $[0,1]$ transformiert (siehe Gleichung (6.28)). Für die Berechnung der Dimensionen der Probengeometrie werden diese auf die Bauteildicke t normiert und somit ebenfalls auf das Intervall $[0,1]$ abgebildet.

$$P_n(x) = \frac{\left(\frac{\partial}{\partial x} [x^2 - x] \right)^n}{n!} \quad mit \; P_n: [0,1]; \; n \in \mathbb{N}_{>1} \tag{6.28}$$

Die Auswahl der Ordnung der Legendre-Polynome liegt in bisherigen Untersuchungen im Bereich von $m = 2$ bis 12 [FC02, LH07], da für höhere Ordnungen zunehmende Anpassungsfehler identifiziert werden [HL02].

6.7.5.3 Applikation der CCM

Für die Berechnung der direkten Lösung werden die Dehnungen ermittelt, die für eine Spannungssituation $\sigma(x)$ in Abhängigkeit der inkrementellen Schnittweite a_i entstehen, wobei i die Anzahl der Schnittinkremente bezeichnet. Die Elemente der Nachgiebigkeitsmatrix C_{ij} repräsentieren die an dem DMS auftretenden Dehnungen für die in dem Körper vorliegende Spannungssituation $\sigma(x)$, welche durch die Legendre-Polynome dargestellt wird (siehe Gleichung (6.29)) [HL02].

$$C_{ij} = \varepsilon(a_i) \quad mit\ \sigma(x) = P_j(x) \tag{6.29}$$

Zur Ermittlung der direkten Lösung wird eine parametrisierte Koeffizientenmatrix verwendet, die im Rahmen einer FEM-Berechnung nach [CF07, LH07] erfolgt ist. Die FE-Modellierung der Verformungen sowie der resultierenden Nachgiebigkeitsmatrizen werden in [LH07] unter definierten Randbedingungen erarbeitet. In dieser Untersuchung wird zudem die Sensitivität der ermittelten Eigenspannungsverläufe im Hinblick auf Veränderungen der geometrischen Parameter sowie der Verwendung verschiedener mathematischer Vorgehensweisen bewertet.

Damit die Übertragbarkeit auf veränderte Randbedingungen gewährleistet ist, müssen die folgenden Anforderungen nach [LH07] erfüllt werden. Des Weiteren muss die Anbringung des Dehnungsmessstreifens auf der Schnittachse erfolgen. Die äußere Geometrie der Proben soll die folgende Bedingung erfüllen (siehe Gleichung (6.30)).

$$\frac{L}{t} > 2,0 \tag{6.30}$$

Das Verhältnis der Probenbreite zur Probendicke bedingt die anteilige Ausbildung eines ebenen Spannungs- bzw. Dehnungszustands. Entsprechend wird in Abhängigkeit der Probenbreite der effektive Elastizitätsmodul E' gewählt (siehe Gleichungen (6.31) und (6.32)).

$$\frac{B}{t} > 2,0\ für\ E' = \frac{E}{1 - v^2} \tag{6.31}$$

$$\frac{B}{t} < 0,5\ für\ E' = E \tag{6.32}$$

Neben der Position des DMS ist die zugehörge Messgitterlänge l eine wesentliche Kenngröße. In [LH07] wird der Einfluss der normierten Messgitterlänge l/t auf die Ergebnisqualität ermittelt. Des Weiteren wird ein Vorgehen zur Approximation der Nachgiebigkeitsmatrix aufgezeigt und ein zulässiger Anpassungsbereich der normierten Messgitterlängen identifiziert (siehe Gleichung (6.33)).

$$0,005 \leq \frac{l}{t} \leq 0,1 \tag{6.33}$$

Bei Schnitttiefen, die nahezu die gesamte Probendicke umfassen, treten in der Literatur sehr große Instabilitäten hinsichtlich der Messergebnisse aufgrund von plastischen Deformationen und weiteren Randeffekten auf, sodass die maximale Schnitttiefe limitiert ist (siehe Gleichung (6.34)).

$$0 < \frac{a}{t} \leq 0{,}95 \tag{6.34}$$

Die Probekörpergeometrien werden entsprechend dieser Anforderungen definiert und die zugehörigen Kennwerte in Abschnitt 6.7.5.4 berechnet und aufgezeigt. Für das Berechnen der Elemente der Nachgiebigkeitsmatrix in der direkten Lösung wird die parametrisierte Koeffizientenmatrix $[b_{jk}]$ nach [LH07] verwendet und für alle Basisfunktionen P_j wiederholt (vergleiche Gleichung (6.29)).

$$[C]\left(\frac{a}{t}, P_j\right) = \sum_{k=1}^{15} b_{jk} \left(\frac{a}{t}\right)^k \tag{6.35}$$

Die kalkulierten Koeffizienten der parametrisierten Nachgiebigkeitsmatrix $[b_{jk}]$ sind für zwei spezifische DMS-Messgitterlängen ($l/t = 0{,}005$ und $l/t = 0{,}100$) ermittelt worden. Um die Anpassung der Koeffizienten an die vorhandene Mesgitterlänge vorzunehmen, kann entweder eine neue Simulation zur Berechnung der Nachgiebigkeitsmatrix für die explizite Messgitterlänge vorgenommen werden oder die Werte werden zwischen den bestehenden Ergebnissen interpoliert [CF07]. Im Rahmen dieser Arbeit wird die Interpolation mit der folgenden Korrekturfunktion $g(l/t)$ vorgenommen (siehe Gleichung (6.36)) [LH07].

$$g\left(\frac{l}{t}\right) = -6{,}923 \times 10^{-3} + 40{,}899 \times 10^{-3} \left(\frac{l}{t}\right) + 96{,}873 \left(\frac{l}{t}\right)^2 \tag{6.36}$$

Auf dieser Grundlage kann für den in Gleichung (6.33) definierten Bereich der normierten Messgitterlänge die verallgemeinerte Berechnung der Nachgiebigkeitsmatrix vorgenommen werden (siehe Gleichung (6.37)) [LH07].

$$[C]\left(\frac{a_i}{t}, P_j, \frac{l}{t}\right) =$$

$$[C]\left(\frac{a_i}{t}, P_j, \frac{l}{t} = 0{,}005\right) +$$

$$g\left(\frac{l}{t}\right)\left([C]\left(\frac{a_i}{t}, P_j, \frac{l}{t} = 0{,}100\right) - [C]\left(\frac{a_i}{t}, P_j, \frac{l}{t} = 0{,}005\right)\right) \tag{6.37}$$

Unter Annahme eines elastischen Materialverhaltens (vergleiche Abschnitt 6.7.5.2) entsprechen die gemessenen Dehnungen näherungsweise der Linearkombination der Nachgiebigkeitsmatrix und des Amplitudenvektors aus der direkten Lösung und damit den approximierten Dehnungen ε_{App} (siehe Gleichung (6.38)) [HL02].

$$\varepsilon_{\text{App}}(a_i) = \sum_{j=2}^{m} C_{ij}A_j = [C]\{A\}/E' \approx \varepsilon_{\text{Mess}}(a_i) \tag{6.38}$$

Der Amplitudenvektor $\{A\}$ kann durch Umstellen der Gleichung (6.38) ermittelt werden (siehe Gleichung (6.39)).

$$\{A\} = ([C]^{\text{T}}[C])^{-1}[C]^{\text{T}}\{\varepsilon_{\text{Mess}}\}\,E' \tag{6.39}$$

Mit dem ermittelten Amplitudenvektor besteht die Möglichkeit, unter Verwendung von Gleichung (6.25) die Eigenspannungssituation zu berechnen, allerdings muss zu diesem Zweck der Polynomgrad abgeschätzt werden, der somit einen wesentlichen Einfluss auf die Ausprägung der kalkulierten Eigenspannungssituation aufweist [CF07]. Dabei zeigt die Auswahl hoher Polynomgrade eine gute Übereinstimmung mit den Messwerten auf, während diese gleichzeitig verantwortlich für das Überanpassen an Messfehler sind [CF07, HL02]. Daher wird eine Methode zur optimierten Polynomgradauswahl nach [HL02] verwendet, mit dem Ziel, die Berechnungsunsicherheit des Eigenspannungsverlaufs zu minimieren.

Für diesen Ansatz werden die approximierten Dehnungen ε_{App} nach Gleichung (6.38) berechnet und der auftretende Fehlerwert e_ε zwischen gemessenen und approximierten Dehnungen ermittelt (siehe Gleichung (6.40)) [HL02].

$$\{e_\varepsilon\} = \left|\{\varepsilon_{\text{Mess}}\} - \{\varepsilon_{\text{App}}\}\right| \tag{6.40}$$

Der identifizierte Fehlerwert e_ε wird im Folgenden als Eingangsgröße für eine Monte-Carlo-Simulation verwendet [HL02], das heißt die Verwendung einer großen Anzahl von Zufallsvariationen wird verwendet, um die Streuung der Messwerte zu simulieren [RK16]. Dazu wird die Differenz zwischen der gemessenen und der approximierten Dehnung ermittelt und diese als Standardabweichung $s_{\text{u},\varepsilon}$ verwendet, wenn dieser Wert größer als die Messauflösung der Dehnungsmessung ist. Ansonsten wird die Messauflösung ($3\mu\varepsilon$) als Standardabweichung verwendet (siehe Gleichung (6.41)).

$$s_{\text{u},\varepsilon} = \max(\{e_\varepsilon\}, 3\mu\varepsilon) \tag{6.41}$$

Für die Repräsentation der Unsicherheit wird eine zufallsverteilte Unsicherheitsgröße $u_{\varepsilon,i}$ für jeden Dehnungsmesswert entlang der Schnitttiefe erzeugt. Zu diesem Zweck wird eine Normalverteilung (Erwartungswert $\mu_{MC} = 0$) mit der in Gleichung (6.41) ermittelten Standardabweichungen $s_{u,\varepsilon,i}$ verwendet. Die Werte der Zufallsfunktion sind dabei auf das Intervall (0,1) beschränkt (siehe Gleichung (6.42)).

$$u_{\varepsilon,i} = rand_{MC} \quad mit \; rand_{MC}: (0,1) \; und \; s_{u,\varepsilon,i} \qquad (6.42)$$

Im Zuge der Monte Carlo Simulation werden randomisierte Dehnungsvektoren $\{\varepsilon_{MC}\}$ erzeugt, indem der Vektor der gemessenen Dehnungen mit dem Vektor der variierten Unsicherheitsgröße verknüpft wird (siehe Gleichung (6.43)). Die Anzahl der Zufallsvariationen N_{MC} für die Dehnungsvektoren wird nach den Erkenntnissen aus [HL02] auf $N_{MC} = 1000$ festgelegt.

$$\{\varepsilon_{MC}\} = \{\varepsilon_{Mess}\} + \{u_\varepsilon\} \qquad (6.43)$$

Ausgehend von den randomisierten Dehnungsvektoren werden die zugehörigen Amplitudenvektoren $\{A_{MC}\}$ unter Verwendung von Gleichung (6.39) ermittelt (siehe Gleichung (6.44)).

$$\{A_{MC}\} = ([C]^T[C])^{-1}[C]^T\{\varepsilon_{MC}\}E' \qquad (6.44)$$

Für die Berechnung der Spannungsverläufe nach Gleichung (6.25) werden die Matrizen der Polynomreihen $[P]$ mit den Amplitudenvektoren $\{A_{MC}\}$ multipliziert (siehe Gleichung (6.45)). Somit werden 1000 Matrizen erzeugt, deren Zeilen die einzelnen Schnittinkremente und die Spalten den Grad der Legendre-Polynome bezeichnen. Dementsprechend liegt nach diesem Schritt für jeden der elf Grade der Legendre-Polynome (von $m = 2$ bis 12; vergleiche Abschnitt 6.7.5.2) eine Anzahl von 1000 Spannungsverläufen vor.

$$\{\sigma_{MC}\} = [P]\{A_{MC}\} \qquad (6.45)$$

Für jeden Polynomgrad werden die Standardabweichungen (*Standard Deviation* (SD)) $s_{MC}(\sigma_i)$ der Spannungen an den einzelnen Schnittinkrementen berechnet, die in Folge der randomisierten Dehnungen auftreten (siehe Gleichung (6.46)).

$$s_{MC}(\sigma_i) = \sqrt{\frac{1}{N_{MC} - 1} \sum_{j=1}^{N_{MC}} \left((\sigma_i)_j - (\sigma_i)_m\right)^2} \tag{6.46}$$

Auf dieser Basis wird der Legendre-Polynomgrad mit der geringsten SD ausgewählt und für die Berechnung der Spannungen verwendet (siehe Gleichung (6.47)).

$$P_j = min(s_{MC}) \tag{6.47}$$

Mit dem ausgewählten Polynomgrad und der zugehörigen Matrix $[P_{ES}]$ erfolgt die abschließende Kalkulation der finalen Nachgiebigkeitsmatrix $[C_{ES}]$ nach Gleichung (6.37), des Amplitudenvektors $\{A_{ES}\}$ nach Gleichung (6.39) sowie des resultierenden Eigenspannungsverlaufs $\{\sigma_{ES}\}$ nach Gleichung (6.48).

$$\{\sigma_{ES}\} = [P_{ES}]\{A_{ES}\} \tag{6.48}$$

Die algorithmische Implementierung der CCM basiert auf der Zusammenstellung der beschriebenen Vorgehensweise. Zu diesem Zweck werden bestehende Lösungen aus unterschiedlichen Veröffentlichungen für die Anwendung in dieser Arbeit adaptiert [Bay09, CF07, DAP00, DPA02, HL02, LH07, MBE16, MHW16]. In einer vorangegangenen Studie sind mit der in diesem Abschnitt aufgezeigten CCM die Eigenspannungsverläufe ermittelt und anhand gemessener Eigenspannungen mittels Röntgendiffraktion an der HEMS-Seitenstation (P07B) am PETRA III des Deutschen Elektronensynchrotrons (Standort Hamburg) validiert worden [MHW16]. Der Ablauf der beschriebenen Vorgehensweise ist in Abbildung 6.40 zusammengefasst.

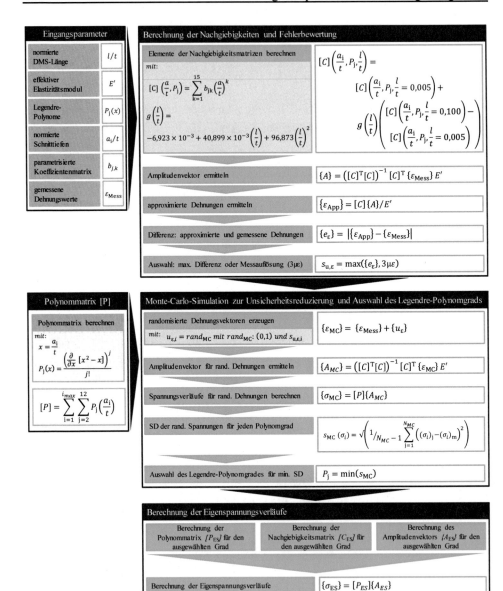

Abbildung 6.40:   Vorgehensweise zur Berechnung der Eigenspannungsverläufe mit der CCM

6.7.5.4 Probenpräparation und experimentelle Versuchsführung

Die ausgewählte Aufbaustrategie basiert auf den initial ermittelten Prozessparametern für die Fertigung der Probekörper (siehe Abschnitt 6.2). Dabei werden die Geometrien jeweils mit einer Wartezeit von zehn Minuten aufgebaut, um die Bauplattform für die Herstellung jeder weiteren Probe erneut auf Raumtemperatur abzukühlen und somit die gegenseitige

Beeinflussung der Probekörper untereinander zu minimieren. Die Anordnung der Proben ist exemplarisch für einen Anteil der Proben in Abbildung 6.41 dargestellt.

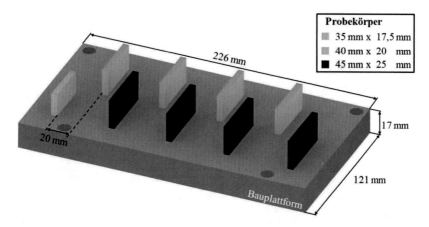

Abbildung 6.41:   Positionierung von Probekörpern auf einer Bauplattform (Auszug)

Die Schnitteinbringung im Rahmen der CCM wird in der Probenmitte ausgeführt und erfolgt in entgegengesetzter Orientierung zur Aufbaurichtung. Die inkrementellen Einschnitte werden innerhalb des in Gleichung (6.34) definierten Bereichs zur Auswertung der Dehnungsmessungen eingebracht. Für die Schrittweite wird relativ zur Probengeometrie ein Wert von 0,05 t gewählt.

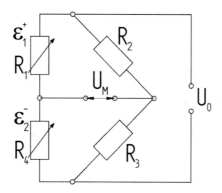

Abbildung 6.42:   *Wheatstone*-Halbbrückenschaltung zur Temperaturkompensation nach [Par16]

Zur Messung der auftretenden Dehnungen wird ein Dehnungsmessstreifen (DMS) an der in Abbildung 6.39 beschriebenen Position auf der Probenrückseite aufgebracht. Erfährt das Messgitter im DMS eine mechanische Dehnung, so resultiert dies in Längen- und Querschnittsveränderungen des Drahtes, welche direkt mit dem elektrischen Widerstand korrelieren [Gie13]. Für die Messung der Dehnungswerte wird die *Wheatstone*-Brücken-schaltung verwendet, wobei an dieser Stelle die Halbbrückenschaltung gewählt wird. Dies bietet die Möglichkeit, aus den gemessenen Dehnungen die temperaturbedingten Dehnungen herauszufiltern, indem die gemessene Probe mit einer Kompensationsprobe verglichen wird. Die Kompensationsprobe unterliegt den gleichen Umwelteinflüssen wie die Messprobe (siehe Abbildung 6.42).

Die Widerstandsänderung für den Proben-DMS besteht zu einem Anteil aus der mechanischen Dehnung ΔR_D sowie einem temperaturbedingten Dehnungsanteil ΔR_D. Die Überlagerung dieser Anteile beschreibt die gemessene Widerstandsänderung $\Delta R = \Delta R_D + \Delta R_T$. Für die Kompensationsprobe wirken hingegen nur die temperaturbedingten Dehnungen und damit Widerstandsveränderungen ΔR_T des Messstreifens. Daraus kann nach [Par16] die temperaturinduzierte Dehnungskomponente bereits in der Messung eliminiert werden (siehe Gleichung (6.49)).

$$U_M = \frac{U_0}{4}\left(\frac{\Delta R_D}{R_4} + \frac{\Delta R_T}{R_4} - \frac{\Delta R_T}{R_4}\right)$$
$$= \frac{U_0}{4}\frac{\Delta R_D}{R_4} \tag{6.49}$$

Eine detaillierte Beschreibung der technischen Spezifikation der verwendeten DMS erfolgt in Anhang A.4 (siehe Tabelle A.1). Die Befestigung des DMS auf der Probenoberfläche erfolgt mit einem Cyanacrylat-Klebstoff (Klebstoff Z70 der Firma HBM), während eine ergänzende Befestigung des Kabels mit einem Zwei-Komponenten (2K) -Klebstoff zur Zugentlastung vorgenommen wird. Abschließend wird der DMS mit Silikon gegen das Einwirken von Feuchtigkeit geschützt (siehe Abbildung 6.43 (b)).

Um die vorhandenen Eigenspannungen in den Proben zu untersuchen, muss die Beeinflussung der Proben durch thermische Effekte und zusätzlich eingebrachte Spannungen in Folge der Schnitteinbringung auf ein Minimum beschränkt werden. Für diesen Zweck wird mit dem Drahterodierprozess (*Wire Electrical Discharge Machining* (WEDM)) ein Verfahren genutzt, welches nur geringfügig zusätzliche Spannungen durch die Einschnittfertigung in die Proben einbringt und dadurch den Einfluss auf den zu untersuchenden Eigenspannungszustand beschränkt [RDB12]. Das Prinzip des WEDM basiert auf dem thermischen Abtrag mittels elektrischem Funken, wobei der zu schneidende Körper von einem Dielektrikum umspült wird [TD08]. In den Versuchen wird deionisiertes Wasser als Dielektrikum eingesetzt, welches gleichzeitig die abgetragenen Partikel entfernt und die Probe kühlt (siehe Abbildung 6.43 (a)). Für die weiterführende Beschreibung des Prozesses sei an dieser Stelle auf die Literatur zu thermischen Abtragverfahren verwiesen [Kön06, TD08].

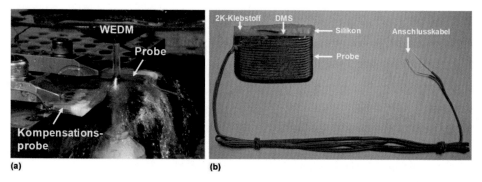

Abbildung 6.43: (a) Drahterosionsprozess zur Schnitteinbringung für die *Crack Compliance Methode*; (b) Präparierte Probengeometrie

Die Aufnahme der Spannungswerte aus der Halbbrückenschaltung erfolgt mit einem Universalmessverstärker QuantumX MX840B der Firma HBM, während die Auswertung der Messwerte mit der Messsoftware CatmanAP erfolgt. Für jedes Schnittinkrement werden nach einer Wartezeit von 15 Sekunden jeweils 500 Messwerte bei einer Abtastrate von 50 Hz aufgenommen. Das arithmetische Mittel der Einzelmesswerte wird berechnet und in den nachfolgenden Untersuchungen stellvertretend als Messwert für die Dehnungen verwendet. Für die definierten Probenabmessungen (siehe Abbildung 6.20) werden die Randbedingungen der CCM geprüft (siehe Abschnitte 6.7.5.2 und 6.7.5.3). Die verfahrensbedingte Schnittbreite des Drahtes (Durchmesser 40 µm) im WEDM wird aufgrund der Erkenntnisse zur Vernachlässigbarkeit der Einschnittbreite nach [LH07] mit $s_{WEDM} = 0$ approximiert. Aus der Spezifikation der verwendeten DMS, dem ermittelten Elastizitätsmodul (siehe Abschnitt 6.6.2) sowie den vorgestellten Randbedingungen werden entsprechend der Gleichungen (6.30) bis (6.33) die zugehörigen Kennwerte berechnet (siehe Tabelle 6.7).

Tabelle 6.7:   Randbedingungen und ermittelte Kennwerte für die *Crack Compliance Methode*

Probenbezeichnung	Abmessungen L x t x B [mm]	l/t	B/t	E'
RS1.1..3	30 x 15 x 4,25	0,06666667	0,283	114 GPa
RS2.1..3	35 x 17,5 x 4,25	0,05714286	0,243	114 GPa
RS3.1..3	40 x 20 x 4,25	0,050	0,213	114 GPa
RS4.1..3	45 x 25 x 4,25	0,040	0,170	114 GPa

Für die Versuche wird der in Gleichung (6.34) definierte maximale Messbereich mit einer Inkrementweite von 0,05 t verwendet. Die weitere Verarbeitung der Daten für die Kalkulation der Eigenspannungen erfolgt entsprechend des in Abschnitt 6.7.5.3 vorgestellten Vorgehens in den entwickelten Matlab- und Python-Skripten.

6.7.5.5 Ergebnisanalyse und Bewertung der Eigenspannungszustände

Zur experimentellen Untersuchung des Eigenspannungszustands werden die vier Probekörpergeometrien, die jeweils dreifach gefertigt worden sind, entsprechend der vorangegangenen Erläuterungen präpariert. Während der Schnitteinbringung in die Probekörper erfolgt für jedes Inkrement die Erfassung der gemessenen Dehnungen am Dehnungsmessstreifen. In Abbildung 6.44 sind die Dehnungswerte sowie die arithmetischen Mittelwerte für alle Probekörper in Abhängigkeit des Schnittfortschrittes dargestellt.

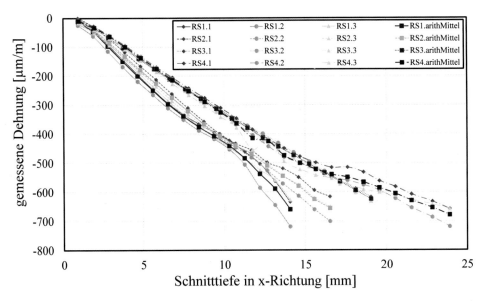

Abbildung 6.44:   Gemessene Dehnungen an den zwölf Probekörpern in Abhängigkeit der Schnitttiefe in x-Achsenrichtung (vgl. Abbildung 6.39)

In Folge der Schnitteinbringung werden sukzessive Spannungen freigesetzt, die in Verformungen und damit in messbaren Dehnungen resultieren. Die Verläufe dieser Dehnungen in Abbildung 6.44 zeigen den prognostizierten Verlauf (vergleiche Abschnitt 6.7.5.1) einer voranschreitenden Verformung mit zunehmender Schnitttiefe. Auf der Grundlage der gemessenen Dehnungen, wird die ursprünglich im Bauteil befindliche Eigenspannungssituation berechnet. Zu diesem Zweck werden jeweils die probenspezifischen Kenngrößen aus Tabelle 6.7 verwendet. In Abbildung 6.45 werden die ermittelten Eigenspannungsverläufe für die Spannungen σ_{yy} entlang der Schnittkontur aufgezeigt.

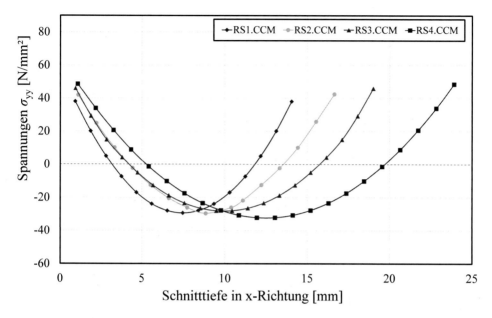

Abbildung 6.45:   Eigenspannungsverlauf σ_{yy} entlang der Schnittkontur in x-Achsenrichtung (vgl.
                   Abbildung 6.39) für die vier Dehnungsmittelwerte der Probekörpergeometrien

Die Eigenspannungsverläufe weisen den vorhergesagten Verlauf der Spannungen auf, der in der schematischen Beschreibung der Eigenspannungsentstehung für den LPA-Prozess hergeleitet worden ist (vergleiche Abschnitt 6.7.2). An der Ober- und Unterseite der Probekörper liegen dabei Bereiche mit Zugspannungen vor, wohingegen in der Mitte der Probe ein Areal mit Druckspannungen existiert. Des Weiteren zeigen die Ergebnisse der experimentellen Eigenspannungsuntersuchung, dass die Ausprägung der Spannungen steigt, wenn die Aufbauhöhe der Probekörper gesteigert wird. Die maximalen Spannungswerte σ_{yy} werden für RS4.CCM ermittelt und betragen 48,6 N/mm². Im Folgenden werden die Ergebnisse der experimentellen und der simulativen Untersuchungen der Eigenspannungssituation miteinander verglichen und die Erkenntnisse zusammengefasst.

6.7.6 Vergleichende Analyse der Ergebnisse aus Simulation und Experiment

Mit dem Ziel, die Eigenspannungssituationen in LPA-gefertigten Strukturen zu quantifizieren, sowie die Abhängigkeit der Ausprägung der Spannungen von der Aufbauhöhe zu bestimmen, sind die experimentellen und simulativen Untersuchungen der Eigenspannungen in diesem Abschnitt vorgenommen worden. Die ermittelten Verläufe der Spannungen σ_{yy} sind in Abbildung 6.46 dargestellt.

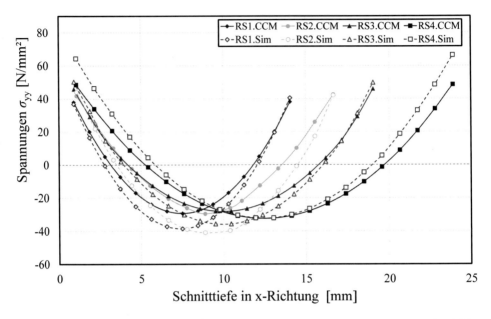

Abbildung 6.46:   Experimentelle und simulative Ermittlung der Eigenspannungen für LPA-
                   gefertigte Strukturen in Abhängigkeit der Schnitttiefe in x-Achsenrichtung (vgl.
                   Abbildung 6.30 und Abbildung 6.39)

Die aufgezeigten Eigenspannungsverläufe aus Simulation und Experiment zeichnen sich
durch eine gute Übereinstimmung aus. Die ermittelten Eigenspannungen σ_{yy} liegen für die
betrachteten Probekörper in dem Bereich von 70 N/mm^2 bis -45 N/mm^2. Durch die Verwendung dieser beiden Methoden sind in dieser Arbeit mehrere Erkenntnisse gewonnen
worden, die im Folgenden vorgestellt und für die weiteren Ausarbeitungen zugrunde gelegt werden. Während die simulative Untersuchung der Eigenspannungen einen Einblick
in die Spannungssituation und die zugrundeliegenden Temperaturfelder des gesamten Probekörpers ermöglicht, bietet das CCM-Verfahren die Möglichkeit zur Bewertung der Eigenspannungen über die große Probenabschnitte mit einem einfachen Messaufbau. Bestehende Abweichungen zwischen den Spannungsverläufen resultieren aus der unterschiedlichen Wiedergabetreue der eingesetzten Untersuchungsverfahren.

Die Wiedergabetreue bzw. Genauigkeit der Simulation wird durch die Modellabstraktion
limitiert. Für die Abbildung des realen Prozessergebnisses durch die Simulation begründen mehrere Faktoren, dass eine Differenz zwischen den beiden Resultaten besteht. Aufgrund der vereinfachten Gestaltung des Wärmeenergieeintrages durch eine geometrische
Wärmequelle wird beispielsweise die zugeführte Wärmemenge und deren Verteilung nur
näherungsweise beschrieben. In Folge der idealisierten Geometrie der Probekörper, der

generalisierten Wechselwirkungen mit der Umgebung sowie der weiteren Randbedingungen (z.B. das Materialmodell) sind reales und simuliertes Verhalten des Prozesses different.

Die Genauigkeit der CCM zur Ermittlung der Eigenspannungen ist ebenfalls beschränkt. Deren Restriktionen ergeben sich unter anderem aus den geometrischen Abweichungen zwischen der gefertigten Geometrie und der idealisierten Geometrie, die im Modell der CCM verwendet wird. Des Weiteren wird der WEDM-Prozess als kraft- und wärmefreier Vorgang abstrahiert und damit ein Anteil der freigesetzten Spannungen in der Berechnung vernachlässigt. Durch die umfangreiche Betrachtung dieser Einflussfaktoren und die detaillierte Gestaltung der Randbedingungen ist eine gute Übereinstimmung zwischen den Simulations- und Experimentergebnissen erzielt worden.

Sowohl die simulative als auch die experimentelle Bewertung der Eigenspannungen, zeigen zum einen die charakteristische Ausformung der Zug- und Druckspannungsbereiche innerhalb der Probekörper. Zum anderen ist durch die beiden Vorgehensweisen eine Progression der Spannungen mit steigender Bauhöhe identifizierbar.

Im Vergleich zu dem LBM-Verfahren weist das Laser-Pulver-Auftragschweißen eine reduzierte, remanente Eigenspannungssituation auf, die auf den bedeutenden Unterschied hinsichtlich der auftretenden Temperaturgradienten zurückzuführen ist [MHW16, Mun13]. Im LPA-Verfahren bedingen die, im Vergleich zum LBM-Verfahren, größere Wärmezufuhr und geringere Wärmeabfuhr, dass in dünnwandigen Strukturen ein gleichmäßigeres Aufheizen und Abkühlen der Bauteile vorliegt und damit eine geringere Spannungssituation ausgeprägt wird. Die aufgezeigten Untersuchungsergebnisse zu der Eigenspannungssituation und die ermittelten Größenordnungen, werden auch in bestehenden Literaturquellen für das LPA-Verfahren bestätigt [LPC16, SVP19]. In den Ausarbeitungen, die lasergestützte Auftragschweißprozesse zur Herstellung von Probekörper verwenden, werden Eigenspannungen im Bereich von 100 N/mm² bis -100 N/mm² aufgezeigt. Die direkte Übertragung der Literaturergebnisse auf die Versuchsergebnisse in dieser Arbeit, ist bedingt durch die verschiedenartigen Versuchsaufbauten, Probekörpergeometrien, Messverfahren und Prozessrandbedingungen nicht möglich.

Auf der Grundlage dieser Ergebnisse können vier wesentliche Erkenntnisse zu der thermischen Wirkung des Prozesses und der Eigenspannungssituation für die weiterführenden Schritte in dieser Arbeit zugrunde gelegt werden.

Als erstes sind die entstehenden Eigenspannungen deutlich geringer als in LBM-Verfahren [HSW16, MHW16] und übersteigen die Streckgrenze des Materials während des Fertigungsprozesses nicht, sodass keine Maßnahmen für deren Reduzierung innerhalb des

LPA-Prozesses getroffen werden müssen. Des Weiteren können die aufgezeigten Eigenspannungswerte sowie das Rahmenwerk in nachfolgenden Arbeiten für eine Bewertung der Eigenspannungssituation verwendet werden, um Bauteile ohne ergänzende Wärmebehandlungsprozess zu verwenden und somit die Auslegung dieser Bauteile unter Berücksichtigung der Überlagerung von Eigenspannungen und Betriebslasten vorzunehmen.

Zum zweiten ist im Zuge der thermischen Simulation des Aufbauprozesses eine veränderliche thermische Situation mit steigender Bauhöhe identifiziert worden, bei der durch den reduzierten Wärmeabfluss in der Wandstruktur ein Wärmestau mit zunehmender Aufbauhöhe entsteht. Für diese veränderlichen thermischen Randbedingungen werden im weiteren Verlauf der Arbeit Maßnahmen ergriffen, um eine gleichmäßigere Prozessführung zu ermöglichen.

Drittens können in Ergänzung dazu die simulierten Temperaturfelder und Temperaturverläufe in den einzelnen Bereichen der Wandstruktur für die Untersuchung und Vorhersage der Mikrostruktur entlang der Bauhöhe verwendet werden. Auf Basis der erarbeiteten Temperaturverläufe werden in [SME18] die resultierenden Mikrostrukturen vorhergesagt und mit den Erkenntnissen aus licht- und elektronenmikroskopischen Untersuchungen abgeglichen. Für zukünftige Arbeiten bildet der an dieser Stelle erarbeitete Rahmen das Potenzial die digitale Abbildung des Fertigungsprozesses im Hinblick auf die thermische Wirkung des LPA-Verfahrens sowie die daraus resultierenden Baueileigenschaften abzuleiten.

Als viertes ermöglicht die Kenntnis der Ausprägung der Eigenspannungssituation zudem die Planung der Nacharbeitsprozesse. Für die Verwendung des LPA-Verfahrens zur Fertigung von Luftfahrtstrukturen ist die Ausprägung des Eigenspannungszustandes aufgezeigt worden. Im Rahmen der industriellen Prozesskette erfolgt eine Wärmenachbehandlung der additiv-gefertigten Bauteile. Aufgrund der erarbeiteten Erkenntnisse über die geringen resultierenden Eigenspannungen ist davon auszugehen, dass die Wärmebehandlung durch das Freisetzen der remanenten Spannungen nur geringe Deformationen bedingt. Als Wärmenachbehandlung wird ein Spannungsarmglühprozess eingesetzt, der die Einstellung eines definierten Eigenspannungszustands gewährleistet (vergleiche Abschnitt 3.2). Damit bestehen, durch die ermittelten remanenten Spannungen, keine Einschränkungen für die Verwendung der LPA-gefertigten Bauteile in Luftfahrtapplikationen, da diese Eigenspannungen während der Fertigung die Streckgrenze nicht überschreiten, innerhalb der Wärmebehandlung nur in geringen Deformationen resultieren und im weiteren Verlauf der Prozesskette auf einen definierten Umfang reduziert werden können.

6.8 Oberflächenbeschaffenheit

Fertigungstechnologien bewirken im Zuge der Bauteilherstellung eine charakteristische Ausprägung der Oberflächeneigenschaften. Die resultierende Oberflächenbeschaffenheit eines Bauteils beeinflusst auf der einen Seite die optische Qualität sowie auf der anderen Seite die notwendigen Endbearbeitungsaufwände [Sau11]. Insbesondere für den Einsatz als Bauteil im Sichtbereich ist eine hochwertige Oberfläche eine maßgebliche Qualitätsanforderung. Anforderungen an die Oberflächenqualität von Strukturbauteilen werden durch das Maß der Rauheit beschrieben (vergleiche Tabelle 3.1) [ISO25178, Sau11]. Neben den bereits genannten Merkmalen, der optischen Qualität und der Auswirkung auf die Endbearbeitung, beeinflusst die Rauheit von Bauteiloberflächen zusätzlich die geometrische Maßhaltigkeit und die dynamische Festigkeit dieser Bauteile [Cha10, TC91]. Dabei ist die geometrische Maßhaltigkeit durch die erzielte Oberflächenbeschaffenheit nach dem Fertigungsprozess determiniert. Für Kontakt- oder Funktionsflächen mit definierter Oberflächenbeschaffenheit ist somit eine Nacharbeit unerlässlich, wenn die resultierenden Oberflächenrauheiten des Fertigungsprozesses die geforderten Grenzwerte überschreiten.

Strukturbauteile unter zyklischen Lasten müssen eine definierte dynamische Belastbarkeit aufweisen. Leichtbaukonstruktionen und die damit verbundenen reduzierten sowie lasttragenden Bauteilquerschnitte führen zu gesteigerten mechanischen Spannungen in den Bauteilen und demzufolge zu kleineren Reserven bezüglich der Ermüdungsgrenzen des Materials. In bestehenden Forschungsarbeiten erfolgt die grundlegende Beschreibung des Zusammenhangs zwischen der Oberflächenrauheit und der dynamischen Belastbarkeit eines Bauteils [Cha10, TC91]. Zur Bewertung der Ermüdungsfestigkeit von additiv-gefertigten Strukturen werden WAAM-, EBM-, LBM-Bauteile in Abhängigkeit der Oberflächenrauheit in [Bra10a, CKM13, Wyc17] untersucht. Die Ergebnisse zeigen eine Reduzierung der Bauteillebensdauer unter zyklischer Belastung auf. Dabei nimmt die Verringerung der Lebensdauer durch die Steigerung der fertigungsbedingten Oberflächenrauheit zu. Die vorgestellten Anforderungen hinsichtlich der optischen Qualität, der geometrischen Maßhaltigkeit sowie der mechanischen Eigenschaften sind somit direkt abhängig von der Oberflächenrauheit.

Nach [DIN4760, ISO25178] können für technische Applikationen die Gestaltabweichungen von Bauteilen in vier Ordnungen eingeteilt werden (vergleiche Abschnitt 3.2). Die Gestaltabweichung erster Ordnung, die sogenannte Formabweichung, wird in Abschnitt 6.9 detailliert untersucht. Die Gestaltabweichung zweiter Ordnung, die sogenannte Welligkeit, resultiert aus der Abbildung der einzelnen Schweißlagen des LPA-Prozesses in der

Wandoberfläche. Die Gestaltabweichungen dritter und vierter Ordnung, die die sogenannte Oberflächenrauheit beschreiben, werden in diesem Abschnitt untersucht. Eine weiterführende Darstellung der Untersuchung von Oberflächenrauheiten für LPA-Bauteile
wird in [MEW16] aufgezeigt. Die Geometrie der Probekörper sowie die Positionen der
eingemessenen Flächen sind in Abbildung 6.47 (a) dargestellt.

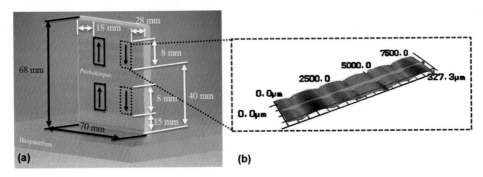

Abbildung 6.47:   (a) Probengeometrie für die Messung der Oberflächenrauheit; (b)
                   Oberflächenprofil für eine Messstelle

Die Oberflächenrauheit wird auf vier Flächen an den Probekörpern ermittelt. Die Positionen auf der Oberfläche der Proben werden so ausgewählt, dass unterschiedliche Phasen
des Aufbauprozesses erfasst werden und etwaige resultierende Schwankungen in den Rau-
heitswerten identifiziert werden können. In den vier Flächen werden jeweils drei Messli-
nien ausgewertet, um daraus die Rauheitswerte zu ermitteln. Eine eingemessene Oberfläche ist in Abbildung 6.47 (b) dargestellt.

Die hergestellten Probekörper zeigen eine Überlagerung der vier Ordnungen der Gestaltabweichung. Für den Vergleich der Oberflächenrauheiten (Gestaltabweichung dritter
und vierter Ordnung) wird in einem ersten Schritt die Welligkeit (Gestaltabweichung
zweiter Ordnung) der Oberfläche mit einem Profilfilter (digitaler Gaußfilter nach
[ISO16610]) herausgefiltert. Im nächsten Schritt werden für die zwei Rauheitskenngrößen
nach [ISO4287] die jeweiligen Messwerte bestimmt.

Die Rauheitskenngröße R_a beschreibt den arithmetischen Mittenrauwert, der das arithmetische Mittel der kumulierten Rauheitswerte über der Messlänge l_r definiert und somit die
mittlere Abweichung von der mittleren Profillinie kennzeichnet.

$$R_a = \frac{1}{l_r} \times \int_0^{l_r} |z(x)| dx \qquad\qquad (6.50)$$

Als weitere Rauheitskenngröße bezeichnet R_z die gemittelte Rautiefe. Für die Rautiefe wird eine Segmentierung der Messlänge l_r in fünf Einzelabschnitte vorgenommen. Innerhalb dieser Einzelabschnitte wird die Summe des vertikalen Abstandes der minimalen und maximalen Profilausprägung zur mittleren Profillage berechnet.

$$R_z = \frac{1}{5} \times \sum_{i=1}^{5} R_z(i) \tag{6.51}$$

Die Messungen der Oberflächenrauheit werden mit einem VK-8710 konfokalen Laserrastermikroskop der Firma Keyence aufgenommen und nach [ISO4287] ausgewertet. Die gemessenen Rauheitskennwerte werden jeweils mit dem arithmetischen Mittelwert angegeben. Für den Aufbau der Probekörper wird zum einen eine Referenz hergestellt, die auf den in Abschnitt 6.2 beschriebenen initialen Parametern basiert. Zum anderen wird der Einfluss einer Variation der Prozessparameter auf die resultierenden Oberflächengüten untersucht, indem die Parametersätze der entwickelten Strategien 1..9 verwendet werden (siehe Abschnitt 7.2). Diese Strategien 1..9 zeichnen sich im Vergleich zur konstanten Prozessführung des Referenzparametersatzes durch eine lagenadaptive Anpassung der verwendeten Laserleistung aus (siehe Abschnitt A.6). Dadurch werden die veränderlichen Prozessrandbedingungen während des Aufbaus berücksichtigt und somit eine gleichmäßigere Prozessführung ermöglicht. Die ermittelten Rauheitskennwerte R_a und R_z sind für die Referenz sowie die Strategien 1..9 in Abbildung 6.48 dargestellt.

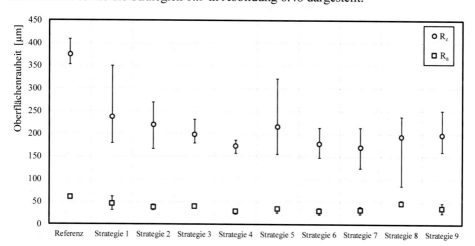

Abbildung 6.48:   Rauheitskennwerte gemittelte Rautiefe und arithmetischer Mittenrauwert R_z und R_a für die untersuchten Parametervariationen

Im Vergleich zur Referenz werden deutliche Reduzierungen der Rauheiten erzielt. Die geringsten Rauheiten werden für den Parametersatz der Strategie 4 erreicht, die einen minimalen arithmetischen Mittenrauwert von R_a = 29,4 µm±6,5 µm (R_z = 173,1 µm±15,6 µm) aufweist. Die durchgeführten Untersuchungen zeigen im Vergleich zu der Prozessführung der Referenz das Potenzial, die Variation der Prozessparameter zur Beeinflussung und Optimierung der Rauheitskennwerte von LPA-gefertigten Strukturen zu verwenden.

Die ermittelten Oberflächenrauheiten von LPA-Strukturen überschreiten die für die pulverbettbasierten Verfahren gemessenen Werte um etwa das Vierfache (R_a = 6,4 µm±1,0 µm (R_z = 43,7 µm±4,7 µm)) [Wyc17]. In Verbindung mit dem in [Bra10a, CKM13, Wyc17] aufgezeigten wesentlichen Einfluss der Oberflächenbeschaffenheit auf die dynamischen Festigkeiten der hergestellten Bauteile, wird für die LPA-gefertigten Strukturen eine mechanische Nachbearbeitung der Oberflächen gefordert, um die Anforderungen an die dynamische Festigkeit zu erfüllen. Alternativen zur spanenden Nachbearbeitung sind Inhalt aktueller Forschung, wobei nach dem aktuellen Stand von Wissenschaft und Technik noch keine ausreichende Verbesserung der Oberflächenrauheiten erzielt werden kann [DWZ18, GPG13, RMH13, SLY17].

6.9 Geometrische Maßhaltigkeit

Die geometrische Formdefinition ist eine der Kernaufgaben des Konstruktions- und Entwicklungsprozesses [AES12]. Deren produktionstechnische Umsetzung in der Fertigung muss im Spannungsfeld der wesentlichen nachfolgend genannten Zielgrößen erfolgen. Dabei dient die Einhaltung der konstruktiven Formdefinitionen dem Ziel der vollumfänglichen Erfüllung der Bauteilanforderungen, wohingegen die Produktionstechnologie, unter Berücksichtigung vorhandener Fertigungsrestriktionen, den Kosten-, Qualitäts- und Zeiterfordernissen gerecht werden muss [EM13, Eve13]. Für die Produktionstechnologie bestehen im Hinblick auf die Herstellung der geometrischen Gestalt zwei wesentliche Ziele, die in den intra- und interprozessualen Anforderungen definiert sind.

Für die Produktion sind auf der einen Seite die intraprozessualen Anforderungen der Maßhaltigkeit zwischen den einzelnen Fertigungsprozessschritten zu erfüllen. Das bedeutet, dass die eingesetzten Fertigungsverfahren einen wechselseitigen Einfluss aufeinander haben und für deren planmäßige Funktion die Definition von Übergabevoraussetzungen an Schnittstellen notwendig ist (z.B. geometrische Toleranzen, remanente Eigenspannungen). Die Erfüllung dieser intraprozessualen Anforderungen ist die Grundlage, damit jeder Prozess innerhalb einer definierten Toleranz ausgeführt werden kann [Eve13, Mei09].

Auf der anderen Seite ist die Geometrie für den interprozessualen Übergabepunkt zwischen Fertigung und Auslieferung bzw. Montage innerhalb eines definierten Toleranzbereichs zu fertigen, ohne den definierten Zeit- und Kostenkorridor zu überschreiten [FHS13, Grö15, Höc13]. Aufgrund der Anforderungen an die Bauteile für die Anwendungen in der Luftfahrt (z.B. zyklische Belastungen) und der in Abschnitt 6.8 beschriebenen erzielbaren Oberflächengüte im LPA-Prozess erfolgt stets eine spanende Nachbearbeitung der Bauteile, um die geforderte Oberflächenqualität zu erhalten.

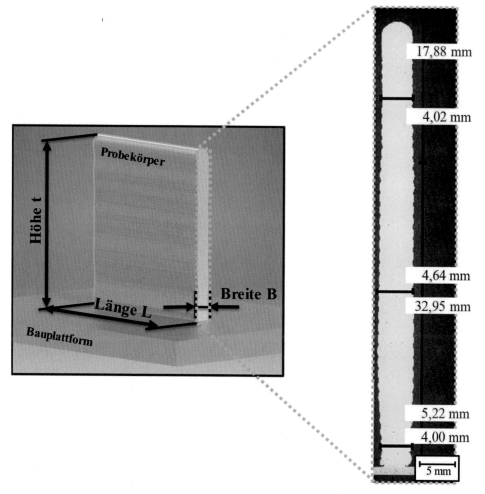

Abbildung 6.49: Querschliff mit charakteristischen Wandstärkenirregularitäten der Probengeometrie

Die Anforderungen an die Strukturen betreffen also zum einen die interprozessuale Betrachtung, die Einhaltung eines definierten Toleranzbereichs für den Einsatz des Bauteils.

Um die geforderten Bauteilabmessungen zu gewährleisten, darf die untere Grenze des geometrischen Toleranzbereichs nicht unterschritten werden. Das Einhalten der oberen Toleranzgrenze erfolgt durch die spanende Bearbeitung und definiert somit eine intraprozessuale Anforderung. Zielsetzung für die geometrische Maßhaltigkeit ist also auf der einen Seite, das definierte Mindestmaß nicht zu unterschreiten und auf der anderen Seite, das Spanvolumen zu minimieren.

Die Ermittlung der geometrischen Maßhaltigkeit erfolgt im ersten Schritt an drei Wandstrukturen mit jeweils drei Querschliffebenen (siehe Abbildung 6.49). Die Betrachtung und globale Vermessung der Schliffe erfolgt an dem Lichtmikroskop Olympus GX 51.

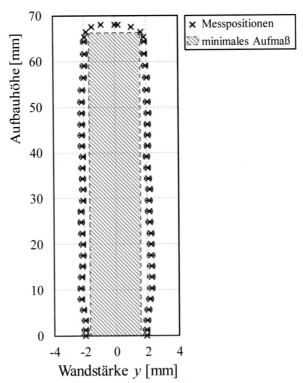

Abbildung 6.50:   Eingemessene Probekörpergeometrien und Aufmaßreferenz der geplanten Wandgeometrie

Die aufgebauten Wandstrukturen zeigen bereits mit dem initialen Prozessparametersatz eine konstante Aufbauhöhe in z-Richtung von 68,03 mm ± 0,089 (vergleiche Gleichungen (2.5) und (2.6)). Allerdings zeigt die Wandstärke mit 4,65 mm ± 0,40 eine sehr irreguläre Struktur in den Schliffbildern, die in der nachgelagerten spanenden Bearbeitung mit Mehraufwand beseitigt werden muss. Anhand der Ergebnisse, die aus den aufgebauten Wandstrukturen abgeleitet werden, kann die Veränderung der Wandstärke erfasst werden. Zu diesem Zweck werden die Probekörper zusätzlich mit der KMM Wenzel LH87 in Verbindung mit dem ShapeTracer vermessen (siehe Abschnitt 4.4). Für das Einmessen wird der mittlere Bereich der Probekörper auf einer Länge von 40 mm betrachtet. Die Messwerte werden anschließend auf eine Ebene projiziert und die arithmetischen Mittelwerte sowie die zugehörigen Streuungen angegeben (siehe Abbildung 6.50). Im Vergleich zu den Messwerten wird die Geometrie der geplante Wandstruktur bzw. deren benötigtes Aufmaß dargestellt. Dieses Aufmaß wird als Sollmaß definiert, um durch die nachgelagerte spanende Bearbeitung die geforderte Oberflächengüte zu erzielen.

Während im oberen und unteren Bereich der Aufbauhöhe der Wandstrukturen nur geringe Abweichungen zwischen dem Abmaß der gefertigten Probekörper und dem Sollmaß auftreten, liegt im mittleren Aufbauhöhenbereich von 10 mm bis 50 mm eine vergrößerte Wandstärke vor und somit eine gesteigerte Abweichung von der Sollkontur. Im untersten Bereich erfolgt somit zu Beginn des Wandaufbaus eine stetige Zunahme der Wandbreite. In Folge des konstanten Pulvermassenstromes bedeutet dies eine Reduzierung der Lagenhöhe. In dem zweiten Bereich liegt eine näherungsweise konstante Ausprägung der Lagenbreite und damit der Wandstärke vor, während in dem dritten Bereich die Lagenbreite erneut abnimmt. Die detaillierte Betrachtung dieses Phänomens sowie der zugrundeliegenden Wirkursachen werden in Abschnitt 7.2.1 beschrieben. Daraus kann die Schlussfolgerung abgeleitet werden, dass sich die Irregularität der Wandstärke auf einer systematischen Ursache gründet, die eine charakteristische geometrische Gestalt entlang der Aufbauhöhe ausprägt. Diese Abweichungen treten dementsprechend entlang der Aufbauhöhe auf und stellen den wesentlichen Anteil der Wandstärkenirregularität dar. Die Wandstärkenvariation in der Schnittebene für spezifische Aufbauhöhen ist durch geringere Schwankungsbreiten gekennzeichnet.

Die erfassten Messwerte sowie die charakteristische geometrische Gestalt konnten in ähnlicher Form auch für verschiedenartige weitere Anlagentechnologien der LPA-Verfahren sowie für weitere generative Auftragschweißprozesse identifiziert werden und stellen somit eine systemtechnisch- und prozessübergreifende Herausforderung dar [ANL14a, BBL10, CSP10, HLP11, Kel06, KK04b, KMS00, PAF08, PGG15, Wit15].

6.10 Zusammenfassung und Fazit

In den durchgeführten Untersuchungen der vorangegangenen Abschnitte sind die wesentlichen qualitätsrelevanten Ergebnisgrößen in Abhängigkeit der Aufbauhöhe betrachtet worden. Hierbei konnte grundlegend eine Abhängigkeit der untersuchten Eigenschaften von der Aufbauhöhe nachgewiesen werden. Dabei wurde jedoch ebenfalls aufgezeigt, dass sich die qualitätsrelevanten Ergebnisgrößen trotz der vorliegenden Variation über die Bauhöhe innerhalb des erarbeiteten luftfahrtspezifischen Anforderungsprofils befinden (vergleiche Tabelle 3.1).

Einzig die geometrische Maßhaltigkeit unterliegt einer starken Schwankungsbreite für den initialen Prozessparametersatz. Da die geforderten Oberflächeneigenschaften nur durch eine spanende Bearbeitung erzielt werden können, ist stets ein Bearbeitungsaufschlag für alle Flächen notwendig (siehe Abbildung 6.51).

Die irreguläre Ausprägung der Wandstärke entlang der Aufbauhöhe bedingt zum einen, dass die geringste Wandstärke die Tragfähigkeit definiert und somit die Bereiche mit vergrößerter Wandstärke einen vermeidbaren Materialauftrag darstellen, der im nächsten Schritt spanend entfernt werden muss. Zum anderen weist die Irregularität auf veränderliche Prozessrandbedingungen hin, die im Folgenden untersucht werden sollen, um auch für die geometrische Maßhaltigkeit die Zielsetzung einer qualitätsgerechten Prozessführung zu erfüllen.

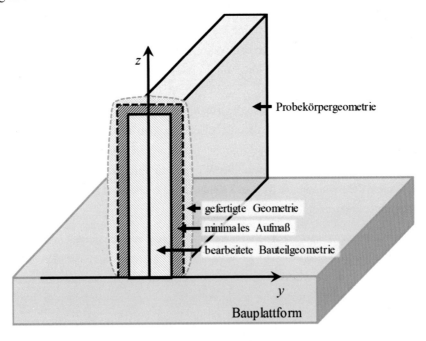

Abbildung 6.51:   Abstrahierte Darstellung der Relation zwischen hergestellter Geometrie, dem minimalen Aufmaß und der finalen Bauteilgeometrie

7 Qualitätszielorientierte Prozessstrategieentwicklung

Für den zukünftigen Einsatz des LPA-Verfahrens in der additiven Prozesskette zur Herstellung von Luftfahrtbauteilen ist in den vorangegangenen Abschnitten der Grundstein gelegt worden. Dabei sind zum einen die anlagensystemtechnischen und prozessualen Einflussfaktoren untersucht und Grenzwertbereiche für diese Faktoren definiert worden, um eine reproduzierbare Prozessführung zu gewährleisten (vergleiche Abschnitt 5). Zum anderen sind die qualitätsrelevanten Ergebnisgrößen im Kontext der luftfahrtspezifischen Anforderungen bewertet und deren Einhaltung belegt worden (vergleiche Abschnitt 6). Einzig die Forderungen zur geometrischen Maßhaltigkeit werden bislang nicht erfüllt. Um dies zu lösen wird mit dem Fertigungsprozessmanagement eine Methodik verwendet, die in Analogie zu dem Geschäftsprozessmanagement entwickelt worden ist (vergleiche Abschnitt 5.2). Die Verwendung dieser Methodik stellt ein systematisches Vorgehen zur Herleitung einer barrierefreien additiven Prozesskette für die Fertigung von Luftfahrtbauteilen mit dem LPA-Verfahren zur Verfügung, um die Einhaltung der geometrischen Toleranzanforderungen entlang der Prozesskette zu gewährleisten.

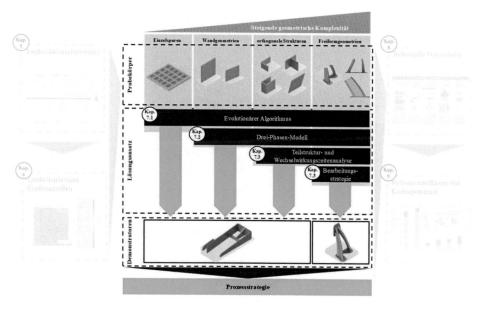

Abbildung 7.1: Vorgehensweise zur Erarbeitung der Prozessstrategie für die Implementierung in die additive Fertigung von Luftfahrtstrukturen mit dem LPA-Verfahren

© Der/die Autor(en), exklusiv lizenziert durch
Springer-Verlag GmbH, DE , ein Teil von Springer Nature 2021
M. L. B. Möller, *Prozessmanagement für das Laser-Pulver-Auftragschweißen*,
Light Engineering für die Praxis, https://doi.org/10.1007/978-3-662-62225-4_7

Zu diesem Zweck werden in diesem Kapitel Probekörpergeometrien mit steigender geometrischer Komplexität definiert und im Rahmen der Prozessstrategieentwicklung ein schrittweiser Lösungsansatz verfolgt, der die prozesssichere Herstellung maßhaltiger Luftfahrtstrukturen gewährleistet (siehe Abbildung 7.1).

7.1 Einzelspuren

Das Ziel dieses Abschnittes ist die **Reduzierung** des Aufwands für die Prozessparameteridentifikation sowie die Gestaltung der Grundlage für eine **Automatisierung** der Parameteridentifikation.

Die Ergebnisgüte des LPA-Prozesses ist abhängig von vielen Einflussfaktoren sowie deren Wechselwirkungen untereinander (siehe Abschnitt 5.1). Um diese Interdependenzen zu untersuchen und im Hinblick auf ein gewünschtes Prozessergebnis zu gestalten, ist eine Prozessparameteridentifikation notwendig, die mit konventionellen Prozessentwicklungsansätzen wie der statistischen Versuchsplanung und experimentellen Parameterstudien erarbeitet werden können [Kle16]. Diese Verfahren führen zu einer großen Anzahl notwendiger Versuche und damit einem großen Aufwand in der experimentellen Versuchsführung hinsichtlich der Prozessparameterentwicklungen. Des Weiteren wird für die Analyse und Interpretation der Ergebnisse der Prozessentwicklung Erfahrungswissen benötigt.

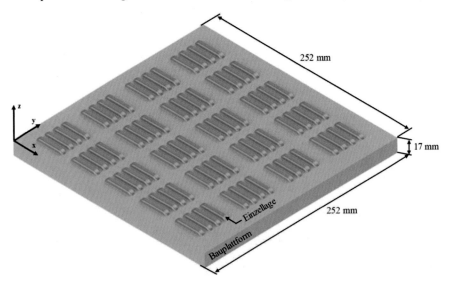

Abbildung 7.2:   Anordnung von Einzelspuren auf der Bauplattform (grau: Bauplattform; türkis: Einzellagen)

Daher wird im Folgenden eine Methodik zur Prozessparameterentwicklung erarbeitet, die zum einen die Anzahl der benötigten Versuche im Vergleich zur statistischen Versuchsplanung deutlich reduziert. Zum anderen ermöglicht diese eine Automatisierung sämtlicher Teilschritte nach erfolgter Definition des Suchraumes bis zur Ausgabe des optimalen Parametersatzes. Zu diesem Zweck werden Einzelspuren mit variierenden Parametern auf einer Bauplattform aufgebaut und die zugehörige Ergebnisqualität bewertet (siehe Abbildung 7.2).

7.1.1 Genetische Algorithmen

Die zu identifizierenden Prozessparameter befinden sich dabei im Spannungsfeld konkurrierender Zielsetzungen, wie z.b. der Produktivität und der Ergebnisqualität. Die Aufgabe der Prozessparameteridentifizierung ist somit die Selektion derjenigen Parametersätze aus dem technisch möglichen Parameterraum, für die die Zielkriterien am besten erfüllt sind. Zur Suche nach optimalen Lösungen für derartige Mehrzielproblemstellungen werden Optimierungsverfahren eingesetzt [Düc13]. Diese Optimierungsverfahren zeichnen sich durch die Sondierung der Lösungen x_i innerhalb eines definierten Suchraumes X_S^M für mehrere Zielkriterien $f_n(x_i)$ aus. Technische Limitationen, wie beispielsweise anlagenspezifische Freiheitsgrade, werden durch die Restriktionen des Suchraumes u_i und o_i beschrieben und als Randbedingungen in der Lösungssuche berücksichtigt. Mit diesen Faktoren kann das Optimierungsproblem mathematisch beschrieben werden und aus der Gesamtheit der Lösungen x_i für jedes Zielkriterium $f_n(x_i)$ eine optimale Lösung x_{opt} ermittelt werden (siehe Gleichung (7.1)) [BL04, KCD07].

$$f_{1..k}(x_{opt}) = \min\{f_1(x_i), f_2(x_i), f_3(x_i), \ldots, f_k(x_i)\},$$

(7.1)

$$\text{für den Suchraum } X_S^M \{u_i \leq x_i \leq o_i \quad (1 \leq i \leq M)\}$$

Im Rahmen dieser Arbeit werden die Evolutionären Algorithmen zur Lösung des Optimierungsproblems ausgewählt. Für diese Art der Optimierungsprobleme bieten die Evolutionären Algorithmen im Vergleich zu alternativen Verfahren, wie z.B. den unterschiedlichen Gradientenverfahren [RHG12], den Vorteil, über lokale Extrema hinaus zu suchen und gleichzeitig eine effiziente Optimierung für die Zielkriterien durchzuführen. Dieser Vorteil basiert auf einer iterativen Optimierung der Suchergebnisse in Verknüpfung mit einer stochastischen Exploration des Suchraumes. Das heißt die lokale Optimierung in dem Umfeld guter Parameter wird mit der ergänzenden Möglichkeit zum Sprung innerhalb des Suchraumes kombiniert [BL04, CLv07, Düc13].

In der technischen Anwendung zur Parametersuche in Produktionsprozessen bieten diese Algorithmen somit das Potenzial, auf der einen Seite die gezielte Optimierung der Prozessparameter automatisiert durchzuführen, ohne einer subjektiven Interpretation des Anwenders zu bedürfen [CLv07, KCD07]. Auf der anderen Seite wird durch die Sprünge im Suchraum eine stochastische Abdeckung des Parameterraumes erzielt, welche die effiziente Identifikation von Bereichen optimaler Prozessparameterfenster bei minimalen Versuchsaufwänden erzielt. Des Weiteren können mit diesem Ansatz verrauschte Messwerte (z.B. experimentelle Messergebnisse) sowie unstetige nicht differenzierbare Zielfunktionen effizienter als mit konventionellen Verfahren untersucht werden [BL04, CLv07, DAP00].

Die Evolutionären Algorithmen (EA) stellen einen Oberbegriff innerhalb der Gruppe der bionischen Optimierungsverfahren dar. Die Verfahren basieren auf der darwinschen Evolutionstheorie zur Genese von Individuen in Flora und Fauna, die sich innerhalb eines kontinuierlichen Optimierungsprozesses an die Umweltbedingungen anpassen [Wei15].

Die **Individuen**, die sogenannten Merkmalsträger, passen sich mit unterschiedlicher Güte an die Umweltbedingungen an, wobei die bestangepassten Individuen die größte Lebenserwartung und damit eine häufigere **Reproduktion** von **Nachkommen** aufweisen. Durch diese vermehrte Reproduktion erfolgt eine implizit verstärkte **Selektion** der bestangepassten **Eltern**-Individuen. Die Weiterentwicklung der Individuen basiert auf der **Variation** des Erbgutes. Die Variation vollzieht sich in zwei wesentlichen Verfahren. Zum einen werden durch **Mutationen** kleine, randomisierte Veränderungen am Erbgut vorgenommen, sodass verschiedenartige Anpassungsrichtungen erprobt werden. Zum anderen erfolgt durch die **Rekombination** eine Durchmischung des Erbgutes von Eltern, die jeweils über unterschiedliche Anpassungsgüten verfügen, in einem Nachkommen [Ada07, VDI6224, Wei15].

Das Zusammenwirken der Selektion der Nachkommen und der Variation des Erbgutes, führt zur optimierten Umweltanpassung der Individuen beim Übergang von einer Eltern- zu einer Nachkommen-Population [CLv07, VDI6224]. Das vorgestellte Prinzip der Evolution wird im Rahmen der EA genutzt, um durch eine algorithmische Abbildung die Nutzbarmachung und Automatisierung dieses iterativen Optimierungsprozesses zu realisieren. Die EA können entsprechend ihrer individuellen algorithmischen Ausgestaltung in drei Gruppen eingeteilt werden (siehe Abbildung 7.3).

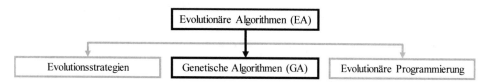

Abbildung 7.3: Ausprägungen der Ausgestaltung von Evolutionären Algorithmen und Einordung der Genetischen Algorithmen nach [Ada07, VDI6224]

Das Einsatzgebiet der EA sind Optimierungsprobleme, für die entweder keine analytische Beschreibung der Problemstellung vorhanden ist, oder aber konventionelle Lösungsansätze ineffizient sind. Die Genetischen Algorithmen (GA) ermöglichen im Gegensatz zu den Evolutionsstrategien sowie der Evolutionären Programmierung die besonders robuste Identifikation eines Parameteroptimums. Diese eignen sich dabei auch für die Anwendung in großen Suchräumen [Ada07, BL04, CLv07, CWM12, ZTD01]. Eine weiterführende Übersicht über die verschiedenen Ausgestaltungen der EA findet sich in der Literatur [CLv07, Poh13, Wei15].

Genetische Algorithmen basieren darauf, dass iterativ neue Populationen erzeugt werden. In jeder neuen Population wird eine Menge an Individuen x_i identifiziert, die im Hinblick auf die Zielfunktionen (ZF) $f_n(x_i)$ nicht-dominiert werden (siehe Gleichung (7.2)) [Poh13].

$$x_2 >_{dom} x_1 := \forall\, 1 \leq j \leq k: f_j(x_2) \geq f_j(x_1) \wedge \exists 1 \leq j \leq k: f_j(x_2) > f_j(x_1) \qquad (7.2)$$

Ein Individuum dominiert ein anderes, wenn die Ausprägung mindestens eines Zielkriteriums dieses Individuums besser ist, als für das andere Individuum. Des Weiteren darf kein Zielkriterium existieren, das eine geringere Bewertung aufweist (siehe Abbildung 7.4).

Die Menge der nicht-dominierten Lösungen (nichtdom(X_S^M)) wird als Pareto-Front (PF) bezeichnet (siehe Gleichung (7.3)) [Poh13, Wei15].

$$\text{nichtdom}(X_S^M) := \left\{ x_2 \in X_S^M | \nexists x_1 \in X_S^M: x_1 >_{dom} x_2 \right\} \qquad (7.3)$$

Die wahre Pareto-Front wird dabei durch die, in der aktuellen Iteration des GA, vorliegende Menge nicht-dominierter Lösungen angenähert [Poh13, ZTD01].

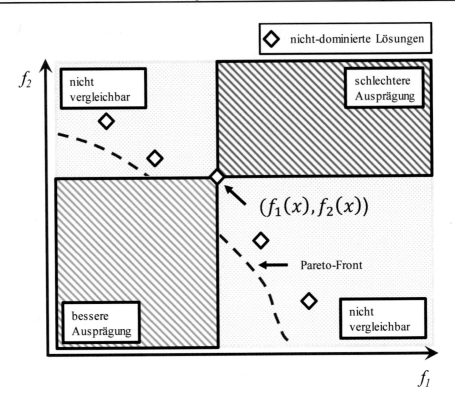

Abbildung 7.4:   Exemplarischer Verlauf einer Pareto-Front im Zielfunktionsraum (f_1, f_2) nach [CLv07, Poh13, Wei15]

Im Folgenden wird für die GA ein Überblick über bestehende, technische Applikationen sowie die dabei verwendeten algorithmischen Umsetzungen aufgezeigt. Auf der Grundlage dieses Überblicks wird für die vorliegende Problemstellung der Prozessparameteridentifikation eine algorithmische Umsetzung des Genetischen Algorithmus ausgewählt (siehe Tabelle 7.1). Dabei wird insbesondere berücksichtigt, dass die experimentellen Messergebnisse Streuungen aufweisen und diese somit die Auswertung der Zielfunktionen beeinflussen. Daher werden ergänzend die Erkenntnisse aus bestehenden Arbeiten untersucht, die die Robustheit der Optimierung unter Verwendung verrauschter Messwerte beschreiben. Diese Beeinflussung durch Messwertstreuungen wird als sogenannter Zielfunktionsstörungseinfluss (ZFE) bezeichnet [CLv07].

Tabelle 7.1:   Applikationen und Arten von Genetischen Algorithmen innerhalb ingenieurwissenschaftlicher Problemstellungen

Quelle	Anwendung	Art des GA	ZFE	Problemstellung
[CCD06]	Optimierung der Mitarbeitereinsatz-planung	NSGA-II[1] und SPEA2[2]	✓	Ressourcen-allokation
[LHC13]	Optimierung des Designs von Kühl-körpern	NSGA-II	x	Bauteildesign
[FNN96]	Konstruktive Auslegung von f − θ Linsen	Angepasster kanonischer GA nach [Wri91]	x	Bauteildesign
[Kel10]	Optimierung des Laminatdesigns für Verbundwerkstoffbauteile	Kanonischer GA	✓	Bauteildesign
[AP13]	EA für die Bildsegmentierung	Angepasster kanonischer GA nach [WS90]	✓	Bildverarbeitung
[BKH14]	Evolutionäre Strukturoptimierung für die Signalmodellierung	NSGA-II	✓	Signalverarbei-tung
[Kor17]	Objekterkennung mittels Neuronaler Netze (NN) und evolutionärer Algo-rithmen	Kanonischer GA	✓	Optimierung von NN-Netz-werk-Strukturen
[CHF03]	Optimierung der Maschinenbelegung für parallelisierte Fertigungslinien	MPGA[3]	✓	Wirtschaftlich-keitsoptimierung
[TNA99]	Optimierung der Maschinenbele-gungsplanung in einem Job-Shop	Angepasster kanonischer GA mit aggregierter ZF	x	Wirtschaftlich-keitsoptimierung
[TRM01]	Optimierung der Maschinenbele-gungsplanung in einem Flow-Shop	NSGA, MOGA[4], VEGA[5]	✓	Wirtschaftlich-keitsoptimierung
[PP98]	Optimierung der Dispositionsströme und Maschinenbelebung für Ferti-gungszellen	NPGA[6]	✓	Wirtschaftlich-keitsoptimierung
[NS96]	Optimierung der Produktionsplanung	Angepasster kanonischer GA mit Nebenbedingun-gen	x	Wirtschaftlich-keitsoptimierung

[1] Non-dominated Sorting Genetic Algorithm (NSGA-II); [2] Strength Pareto Evolutionary Algorithm (SPEA); [3] Multi Population Genetic Algorithm (MPGA); [4] Multi Objective Genetic Algorithm (MOGA); [5] Vector Evaluated Genetic Algorithm (VEGA); [6] Niched Pareto Genetic Algorithm (NPGA)

Die aufgezeigten Untersuchungen verwenden unterschiedliche algorithmische Umsetzun-gen der GA. Die vergleichenden Untersuchungen der unterschiedlichen GA in der Literatur [CCD06, CLv07, LHC13, TRM01] zeigen auf, dass der *Non-dominated Sorting Genetic Algorithm* (NSGA-II) zum einen die robusteste und explorativste Optimumsuche aufweist und auch beim Einsatz in großen Suchräumen unter bestehender ZFE eine effiziente Optimierung ermöglicht. Zum anderen erzielt der NSGA-II im Vergleich zu alternativen GA vergleichsweise hohe Ergebnisgüten, das heißt, dass geringe Abstände zwischen der ermittelten PF und der wahren PF realisiert werden können.

Dementgegen bestehen die Limitationen des NSGA-II auf der einen Seite darin, dass für mehr als drei Zielfunktionen eine deutliche Verminderung der Suchgeschwindigkeit vorliegt und somit andere Algorithmen für diesen Fall eine effektivere Optimumsuche ermöglichen [DPA02, VDI6224, WBN07]. Im Rahmen dieser Arbeit werden deshalb die Zielkriterien durch maximal drei Zielfunktionen repräsentiert. Auf der anderen Seite besteht die Herausforderung des NSGA-II darin, dass für Startbereiche in isolierten Arealen des Suchraumes sowie ungeeignete Randbedingungen eine geringe Optimierungsgeschwindigkeit resultiert [CP01]. Diesem Aspekt wird in der vorliegenden Arbeit dadurch begegnet, dass in einem ersten Ansatz eine gleichmäßige Rasterung des gesamten Suchraumes erfolgt, welcher ausschließlich durch die technischen Restriktionen definiert ist (z.B. minimale bis maximale Laserleistung). In einem nachfolgenden Ansatz wird das Zielgebiet auf der Basis einer analytischen Formulierung abgeschätzt und damit ein optimierter Suchraum bereitgestellt.

Ein Individuum repräsentiert an dieser Stelle einen Parametersatz (Par.), während die Merkmale die wesentlichen Prozessstellgrößen (vgl. Abschnitte 5 und 6) beschreiben. Die Stellgrößen werden auf die drei identifizierten wesentlichen Einflussgrößen des LPA-Prozesses die Laserleistung P_L, die Vorschubgeschwindigkeit v_s und den Pulvermassenstrom $\dot{m}_{Pul}$ limitiert. Die Individuen werden durch jeweils einen Parametersatz dieser Merkmale dargestellt (siehe Gleichung (7.4)).

$$\text{Par.} := \{P_L;\ v_S;\ \dot{m}_{Pul}\} \tag{7.4}$$

Diese Parametersätze werden dann mit den Bewertungen der drei Zielgrößen sowie einer aggregierten Zielfunktion verknüpft. Auf dieser Grundlage werden nach der Durchführung der experimentellen Untersuchungen jeweils die Datensätze, bestehend aus den Individuen, deren Zielerreichung sowie der aggregierten Form der Zielerreichung, erzeugt (siehe Abbildung 7.5).

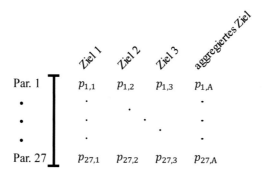

Abbildung 7.5:   Formatierung der Parameterdatensätze für den GA

Die charakteristischen Elemente für die Funktionsweise des NSGA-II Algorithmus sind der **Elitismus**, die Auswahl der **Sortierung**, die **Populationsdiversität** sowie die **Selektion, Rekombination** und **Mutation** [DAP00].

In der Initialisierungsphase des NSGA-II Algorithmus wird eine initiale Population für die Start-Generation ($t = 0$) erzeugt und deren Zielerreichung bewertet. Die daraus abgeleiteten Datensätze bilden den Ausgangspunkt, um daraus die erste Generation ($t = 1$) mit dem Genetischen Algorithmus zu ermitteln (siehe Abbildung 7.6). Die zugrundeliegende Methodologie der einzelnen Elemente sowie deren Umsetzung wird nachfolgend beschrieben.

Der **Elitismus** gewährleistet, dass die besten Individuen für die Entwicklung zukünftiger Generationen berücksichtigt werden. Zu diesem Zweck werden die schlechtesten Nachkommen-Individuen durch die besten Individuen der Elterngeneration ersetzt [DAP00].

Im Rahmen der **nicht-dominierten Sortierung** (NDS) werden die einzelnen Individuen in nicht-dominierten Mengen, den sogenannten Partitionen (Partition 1, .., Partition n_{Part}), zusammengefasst, sodass in jeder Menge nur noch nicht-dominierte Individuen vorhanden sind. Anschließend wird eine Rangfolge der Partitionen erstellt, indem die gegenseitige Dominanz der Mengen untereinander bewertet wird und diese entsprechend angeordnet werden [DAP00, VDI6224].

Zur Sicherstellung der **Populationsdiversität** wird der Abstand der einzelnen Individuen zueinander ermittelt. Dieses Maß bildet die Grundlage für die Sortierung und Rangfolge der Individuen innerhalb einer Partition. Dazu wird in dem *Crowd-Distance Sorting* (CDS) die jeweilige Manhattan-Distanz (MD) [Kle05] eines Individuums zu seinem nächsten Nachbarn bestimmt und die Individuen mit den größten MD werden bevorzugt. Dieses Vorgehen ermöglicht eine gleichmäßige Verteilung der Population entlang der temporären PF.

Die **Selektion** basiert darauf, dass aus den bestangepassten Individuen der Elterngeneration die Nachkommen-Individuen erzeugt werden. Zu diesem Zweck wird die binäre Turnierselektion verwendet [DAP00]. Hierbei werden aus jeweils zwei Eltern-Individuen auch zwei Nachkommen-Individuen erzeugt. Dafür werden aus der identifizierten Elterngeneration zwei Individuen zufällig ausgewählt und das besser angepasste Individuum für die Elternschaft gewählt (siehe Abbildung 7.6). Dieses Vorgehen wird solange wiederholt, bis die gewünschte Anzahl an Eltern-Individuen erreicht ist. Für die Gestaltung einer neuen Population wird die selektierte Menge durch die Genetischen Operatoren verändert und als Nachkommen-Individuen in einer neuen Generation zusammengefasst.

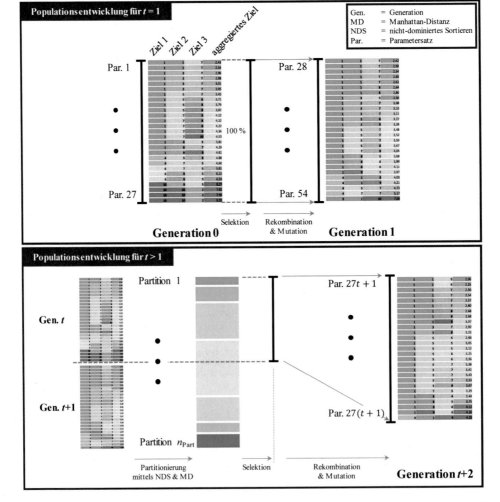

Abbildung 7.6:   Ablauf der Populationsentwicklung des Genetischen Algorithmus für t = 1 und t > 1 (Bewertung: gute Anpassung (1: grün); schlechte Anpassung (10: rot))

Die Genetischen Operatoren (Rekombination und Mutation) bilden den abschließenden Schritt zur Erzeugung einer neuen Population. Die **Rekombination** nimmt einen wahrscheinlichkeitsbasierten Austausch von Merkmalen zwischen zwei Eltern-Individuen vor. Daraus werden zwei Nachkommen-Individuen erzeugt, deren Merkmalskonstitution aus diesem Austausch resultiert. In Folge des blockelementweisen Austauschs von Merkmalen sind, im Vergleich zur Evolution in der Natur, auch sehr große Anpassungssprünge von der Eltern- zur Nachkommengeneration möglich. Dadurch wird in der Applikation der GA eine sehr gute Suchraumabdeckung gewährleistet [BL04, DA95].

Die **Mutation** ergänzt diese großen Suchraumsprünge um kleine Veränderungen, das heißt die Variation jedes einzelnen Merkmals mit einer geringen Wahrscheinlichkeit [DPA02]. Dies trägt, neben der inkrementellen Suchschrittweite, dazu bei, die Populationsdiversität zu steigern und damit den Suchraum gleichmäßig abzutasten.

Im Rahmen dieser Arbeit werden die Erkenntnisse aus [DA95, DD14, KCD07] genutzt, die die NSGA-II Effizienz in Abhängigkeit der Mutations- und Rekombinationsparameter für verschiedenste Problemstellungen untersucht haben. Für die Rekombinationswahrscheinlichkeit wird auf dieser Grundlage ein Wert von $p_c = 0{,}9$ gewählt, während die Mutationswahrscheinlichkeit mit $p_m = 0{,}167$ definiert wird.

Die Anzahl der Iterationen des GA, und damit die Menge der erzeugten Generationen, sind abhängig von dem gewählten Abbruchkriterium. Ein Überblick über die unterschiedlichen Arten von Abbruchkriterien, wie beispielsweise zielfunktionsabhängige Kriterien, Individuen basierte Kriterien oder fixierte Iterationsanzahlen, wird in der weiterführenden Literatur aufgezeigt [Ada07, Wei15]. An dieser Stelle wird als Abbruchkriterium der maximal verfügbare Bauraum auf der Bauplattform verwendet. Die Menge der Individuen wird dadurch auf die Anzahl von 108 Einzellagen beschränkt. Darauf aufbauend erfolgt die Definition einer Populationsgröße von 27 Parametersätzen, die in vier Generationen erzeugt werden.

Für die Darstellung des Programmablaufs des GA wird ein erläuterter Pseudocode in Tabelle 7.2 aufgezeigt, der die chronologische und semantische Umsetzung der vorgestellten Einzelelemente des NSGA-II Algorithmus veranschaulicht.

Der NSGA-II Algorithmus wird in einen iterativen Untersuchungsablauf eingebunden. Dabei erfolgt wiederholt die Definition von Parametersätzen mit dem GA und deren Bewertung auf Basis von experimentellen Untersuchungsergebnissen. Zu dem Zweck der Automatisierung der Parameteridentifikation werden alle Teilschritte so ausgelegt, dass jeweils eine vollautomatische Verwendung in nachfolgenden Untersuchungen möglich ist.

Der Ablauf für die Parameteridentifikation beginnt mit der Definition der Randbedingungen des Parametersuchraumes (siehe Abbildung 7.7).

Tabelle 7.2:   Ablauf des NSGA-II Algorithmus in Pseudocode-Darstellung nach [CLv07, DAP00, Wei15]

NSGA-II Algorithmus

1:	**program** NSGA-II $(\chi, g, f_k(x))$ $\%\,\chi$ Individuen durchlaufen g Generationen für die Lösung von $f_k(x)$
2:	Initialisiere die Population P'
3:	Erzeuge die gleichmäßig verteilte Population der Größe χ
4:	Sortierung nach NDS und CDS
5:	Erzeuge die Nachkommengeneration mit:
6:	binärer Turnierselektion
7:	Rekombination und Mutation
8:	**for** $i = 1$ to g **do**
9:	**for** jedes Eltern- und Nachkommenindividuum **do**
10:	Sortierung nach NDS und CDS
11:	Partitionierung zu nicht-dominierten PF-Mengen
12:	Erzeugen neuer Elterngeneration aus besten Partitionen sowie abhängig vom CDS
13:	**endfor**
14:	Erzeuge die nächste Generation mit:
15:	binärer Turnierselektion
16:	Rekombination und Mutation
17:	**endfor**
18:	**endprogram**

Auf der Basis der definierten Ober- und Untergrenzen des Parametersuchraums wird eine gleichmäßig verteilte initiale Population erzeugt. Nach der experimentellen Versuchsführung sowie der Auswertung der Zielkriterien, werden die bewerteten Parametersätze in der vorgestellten Formatierung (siehe Abbildung 7.5) aufbereitet und in den GA eingelesen. Mit der oben beschriebenen Vorgehensweise wird dann eine neue Population erzeugt. Dieser Ablauf wird solange wiederholt, bis das Abbruchkriterium erfüllt ist. Abschließend wird die PF-Menge der ermittelten Individuen ausgegeben. Innerhalb dieser PF-Menge wird mit der aggregierten Zielfunktion ein optimales Individuum bestimmt, welches den Parametersatz für die weiteren Untersuchungen bildet.

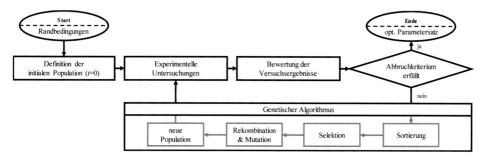

Abbildung 7.7:   Vorgehensweise zur evolutionären Parameteridentifikation im Rahmen dieser Arbeit

7.1.2 Evolutionäre Prozessparameteridentifikation

Für die Problemstellung der Prozessparameteridentifikation wird der beschriebene Algorithmus so adaptiert, dass eine Population 27 Einzelspuren, also die maximale Kapazität einer Bauplattform, beinhaltet.

Auf der Grundlage der in Abschnitt 5 definierten wesentlichen Einflussfaktoren, die für die Qualität von LPA-gefertigten Strukturen verantwortlich sind, werden die Stellgrößen für die Untersuchung gewählt (Laserleistung, Vorschubgeschwindigkeit und Pulvermassenstrom). In einem ersten Schritt wird die Prozessparameteridentifikation unter Verwendung der Erkenntnisse aus den Untersuchungen der qualitätsrelevanten Ergebnisgrößen und dem vorgestellten Prozessparametermodell (siehe Abschnitt 6) durchgeführt. Der Suchraum wird dadurch zusätzlich eingeschränkt und die Parametersätze der initialen Population werden symmetrisch um den in Abschnitt 6.2 ermittelten Parametersatz verteilt.

Im nächsten Schritt wird für die nachfolgende Demonstration der Prozessparameteridentifikation als Element der Prozessstrategie die Abhängigkeit von dem Vorwissen aufgehoben und der vollständige Suchraum für den Genetischen Algorithmus freigegeben (siehe Abschnitt 8). Die Parameter werden durch den GA in definierten Schrittweiten variiert (siehe Tabelle 7.3).

Tabelle 7.3:   Parametervariation für den Genetischen Algorithmus

Laserleistung [W]	Vorschubgeschwindigkeit [m/min]	Pulvermassenstrom [U/min]
1.000 – 2.000	0,5 – 1,2	4 - 10
inkrement: 100 W	inkrement: 0,1 m/min	inkrement: 1 U/min
		$\dot{m}_{Pul}$= 7,40 – 18,97 g/min

Die Zielkriterien werden aus der Zielsetzung einer qualitätsgerechten, und damit prozessstabilen, additiven Fertigung abgeleitet, die auf der kontinuierlichen Einhaltung der Anforderungen durch jede einzelne Lage während des generativen Aufbaus basiert. Die tiefgreifend untersuchten Anforderungen zur Realisation einer defektfreien Anbindung von mehrlagigen Auftragschweißprozessen, werden als Zielgrößen für die Bewertung der gefertigten Einzelspuren verwendet [Kel06, Sig06, TKC04]. Um eine vollständige Automatisierbarkeit zu gewährleisten und die Bauplattformen wiederverwendbar zu gestalten, werden ausschließlich zerstörungsfrei ermittelbare Kennwerte und Zielgrößen zur Prozessentwicklung genutzt. Die verwendeten Zielgrößen werden in einer Punktbewertung kumuliert und umfassen dabei drei Zielkriterien: die geometrische Bewertung des Auftrags, die Anbindungsqualität im Rahmen der Aspektverhältnisdefinition und als drittes Kriterium die Bewertung der Rissfreiheit, der Spritzerbildung sowie des Überhangs der Einzelspuren.

Die geometrische Bewertung stellt das erste Zielkriterium dar und beinhaltet das Bemessen der jeweiligen Höhe der Einzelspur. Für die Punktebewertung p_h dieser einzelnen Messhöhe h_i erfolgt die Wertebereichsnormierung [HS98] der gemessenen Höhe h_Mess auf ein umschließendes Intervall [1,10] (siehe Gleichung (7.5)). Die minimale Höhe, die für einen generativen Aufbau von endkonturnahen Strukturen genutzt werden kann, ist auf $h_\mathrm{min} = 0,1$ mm begrenzt. Dabei beschreibt eine Bewertung von $p_\mathrm{h} = 1$ die bestmögliche Ausprägung und eine Bewertung von 10 die schlechteste Ausprägung. Aufbauhöhen unterhalb dieses Grenzwertes fallen in den Bereich des Mikroauftragschweißens. Dieser Bereich wird aufgrund der reduzierten Wirtschaftlichkeit, die durch die Notwendigkeit mehrerer paralleler Lagen zur Erzielung der geforderten Wandstärken bedingt ist, in dieser Arbeit nicht weiter betrachtet [Jam12]. Die gemessene Spurhöhe h_max stellt das Maximum der gemessenen Höhen dar.

$$p_\mathrm{h} = \begin{cases} 10, & \text{für } h_\mathrm{Mess} < 0,1 \text{ mm} \\ \left[1 - \dfrac{h_\mathrm{i} - h_\mathrm{min}}{h_\mathrm{max} - h_\mathrm{min}}\right] 9 + 1, & \text{für } h_\mathrm{Mess} \geq 0,1 \text{ mm} \end{cases} \tag{7.5}$$

Die Ermittlung der Spurhöhe erfolgt mit der Wenzel LH87 in Verbindung mit dem ShapeTracer (siehe Tabelle 4.1). Für die automatisierte Auswertung der Einzelspurhöhen wird die an der Koordinatenmessmaschine aufgenommene Punktewolke in einem Matlab-Skript weiterverarbeitet. Dabei werden je Einzelspur fünf Messwerte der Höhe abgeleitet und der arithmetische Mittelwert berechnet (siehe Gleichung (2.5)). Durch die gewählte Orientierung der Bauplattform und der damit verbundenen Zuordnung der Messwerte zu den Einzelspuren, können die ermittelten Höhen direkt für die Kalkulation der Punktbewertung genutzt werden.

Das zweite Zielkriterium umfasst die Anbindungsqualität p_Φ, welche durch eine Bewertung des vorliegenden Aspektverhältnisses ermittelt wird. Zu diesem Zweck wird die Abweichung des gemessenen Aspektverhältnisses $\Phi_{Asp,i}$ vom identifizierten Sollverhältnis $\Phi_{Asp,optimal} = 4$ (vergleiche Abschnitt 6.1) nach [HLP11, Jam12, TKC04] erfasst. In Analogie zur Bewertung der Einzelspurhöhe wird die Normierung auf den beschriebenen Intervallbereich von [1,10] vorgenommen. Dabei wird ab einer Abweichung von über 25 % des gemessenen Aspektverhältnisses vom Optimum die Bewertung auf 10 gesetzt.

$$
p_\Phi = \begin{cases} 10, & |\Phi_{Asp,i} - \Phi_{Asp,optimal}| \geq 0{,}25 \\[2mm] \left[\dfrac{|\Phi_{Asp,i} - \Phi_{Asp,optimal}|}{\Phi_{Asp,max} - \Phi_{Asp,optimal}}\right] 9 + 1, & |\Phi_{Asp,i} - \Phi_{Asp,optimal}| < 0{,}25 \end{cases} \qquad (7.6)
$$

Für das dritte Zielkriterium erfolgt eine Punktbewertung $p_{R,S,Ü}$ der Rissfreiheit, der Spritzerbildung sowie der Überhänge, indem eine optische Bewertung sowie eine Risseindringprüfung nach [DIN2002, ISO3452] vorgenommen werden. Da Risse nicht akzeptiert werden, resultiert ein detektierter Riss in einer Bewertung von 10. Die Auswertung der Farbeindringprüfung sowie die optische Bewertung für Überhänge und Spritzerbildung wird im Rahmen dieser Arbeit durch drei Fachexperten anhand einer vierstufigen Punktbewertungsskala [1; 3; 7; 10] vorgenommen. Die Automatisierung dieses Prozesses kann mit Hilfe des Einsatzes industrieller Automatisierungslösungen für das Farbeindringverfahren umgesetzt werden [RWG15, Sch14b].

Zur Bewertung der Parametersätze in der PF-Menge werden die Einzelkriterien in einem aggregierten Zielkriterium zusammengefasst. Für die additive Fertigung mit dem LPA-Verfahren sind insbesondere die stabile Prozessführung und die damit verbundene optimale Ausformung der Naht ursächlich für reproduzierbare Prozessergebnisse. Aus diesem Grund erfolgt die herausgehobene Gewichtung der Anbindungsqualität in der Gesamtbewertung. Die resultierende Gesamtbewertung p_{gesamt} wird somit aus den Einzelkriterien berechnet (siehe Gleichung (7.7)).

$$
p_{gesamt} = \frac{p_\Phi}{2} + \frac{p_h}{4} + \frac{p_{R,S,Ü}}{4} \qquad (7.7)
$$

Die Parametersätze werden in den Generationen zur Fertigung der Einzelspuren verwendet. Für die nachfolgende Auswertung der vorgestellten Zielkriterien werden die Kennwerte separat für jede Einzellage erfasst (siehe Abbildung 7.8).

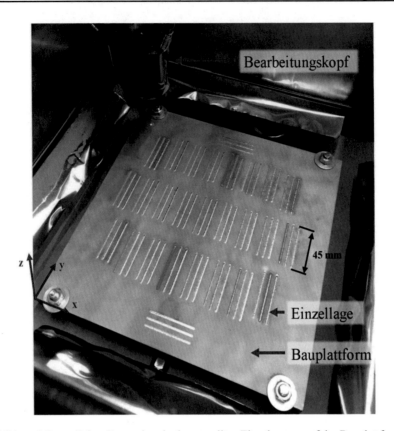

Abbildung 7.8:   Dritte Generation der hergestellten Einzelspuren auf der Bauplattform

Die vollständige Variation der Eingangsparameter resultiert in 616 möglichen Kombinationen (siehe Tabelle 7.3). Nach der Auswertung der Zielkriterien für eine Generation wird mit dem Genetischen Algorithmus die nächste Population optimierter Parametersätze erzeugt.

7.1.3   Ergebnis der Optimierung

Entsprechend der vorgestellten Vorgehensweise zur Parameteridentifikation, wird die initiale Population innerhalb der Randbedingungen gleichmäßig verteilt und im iterativen Vorgehen bis zum Eintreten des Abbruchkriteriums in neue Populationen weiterentwickelt. Diese gleichmäßige Verteilung der ersten Population im Suchraum sowie dessen Restriktionen (vergleiche Tabelle 7.3) sind in Abbildung 7.9 dargestellt. Dabei beschreibt jeder Punkt im Suchraum die Merkmalskonstitution eines Individuums und damit einen Parametersatz der Start-Generation.

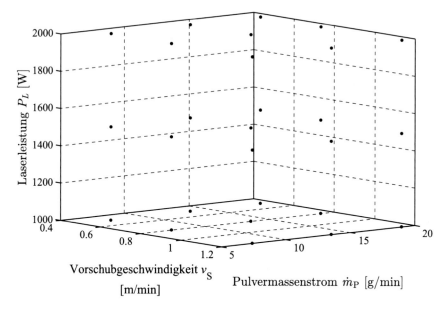

Abbildung 7.9: Lokalisation der Parametersätze aus der initialen Population im Suchraum

Im Verlauf der vier Generationen kann eine deutliche Verbesserung der Zielerreichung aufgezeigt werden. Die Farbe der Markierungen stellt die aggregierte, normierte Bewertung dar, wohingegen die Größe der Kreise die zugehörige Generation beschreibt. Dabei kennzeichnet der kleinste Durchmesser die früheste Generation und der größte Durchmesser die finale Generation.

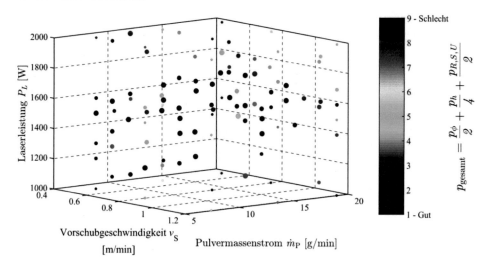

Abbildung 7.10: Aggregierte Bewertung der Individuen für die vier Generationen im Suchraum

An den Suchraumgrenzen zeigen die Ergebnisse der experimentellen Untersuchungen geringere Güten für die Zielkriterien auf. Dieses Verhalten der Parametersätze weist nach, dass die in Abschnitt 6.1 erarbeitete Formulierung zur Abschätzung des initialen Parameterraumes zur Definition eines Suchbereiches für den vorliegenden Fall geeignet ist (siehe Abbildung 7.10).

Das progressive Verhalten der Verbesserung der Zielfunktionswerte von Generation zu Generation, wird auch durch den steigenden Anteil der gut bewerteten Individuen repräsentiert. Der Anteil derjenigen Individuen, die eine gute aggregierte Bewertung ($p_{gesamt} \leq 3$) aufweisen, wird von 15 % in der initialen auf 81 % in der letzten Generation gesteigert (siehe Abbildung 7.11).

Die Individuen sind, auch nach vier Generationen, gleichmäßig über den Suchraum verteilt (siehe Abbildung 7.10), wobei eine Tendenz zur Verdichtung der Parametersätze im Bereich um $P_L = 1500$ W zu erkennen ist. Für diese Laserleistung können in dem Bereich von $v_s = 0,5$ m/min bis zu 1 m/min die Zielkriterien sehr gut erfüllt werden. Die Pulvermassenströme zeigen für diese Laserleistungs- und Vorschubwerte in einem Bereich von $\dot{m}_{Pul} = 10$ g/min bis zu 15 g/min eine gute Zielerfüllung. Diese Grenzen beschreiben somit näherungsweise den optimalen Parameterraum.

Für die Zielfunktionen ist eine deutliche Verbesserung über die Generationen zu beobachten. Singulär schlechte Ergebnisse in späteren Generationen resultieren aus der Diversitätserhaltung des GA und dienen innerhalb von fortgeschrittenen Generationen einer gleichmäßigen Erfassung der Zielfunktionslandschaft. In der zweidimensionalen Betrachtung (siehe Abbildung 7.12) der Zielfunktionen Nahtgüte sowie Aufbauhöhe kann die aktuelle Pareto Front grafisch ermittelt werden (grafische Abschätzung nach [Wei15]). Die Progression der Zielfunktionswerte, die sich von Generation zu Generation verbessern, zeigt dabei die zunehmende Verdichtung der untersuchten Parametersätze in der Nähe der PF_{akt}. In Bezug auf die Aufbauhöhe zeigen die neuen Populationen bereits in der dritten und vierten Generation die Ausprägung eines asymptotischen Verhaltens und damit die Ausbildung eines Grenzwertes für die maximale Aufbauhöhe.

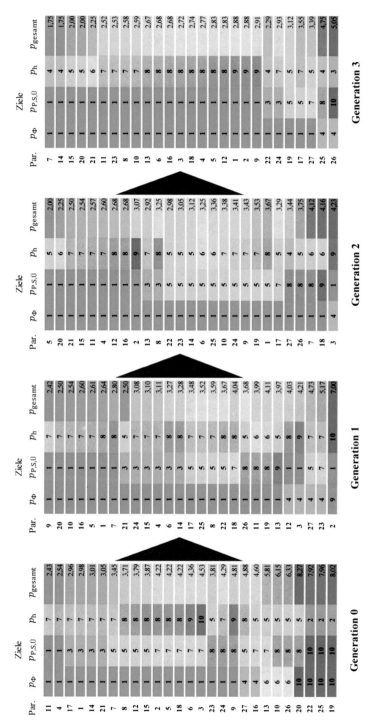

Abbildung 7.11: Auswertung der Zielkriterien für die erzeugten vier Generationen (Bewertung: gute Anpassung (1: grün); schlechte Anpassung (10: rot))

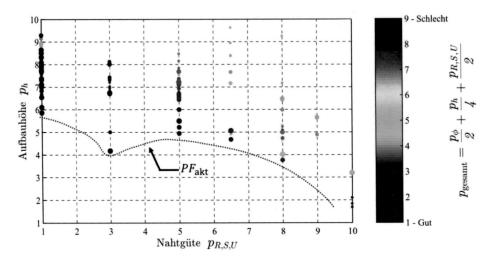

Abbildung 7.12:   Auswertung der Nahtgüte und der Aufbauhöhe nach vier Generationen

Dabei ist eine Steigerung der Aufbauhöhe durch die Rissentstehung oder aber die Bildung von Überhängen und Spritzern limitiert. Für die Betrachtung aller Zielkriterien kann diese Abbildung auf eine dreidimensionale Darstellung erweitert werden. Innerhalb dieser dreidimensionalen Darstellung besteht die Pareto Front in Form einer Ebene, die das Optimierungsziel für die Zielkriterien beschreibt (siehe Abbildung 7.13). In Abbildung 7.13 ist die generationsweise Optimierung der Parametersätze in Richtung der PF zu erkennen. Somit können die Zielkriterien nur bis zu dem Grenzwert gesteigert werden, der den besten Kompromiss zwischen den Zielfunktionen gewährleistet.

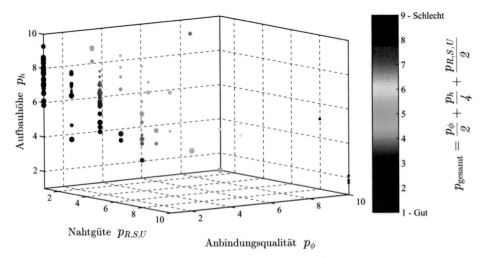

Abbildung 7.13:   Individuen nach vier Generationen in Abhängigkeit der Zielfunktionen sowie der aggregierten Bewertung

Zur Identifikation des optimalen Parametersatzes werden die Parameter entsprechend der jeweiligen Zielerreichung sortiert und in nicht-dominierenden Mengen zusammengefasst. Aus der Pareto Menge wird dann die optimale Kompromisslösung anhand der aggregierten Bewertung identifiziert und dieser Parametersatz für die folgenden Untersuchungen verwendet (siehe Tabelle 7.4).

Tabelle 7.4:   Ergebnis der evolutionären Parameteridentifikation

Laserleistung	Vorschubgeschwindigkeit	Pulvermassenstrom
1500 W	0,8 m/min	7 U/min

7.1.4 Fazit und Einbindung in die qualitätszielorientierte Prozessstrategie

Im Verlauf der Untersuchungen sind auf der Basis von vier Generationen, die jeweils über eine Population von 27 Parametersätzen verfügt haben, in Summe 108 Kombinationen überprüft worden. Die Gesamtanzahl möglicher Kombinationen ergibt sich aus der Diskretisierung der Parameter sowie der jeweiligen Stufenanzahl zu $(P_L\ \dot{m}_{Pul}\ v_s) = 11 \times 8 \times 7 = 616$. Dieses Verhältnis von durchgeführten Versuchen zu der Anzahl möglicher Kombination beschreibt die diskretisierte Suchraumabdeckung η_{Raum} (siehe Gleichung (7.8)).

$$\eta_{Raum} = \frac{\text{Summe erzeugter Individuen}}{\text{Anzahl möglicher diskreter Parameterkombinationen}} \qquad (7.8)$$

Somit konnte mit einer diskretisierten Suchraumabdeckung von $\eta_{Raum} = 17{,}5\ \%$ ein optimierter Parametersatz identifiziert werden.

Aufgrund der systematischen Herangehensweise, die ohne weitere Benutzereingriffe erfolgen kann und in Verbindung mit der bereits erstellten Teilautomatisierung des Auswerte- und Datenverarbeitungsprozesses, kann eine effiziente Prozessparameteridentifikation erfolgen. Der Ablauf bietet die Möglichkeit zur vollständigen Automatisierung und damit zur aufwandminimierten Prozessparametersuche.

Die Einbindung in die Prozessstrategie erfolgt, indem das erarbeitete teilautomatisierte Vorgehen von dem bisher notwendigen Vorwissen zur Suchraumeinschränkung entkoppelt wird. In der Prozesskette wird diese Vorgehensweise für einen Suchraum angewandt, der nur durch die anlagentechnischen Limitationen eingeschränkt wird.

7.2 Dünnwandige, zweidimensionale Strukturen

Die optimierten Prozessparameter aus dem vorangegangenen Abschnitt bilden den Ausgangspunkt für die Erzeugung mehrlagiger Probekörper. Im Rahmen einer schrittweisen Steigerung der Komplexität der Probekörpergeometrien werden in der nächsten Stufe Wandstrukturen untersucht (vergleiche Abbildung 7.1). In Abschnitt 6.9 ist aufgezeigt worden, dass bereits mit dem initialen Parametersatz eine gute Übereinstimmung zwischen geplanter und erzielter Bauhöhe erreicht werden kann. Im Gegensatz dazu wird für die Wandstärke der aufgebauten Probenkörper eine große Schwankungsbreite identifiziert, die der geforderten geometrischen Maßhaltigkeit entgegensteht (vergleiche Abschnitt 3.2 und 6.10).

Auf der Grundlage der Ergebnisse aus Kapitel 6 wird für diesen Abschnitt das Ziel abgeleitet, eine Identifizierung der Einflüsse aus dem iterativen Lagenaufbau vorzunehmen und eine Strategie zur Fertigung der Wandstrukturen mit einem Toleranzbereich der Wandstärke von ± 0,1 mm zu erarbeiten.

7.2.1 Drei-Phasen Modell

Zur Herstellung einer Referenz und zur Ableitung ursächlicher Wirkzusammenhänge wird eine erste Probegeometrie mit dem in Abschnitt 7.1 erarbeiteten Parametersatz erzeugt. Diese Wandgeometrie weist, analog zu den in Abschnitt 6.9 ermittelten Werten, auch für den optimierten Parametersatz eine sehr gute Übereinstimmung zwischen gemessener und geplanter Bauhöhe auf (68,05 mm ± 0,06 mm). Allerdings zeigt der Verlauf der Wandstärke eine deutliche Unregelmäßigkeit. Diese unregelmäßige Wandstärke von 4,59 mm ± 0,32 mm führt zu einem gesteigerten Fertigungsaufwand.

Dabei muss einerseits diese Unregelmäßigkeit der erzeugten Struktur im Rahmen der Fertigungsplanung berücksichtigt werden. Andererseits resultiert die veränderliche Wandstärke in zusätzlichen Nacharbeitsaufwänden, um die Erreichung der Sollgeometrie durch eine spanende Bearbeitung zu gewährleisten.

Ausgehend von der Bewertung der Mikroschliffe, die eine veränderliche Wandstärke aufzeigen, werden drei Bereiche entlang der Aufbauhöhe für die Wandstruktur identifiziert (vgl. auch Abschnitt 6.9). Diese drei Bereiche werden mit den Erkenntnissen aus der vorgestellten Evolution der Mikrostruktur (siehe Abschnitt 6.3) sowie den Simulationsergebnissen der Temperaturzyklen (siehe Abschnitt 6.7.4 und nach [SME18]) verknüpft. Darauf aufbauend erfolgt die Ableitung einer Untergliederung der Prozessführung in drei Phasen. Die Phasen der Prozessführung können anhand der jeweils dominierenden Wirkprinzipien unterschieden werden. Abschließend werden in einem weiteren Schritt die wesentlichen

Wechselwirkungsphänomene nach Abschnitt 6.1 berücksichtigt und eine modellierte Ausprägung dieser Phasen erarbeitet (siehe Abbildung 7.14).

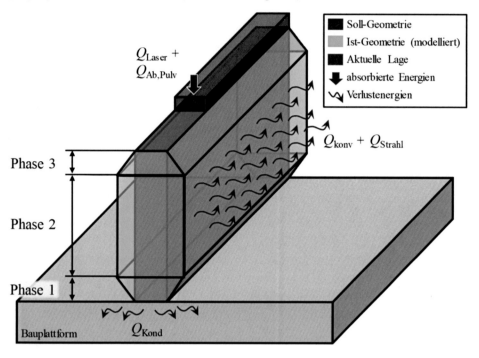

Abbildung 7.14:   Modellierte   Ausprägung   der   unregelmäßigen   Wandstärke   und Randbedingungen

Die erste Phase zeigt eine zunehmende Wandstärke mit steigender Aufbauhöhe. Dieses Phänomen ist durch einen hohen initialen Bedarf an Wärmeenergie begründet. Der Bedarf resultiert zum einen aus der Wärmekapazität der Grundplatte und zum anderen daraus, dass zu Beginn des Aufbaus ein großer Anteil konduktiver Wärmeleitung vorliegt, der eine schnelle Abführung der Prozesswärme bedingt.

Mit zunehmender Aufbauhöhe stellt sich in der zweiten Phase der Prozessführung ein näherungsweiser Gleichgewichtszustand ein. Dieser ist gekennzeichnet durch eine sehr geringe Schwankungsbreite der Wandstärke. Die zweite Phase ist wesentlich durch einen reduzierten Anteil konduktiver Wärmeleitung in zwei Raumrichtungen und das Vorhandensein eines konvektiven und strahlungsbasierten Wärmeabflusses geprägt. Die Ausdehnung entlang der Aufbauhöhe ist von mehreren Faktoren abhängig, wie beispielsweise der Dicke der Bauplattform, der erzeugten Wandstärke sowie der verwendeten Spanntechnologie (weiterführende Bewertung der Einflussgrößen in [JSM18, MBE16]).

In der dritten Phase hat sich die Prozesszone aus dem Einflussbereich der Bauplattform entfernt und ein Ungleichgewicht zwischen Wärmezufuhr und -abfuhr entsteht. In der Folge verändern sich die Prozessrandbedingungen und damit die geometrische Form der aufgebauten Lagen. Die einzelnen Lagen werden nicht mehr mit einer gleichmäßigen Aufbauhöhe erzeugt und somit verändert sich mit jeder Lage der Abstand zwischen der Pulverdüse und der zu erzeugenden Lage, was eine zusätzliche Veränderung der Randbedingungen bewirkt. Diese Abstandsveränderung kumuliert sich so lange mit abnehmender Aufbauhöhe, bis der Prozess abbricht.

Für die Wandstrukturen wird die ursächliche Wechselwirkung durch die Veränderung der Prozesstemperaturen beschrieben, die sich durch die Veränderung der Randbedingungen mit steigender Aufbauhöhe ergeben. Das Ziel ist es diese Erkenntnisse zu nutzen, um der veränderlichen Prozesssituation mit einer bauhöhenabhängigen Prozessführung entgegenzuwirken und somit einen gleichmäßigen Aufbauprozess zu realisieren, ohne während des Prozesses weitere Eingriffe notwendig zu machen. Zu diesem Zweck wird die Leistung an die veränderlichen Randbedingungen angepasst. Die Verluste infolge von Konvektion und Strahlung (siehe Abschnitt 6.7) sind dabei bedeutend geringer als die Wärmeableitung durch Konduktion (siehe Gleichung (7.9)).

$$Q_{\mathrm{Kond}} = \lambda_{\mathrm{Ti64}}\, A_{\mathrm{aL}}\, \frac{T_{\mathrm{n}} - T_{\mathrm{n}+1}}{t_{\mathrm{aL}}} \tag{7.9}$$

In der modellierten Wärmeableitung beschreibt Q_{Kond} die Wärmemenge, die durch ein Element der Dicke t_{aL} über die Fläche A_{aL} bei dem Vorliegen einer Temperaturdifferenz von $T_{\mathrm{n}+1}$ zu T_{n} abgeführt wird (siehe Abbildung 7.15).

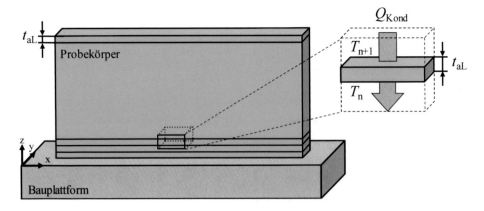

Abbildung 7.15:   Wärmefluss in einem diskreten Element mit der Lagenhöhe t_{aL}

7.2.2 Ansätze und Anwendung des Drei-Phasen-Prozessmodells

Bestehende Ansätze verwenden symptombasierte Maßnahmen, um mit dieser veränderlichen thermischen Situation in der LPA-Fertigung von dreidimensionalen Strukturen umzugehen. Dabei werden Sensoren zur Steuerung der Prozessparameter integriert, die entweder auf der Grundlage der erfassten Temperaturentwicklung [CSP10, Sig06] oder ermittelten Schmelzbadgröße basieren [OAM14, Wal08]. Herausforderungen dieser Lösungsansätze sind neben der kostenintensiven Beschaffung sowie Implementierung der Sensorik deren komplexe Kalibration und die Erarbeitung eines Regelkreises, der zur Steuerung der Prozessparameter benötigt wird. Ein weiterer gewichtiger Nachteil besteht in der Regelung des Prozesses auf der Grundlage eines Prozesssymptoms, der Temperatur. Der Zusammenhang zwischen der gemessenen Temperatur und der geometrischen Gestalt ist aufgrund der komplexen Randbedingungen zum aktuellen Stand von Wissenschaft und Technik nicht geschlossen mathematisch formulierbar [AF11, AP11, BLB07, WS10].

Der Ansatz in dieser Arbeit ist es, einen robusten Prozess zu entwickeln, der eine Prozessstrategie zur Erzeugung dreidimensionaler Geometrien umfasst und keine prozessbegleitenden Anpassungen benötigt. Den veränderlichen thermischen Randbedingungen wird durch eine variable Zufuhr der Wärmeenergie im Prozess begegnet. Um auf der einen Seite einen stabilen Prozess zu realisieren und auf der anderen Seite eine direkte Integration in den Aufbauprozess zu ermöglichen, wird die Laserleistung zur Variation des Wärmeeintrages genutzt.

Im Zuge der Entwicklung des Drei-Phasen-Prozessmodells sind weitere Möglichkeiten zur prozessbegleitenden Veränderung des Wärmeeintrages untersucht und in [HME17b, HME17a, MHE16] veröffentlicht worden. Auf der Basis der beschriebenen drei Phasen wird eine Herangehensweise abgeleitet, die eine Stabilisierung der Randbedingungen ermöglicht und damit eine gleichmäßige Prozessführung gewährleistet. Dies stellt die Grundlage für den im Folgenden beschriebenen Ansatz zur degressiven Gestaltung der Laserleistung mit steigender Bauhöhe dar.

Die Beschreibung des Wärmeenergieeintrages erfolgt durch die mathematische Formulierung der Laserleistung in jeder Lage N_{Lage}. Während der Wärmeabfluss durch Konduktion mit steigender Bauhöhe abnimmt, steigt der Anteil durch Strahlung und Konvektion an. Der absolute Wärmeabfluss für eine Wandstruktur nähert sich einem Gleichgewichtszustand an [MHE16]. Für die erste Phase wird ein Potenzgesetz verwendet, um den gesteigerten Wärmeenergiebedarf in den ersten Lagen durch die maximale Laserleistung $P_{\text{L,max}}$ bereitzustellen und gleichzeitig den Wärmeeintrag in den nachfolgenden Lagen rapide zu reduzieren (siehe Gleichung (7.10)). Zur Gewährleistung der Konsistenz der physikalischen Einheiten wird der konstante Vorfaktor P_0 (mit $P_0 = 1$ W) eingeführt.

$$P_L(N_{Lage}) = P_{L,max} - N_{Lage}^B \times P_0 \tag{7.10}$$

Die zweite Phase mit steigender Entfernung zur Bauplattform wird durch einen proportionalen Abfall der Leistung mit der Lagenanzahl definiert bis zu einer Lagenanzahl, ab der ein konstanter Prozess vorliegt (siehe Gleichung (7.11)).

$$P_L(N_{Lage}) = P_L^{(A)} - N_{Lage} \times C \times P_0 \tag{7.11}$$

Die vier Parameter werden auf der Grundlage der Erkenntnisse aus den vorangegangenen Abschnitten innerhalb definierter Grenzwerte variiert (siehe Tabelle 7.5).

Tabelle 7.5:   Parametrisierung der Laserleistungsadaption entlang der Bauhöhe

A [-]	B [-]	C [-]	D [-]
2 - 22	2 – 5,5	1 – 20	24 – 60
Inkrement: 2	Inkrement: 0,5	Inkrement: 5	Inkrement: 12

Der funktionale Zusammenhang zwischen der Laserleistung und der aktuellen Lagenhöhe wird aus den gewählten Parametern und der vorliegenden Lage berechnet.

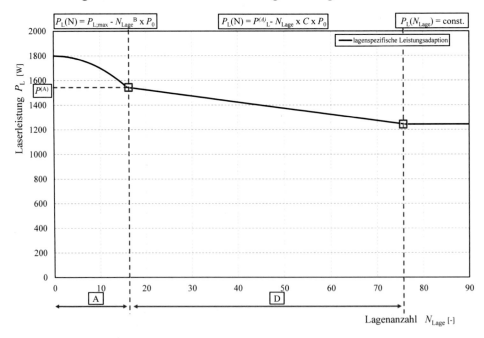

Abbildung 7.16:   Lagenadaptiver Laserleistungsverlauf für die verwendete Parametrisierung: $A = 16$; $B = 2$; $C = 5$; $D = 60$

Die Laserleistungsfunktion entlang der Bauhöhe zur Beschreibung der Energiezufuhr ist auf Basis der variablen Laserleistung pro Lage in Abbildung 7.16 dargestellt. Zunächst erfolgt eine randomisierte Variation der Parameter für die Erstellung der einzelnen Prozessstrategien, um den Einfluss der lagenspezifischen Leistungsadaption auf die geometrische Maßhaltigkeit zu bewerten (siehe Abbildung 7.17). Die Strategien zur Leistungsanpassung werden anschließend für die Probenherstellung mit den Bewegungsbefehlen der Roboterbewegungen verknüpft und die Probekörpergeometrien auf einer Bauplattform angeordnet. Die vollständigen Laserleistungsfunktionen sind in Anhang A.6 aufgeführt (siehe Tabelle A.3).

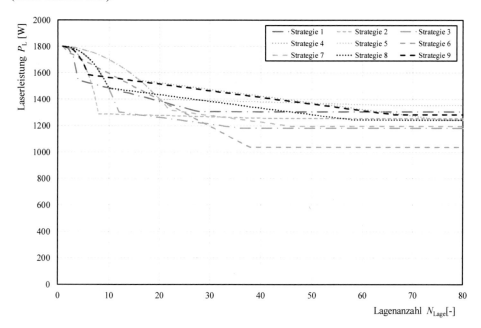

Abbildung 7.17:   Lagenadaptive Laserleistungsverläufe für die Untersuchung der geometrischen Maßhaltigkeit

Im Vergleich zu der Referenzprobe zeigen die lagenspezifischen Prozessstrategien eine bedeutend gleichmäßigere optische Erscheinung der Wandoberfläche. Von den gefertigten Prozessstrategien weist die Strategie 4 einen Prozessabbruch auf. Zur Vermeidung der gegenseitigen Beeinflussung während der Probenherstellung wird zwischen dem Fertigen zweier Probekörper jeweils sichergestellt, dass die Bauplattform bis auf Raumtemperatur abgekühlt ist. In Abbildung 7.18 sind die aufgebauten Probekörper für die in Abbildung 7.17 aufgezeigten lagenadaptiven Laserleistungsfunktionen abgebildet.

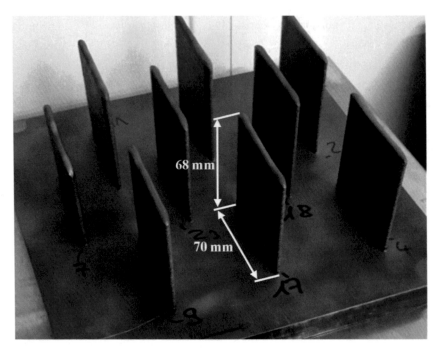

Abbildung 7.18:   Hergestellte   Probekörper   unter   Verwendung   der   lagenadaptiven
                   Laserleistungsfunktionen

7.2.3   Ermittlung geeigneter Prozessmodellparameter

Die Vermessung der Probekörpergeometrien erfolgt mit der KMM Wenzel LH87 in Verbindung mit dem ShapeTracer (siehe Abschnitt 4.4). Die Strategie 4 ist während der Prozessführung abgebrochen. In Tabelle 7.6 sind die randomisierten Parametersätze der adaptiven Laserleistungsfunktion sowie die resultierenden Wandstärken und deren ermittelte
Standardabweichungen aufgeführt.

Im Vergleich zu der Referenzprobe sind in allen anderen Probekörpern die Schwankungsbreiten der Wandstärke reduziert worden. Der Einsatz einer adaptiven Leistungssteuerung
zeigt somit die Möglichkeit zur positiven Beeinflussung der Irregularität der Wandstärke.

Tabelle 7.6:   Parametrisierung der adaptiven Laserleistungsfunktion sowie die geometrische
                    Maßhaltigkeit der resultierenden Wandstärke

Prozessstrategie	Parametrisierung	Wandstärke
0 (Referenz)	-	4,65 mm ± 0,400 mm
1	A 4; B 4; C 10; D 24	4,29 mm ± 0,086 mm
2	A 8; B 3; C 1; D 36	4,24 mm ± 0,106 mm
3	A 12; B 2,5; C 5; D 24	4,43 mm ± 0,114 mm
4 (abgebrochen)	A 16; B 2; C 5; D 60	4,14 mm ± 0,142 mm
5	A 20; B 2; C 1; D 48	4,54 mm ± 0,216 mm
6	A 2; B 5,5; C 20; D 36	4,45 mm ± 0,226 mm
7	A 22; B 2; C 10; D 24	4,37 mm ± 0,183 mm
8	A 10; B 2,5; C 5; D 48	4,36 mm ± 0,178 mm
9	A 6; B 3; C 5; D 60	4,56 mm ± 0,145 mm

Die Identifizierung der geeignetsten Laserleistungsfunktion erfolgt auf Basis der geometrischen Maßhaltigkeit, die an dieser Stelle zur besseren Vergleichbarkeit auf die Bauhöhe, die Wandstärke und das Volumen aufgeteilt wird. Zur Bestimmung der geometrischen Maßhaltigkeit und der Auswirkung auf den Nacharbeitsaufwand, wird die Abweichung zwischen den aufgebauten Wandstrukturen und der Sollgeometrie ermittelt (siehe Abbildung 7.19).

Wesentlichen Einfluss auf die Reduzierung des Nacharbeitsaufwands hat die Verringerung der Schwankungsbreite der Wandstärke. Im Kontrast zu der Referenzprobe können alle adaptierten Geometrien eine Reduzierung der Abweichungen zur Sollgeometrie, für die Wandstärke sowie das Volumen und damit einen reduzierten Nacharbeitsaufwand erzielen. Die geringste Abweichung zur Sollgeometrie und damit den geringsten Nacharbeitsaufwand zeigt die Parametrisierung der adaptiven Laserleistungsfunktion in Strategie 1 auf.

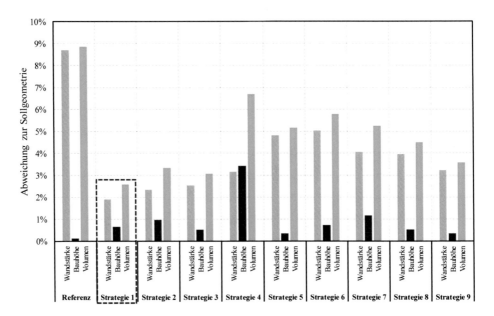

Abbildung 7.19:   Ermittelte Maßhaltigkeiten der Wandstrukturen in Relation zu der Sollgeometrie

Eine weiterführende Beschreibung der Vorgehensweise sowie ergänzender Untersuchungen wird in [MBE16, MEW16] vorgenommen.

7.2.4 Fazit und Einbindung in die qualitätszielorientierte Prozessstrategie

Die Untersuchungen zeigen eine signifikante Reduzierung der geometrischen Abweichungen durch die adaptive Laserleistungssteuerung auf. Diese resultiert in einer verringerten Irregularität der Wandstärke und damit reduzierten Nacharbeitsaufwänden. Insbesondere in dem unteren Bereich der Bauhöhe von Wandstrukturen ist der Einfluss aus der Bauplattform auf die thermischen Randbedingungen identifiziert worden. Um diesem Einfluss veränderlicher thermischer Randbedingungen entgegenzuwirken, wird die lagenadaptive Laserleistungsregelung nach Strategie 1 in die Prozessstrategie eingebunden und mit den optimierten Prozessparametern nach Abschnitt 7.1 verknüpft.

7.3 Komplexitätsvariable Fertigungsstrategien

In diesem Abschnitt wird die Optimierung der geometrischen Maßhaltigkeit durch den Einsatz komplexitätsvariabler Fertigungsstrategien in der Prozesskette vorgenommen. Zu diesem Zweck wird die Betrachtung auf komplexe Probekörpergeometrien erweitert. Die

Prozessführung erfolgt unter Verwendung der in Abschnitt 7.1 entwickelten Prozessparameter. Im Rahmen von Bahnplanungsstrategien werden orthogonale Strukturen im Hinblick auf die Gestaltung der Bahntrajektorien und die Wechselwirkungszeiten untersucht.
Des Weiteren wird der Einfluss der Schichtebeneneinteilung analysiert. Für eine gesteigerte Komplexität der Probekörpergeometrien erfolgt die Untersuchung von Überhängen
und der maximal realisierbaren Ausprägung von Überhangwinkeln unter Einsatz unterschiedlicher Fertigungsstrategien. Abschließend werden Bearbeitungsstrategien untersucht, um den Einfluss von Positionieranteilen in der Bearbeitung sowie der Auswirkung
der örtlichen Differenzierung der Aufbaustrategie zu untersuchen.

7.3.1 Bahnplanungsstrategien

Zur Bewertung des Einflusses der Bahnplanungsstrategien auf die geometrische Maßhaltigkeit werden in einem ersten Schritt orthogonale Strukturen ohne Überhangbereiche untersucht. An diesen Strukturen werden die Auswirkungen unterschiedlicher Wechselwirkungszeiten sowie Bearbeitungstrajektorien analysiert und quantifiziert. Dabei bestehen
die Herausforderungen und damit repräsentativen Bereiche orthogonaler Bauteile in Positionen, in denen diskontinuierliche Bearbeitungsgeschwindigkeiten bestehen, wie z.B. in
Ecken und scharfwinkligen Übergängen zwischen Bahntrajektorien. Zum anderen stellen
Stoßpositionen von mehreren Lagen eine gesteigerte Komplexität dar, da an diesen die
Gefahr des überhöhten Materialauftrages besteht. Eine weiterführende Beschreibung der
Herausforderungen sowie der Untersuchung orthogonaler Strukturen erfolgt in [MJW17,
ME18].

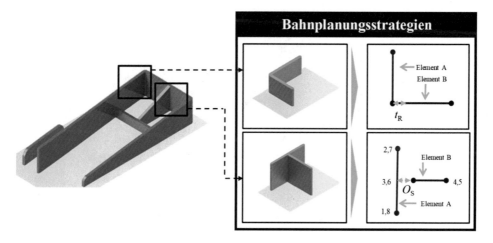

Abbildung 7.20:   Probekörpergeometrien zur Untersuchung der Bahnplanungsstrategien

Im Folgenden werden zwei Geometrien, eine Eckengeometrie sowie eine Stoßgeometrie, die wiederkehrend für eine große Anzahl von Bauteilen bestehen, im Hinblick auf die geometrische Maßhaltigkeit optimiert. Für die Eckengeometrie wird die Wechselwirkungszeit untersucht, indem die Laserleistung in einer definierten Rampenzeit t_R justiert wird, während bei der Stoßgeometrie durch einen Offset in der Bahntrajektorie O_S der Überlappbereich verändert wird (siehe Abbildung 7.20).

Die Untersuchungen werden mit dem optimierten Parametersatz aus Abschnitt 7.1 durchgeführt. Für das Einmessen erfolgt der geometrische Abgleich der erzielten Bauhöhe mit der geplanten Höhe. Dazu wird auf einem Bereich von ± 5 mm um die Ecke bzw. Stoßstelle die Geometrie vermessen und der zugehörige arithmetische Mittelwert mit der Sollkontur verglichen (siehe Abbildung 7.21).

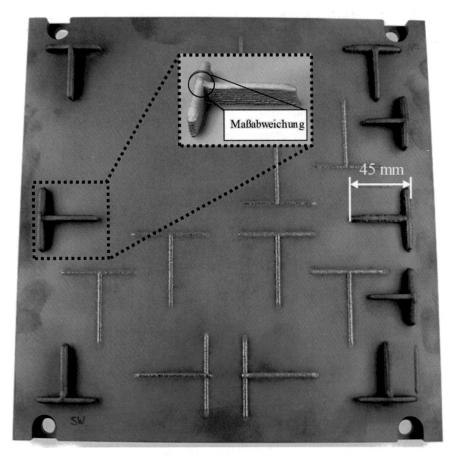

Abbildung 7.21:   Probekörper auf der Bauplattform

Für die Herstellung der Probekörper wird der Bahnpositionsoffset zwischen 0 mm und 1 mm mit einer Schrittweite von $O_s = 0{,}1$ mm variiert und jeweils dreifach ausgeführt. Die Rampenzeiten werden im Bereich von 0 ms bis 100 ms mit einer Diskretisierung von 10 ms ausgeführt und ebenfalls dreifach wiederholt. In Abbildung 7.22 werden die mittleren Aufbauhöhenabweichungen für die variierten Stoßabstände dargestellt.

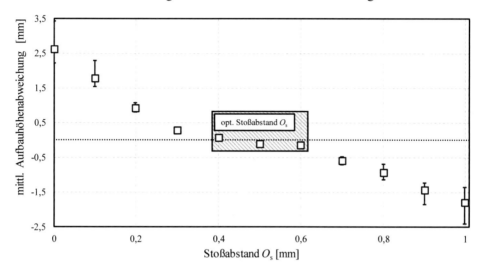

Abbildung 7.22:   Mittlere Aufbauhöhenabweichung in Abhängigkeit des variierten Stoßabstandes O_s

Während bei der direkten Positionierung des Startpunkts der Bahntrajektorie ($O_s = 0$ mm) auf der bestehenden Lage eine deutliche Überhöhung entsteht, beginnt bei großen Abständen zwischen bestehender Lage und neuer Bahntrajektorie ($O_s = 1$ mm) die Ausprägung eines Einfalls der erzeugten Kontur. Eine geringe Aufbauhöhenabweichung kann für einen Stoßabstand im Bereich 0,4 mm $\leq O_s \leq$ 0,6 mm identifiziert werden. Die Aufbauhöhenabweichung beträgt für diese Stoßabstände einen maximalen Wert von 0,17 mm. Daher wird für die nachfolgenden Arbeiten beim Vorliegen von Stoßgeometrien ein Stoßabstand von $O_s = 0{,}5$ mm vorgesehen. In Abbildung 7.23 werden die Aufbauhöhenabweichungen für variierte Rampenzeiten dargestellt.

In Analogie zu dem vorgestellten Verhalten des Stoßabstandes besteht auch für die Laserrampenzeiten ein Bereich optimaler Kennwertausprägungen, der für die Rampenzeit im Bereich von 50 ms $\leq O_s \leq$ 70 ms liegt. In diesem Bereich beträgt die maximale Aufbauhöhenabweichung einen Wert von 0,15 mm. Für geringe Rampenzeiten ($t_R = 0$ ms) bildet sich im Eckenbereich eine Nahtüberhöhung, wohingegen zu ausgedehnte Rampenzeiten ($t_R = 100$ ms) in einem mangelhaften Materialauftrag resultieren, wodurch die geforderte

Bauhöhe nicht erzielt werden kann. In den nachfolgenden Abschnitten wird für Eckengeometrien eine Laserrampenzeit von $t_R = 60$ ms verwendet. Diese erarbeitete optimierte
Prozessgestaltung wird für wiederkehrende Geometrieelemente eingesetzt und in der Demonstration erprobt.

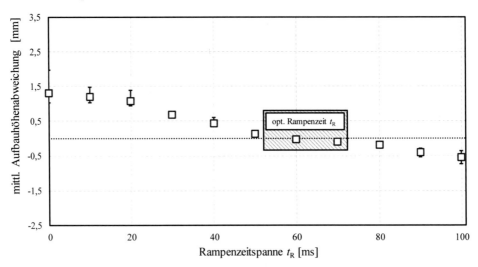

Abbildung 7.23:   Mittlere Aufbauhöhenabweichung in Abhängigkeit der Rampenzeit t_R

7.3.2 Analyse der Schichtebeneneinteilung

Die Untersuchungen des Einflusses der Schichtebeneneinteilung (sogenanntes *Slicen*) auf
die geometrische Maßhaltigkeit erfolgt auf der Basis variierter Lagenhöhen und deren
Auswirkung auf die erzielte Bauhöhe im Vergleich zur Sollbauhöhe. Eine weiterführende
Bewertung des Einflusses der Schichtebeneneinteilung auf die geometrische Maßhaltigkeit sowie die Ableitung von Gestaltungsrichtlinien sind in [JMW19, JSM18, ME18] dargestellt.

Zur Analyse der Veränderung der Lagenhöhe in Abhängigkeit der aktuellen Bauhöhe wird
eine Probekörpergeometrie abstrahiert, die für variierende Aufbauhöhen hergestellt wird.
Die aktuelle Lagenhöhe t_{aL} wird in der zuletzt gefertigten Lage ermittelt. Dazu wird die
letzte Lage nur über die halbe Länge ausgeführt und die Aufbauhöhe der vorangegangenen
Lage h_2 von der finalen Bauhöhe h_1 subtrahiert. Für die Bewertung der geometrischen
Maßhaltigkeit wird die Differenz der finalen Bauhöhe und der geplanten Aufbauhöhe h_{opt}
berechnet und daraus die Aufbauhöhenabweichung ΔH ermittelt (siehe Gleichung (7.12)).

$$\Delta H = \left| h_{opt} - h_1 \right| \tag{7.12}$$

Die Gestaltung der Probekörper sowie die Berechnung der aktuellen Lagenhöhe sind in Abbildung 7.24 dargestellt.

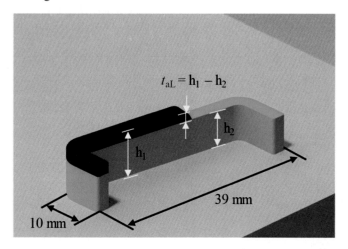

Abbildung 7.24: Probekörpergeometrie zur Ermittlung der aktuellen Lagenhöhe t_{aL} und der Aufbauhöhenabweichung ΔH

Die Probekörpergeometrien werden in variierenden Aufbauhöhen mit einer Lagenanzahl von $N_{Lage} = 20, 40, 60$ und 80 Lagen erzeugt und jeweils in unterschiedlichen Schichtebeneneinteilungen von 0,76 mm bis 0,84 mm hergestellt. Auf der Grundlage der hergestellten Probekörper (siehe Abbildung 7.25) werden die aktuelle Lagenhöhe sowie die Aufbauhöhenabweichung ermittelt.

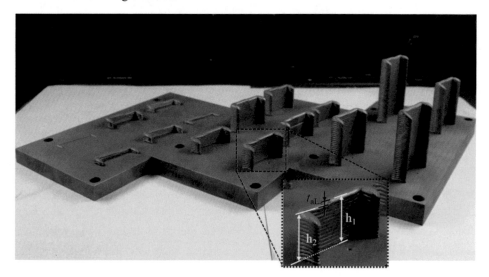

Abbildung 7.25: Hergestellte Probekörper unter Verwendung variierter Schichtebeneneinteilungen

Dazu werden die hergestellten Probekörper für alle untersuchten Schichtebeneneinteilungen die aktuellen Lagenhöhen t_{aL} mit einer Abweichung von weniger als ± 0,02 mm erzielt. Die Ergebnisse der Vermessung der Aufbauhöhenabweichung werden in Abbildung
7.26 aufgezeigt.

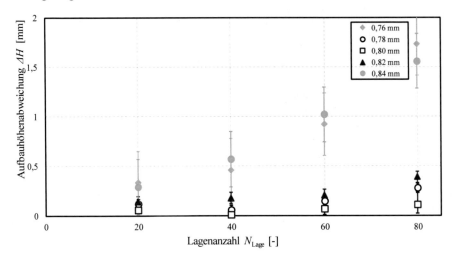

Abbildung 7.26:   Aufbauhöhenabweichungen für variierte Schichtebeneneinteilungen sowie
                  unterschiedliche Aufbauhöhen

Die Ergebnisse der Aufbauhöhenabweichung ΔH werden relativ zu der jeweils geplanten
Bauhöhe bewertet. Die geringste Abweichung von der Sollkontur weist die Schichtebeneneinteilung von 0,80 mm auf. Mit zunehmendem Abstand zu diesem Wert nimmt sowohl bei Verringerung als auch Erhöhung des programmierten Lagenoffsets die Aufbauhöhenabweichung signifikant zu und liegt für eine Schichtebeneneinteilung von 0,76 mm
bereits bei einer Abweichung von 1,72 mm von der Sollaufbauhöhe. Auf der Grundlage
der aufgezeigten Ergebnisse wird im Folgenden die gewählte Schichtebeneneinteilung
von 0,80 mm beibehalten.

7.3.3   Analyse der Überhangstrukturfertigung

Die Fertigung von Strukturen mit einem definierten Überhangwinkel $\varphi_{Überhang}$, ist auf drei
Weisen realisierbar. Zum einen kann die Geometrie in jeder Lage so zur Aufbauhöhe aus-
gerichtet werden, dass ein senkrechter Aufbau mit minimalem Bahnversatz erfolgt. Zum
anderen kann die Überhangstruktur gefertigt werden, indem der Bahnversatz entlang der
Aufbauhöhe die Überhangstruktur erzeugt. Eine weitere Möglichkeit zur Erzeugung der
Überhänge stellt die Kombination der beiden Ansätze dar. In diesem Abschnitt wird die
Erzeugung von Überhängen unter Verwendung eines Bahnversatzes (siehe Abbildung

7.27 (a)) sowie durch die überlagerte Prozessierung eines festen Anstellwinkels $\Phi_{Anstellung}$ und eines Bahnversatzes vorgestellt (siehe Abbildung 7.27 (b)).

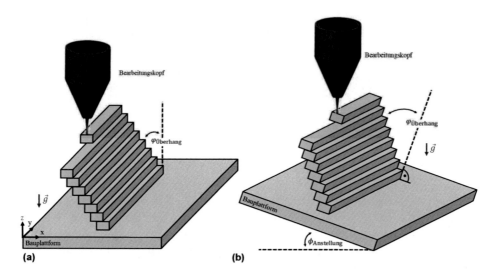

Abbildung 7.27:   Strategien zur Fertigung von Überhangstrukturen (a) Herstellung von Überhängen mittels Bahnversatz; (b) Herstellung von Überhängen mittels Überlagerung von Bahnversatz und Bauplattformanstellung

Die Fertigung der Probekörper erfolgt mit einem Mindestabstand zwischen den einzelnen Wandstrukturen auf der Bauplattform, der einen ausreichenden Bauraum zur Fertigung der Überhangwinkel sicherstellt. Nach der Fertigung eines Probekörpers wird eine Wartezeit von fünf Minuten eingehalten, um jeweils reproduzierbare Startbedingungen zu gewährleisten. Diese Zeitspanne ist durch Temperaturmessungen ermittelt worden. Die Ergebnisse dieser Untersuchungen weisen nach der Abkühlzeit eine Temperatur der Bauplattform unter 30 °C auf. Die Proben werden jeweils dreifach hergestellt. Die betrachteten Aufbauwinkel sind in Anhang A.5 dargestellt (siehe Tabelle A.2). Der konstante Anstellwinkel $\Phi_{Anstellung}$ wird mit 30 ° gewählt. In Abhängigkeit der verwendeten Strategie zur Fertigung der Überhangstrukturen sowie des Überhangwinkels stellt sich eine unterschiedliche Ausprägung der geometrischen Maßhaltigkeit ein. Ein Auszug der hergestellten Probekörper ist in Abbildung 7.28 aufgezeigt.

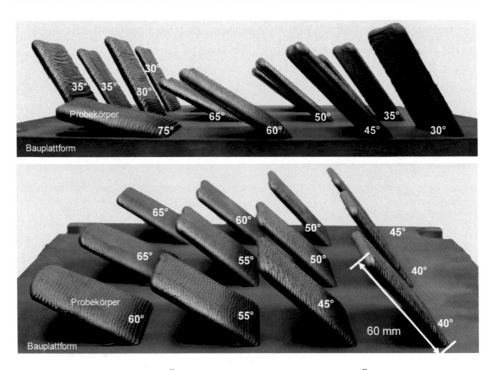

Abbildung 7.28:   Hergestellte Überhangstrukturen für unterschiedliche Überhangwinkel

Die gefertigten Probenkörper werden an der KMM Wenzel LH87 (siehe Abschnitt 4.4) in Verbindung mit dem ShapeTracer eingemessen (siehe Abbildung 7.29 (a)).

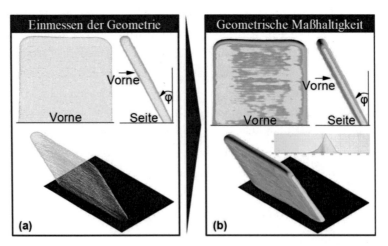

Abbildung 7.29:   (a) Einmessen der Wandstrukturen mit der KMM Wenzel LH87 und dem ShapeTracer; (b) Untersuchung der geometrischen Maßhaltigkeit in Abhängigkeit des Überhangwinkels $\varphi_{\text{Überhang}}$

Im Anschluss erfolgen der Abgleich der eingemessenen Geometrie mit der Sollkontur sowie die Auswertung des realisieren Überhangwinkels (siehe Abbildung 7.29 (b)). Für die
Bewertung der geometrischen Maßhaltigkeit wird die erzielte Formtoleranz $T_{Prozess;0,95}$ ermittelt und die Ergebnisse in Abhängigkeit der beiden verwendeten Strategien zur Fertigung der Überhangwinkel sowie der einzelnen definierten Überhangwinkel dargestellt
(siehe Abbildung 7.30). Zusätzlich zu der geometrischen Maßhaltigkeit wird das aufgebaute Volumen erfasst und für die Berechnung des Pulverwirkungsgrades nach Gleichung
(2.3) verwendet.

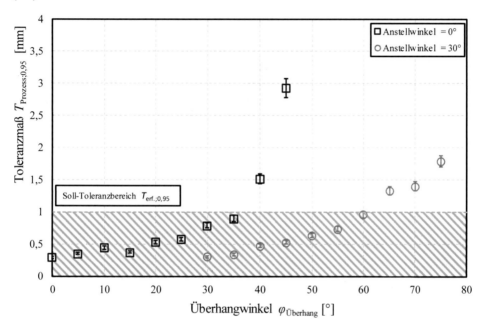

Abbildung 7.30:   Geometrische Maßhaltigkeit in Abhängigkeit der Überhangwinkel

Die Ergebnisse der Bewertung der geometrischen Maßhaltigkeit in Bezug auf das Tole-
ranzmaß $T_{Prozess;0,95}$ zeigen, dass der geforderte Soll-Toleranzbereich $T_{erf.;0,95}$ sowohl für
einen Anstellwinkel von $\Phi_{Anstellung} = 0°$ als auch für einen Winkel von $\Phi_{Anstellung} = 30°$
erzielt werden kann. Bis zu einem relativen Überhang von $30°$ zu der jeweils bestehenden
Orientierung durch die feste Anstellung der Bauplattform kann die Herstellung der Wandstrukturen innerhalb des Soll-Toleranzbereiches gewährleistet werden. Eine weiterführende Beschreibung der Ergebnisse der ermittelten Abweichung zwischen der eingemessenen Geometrie und der Sollkontur ist in [ZMB17] erfolgt.

Durch die Verwendung des Anstellwinkels von $\Phi_{Anstellung} = 30\,°$ wird der Bereich der möglichen Überhangwinkel, die in der definierten geometrischen Maßhaltigkeit gefertigt werden können, dementsprechend um den Betrag des Anstellwinkels gesteigert. Für auftretende Überhangwinkel wird in den folgenden Untersuchungen ab 30 ° eine Reorientierung der Bauplattform vorgenommen, um die geometrische Maßhaltigkeit zu gewährleisten.

7.3.4 Bearbeitungsstrategien für Freiformgeometrien

Zur Identifikation des Einflusses der Bearbeitungsstrategie auf die geometrische Maßhaltigkeit der gefertigten Bauteile wird aufbauend auf den Ergebnissen der vorangegangenen Abschnitte die geometrische Komplexität der Probekörper gesteigert. Zu diesem Zweck wird ein Probekörper abstrahiert, der auf der einen Seite kurze Nahtlängen und Überhangbereiche aufweist und damit herausfordernde thermische Randbedingungen repräsentiert. Auf der anderen Seite weist der Probekörper unabhängige Segmente auf (siehe Abbildung 7.31 (a)) und ermöglicht damit den Einsatz von örtlich differenzierten Aufbaustrategien (siehe Abbildung 7.31 (b)). Die Untersuchung erfolgt unter Verwendung der optimierten Parametersätze aus Abschnitt 7.1.

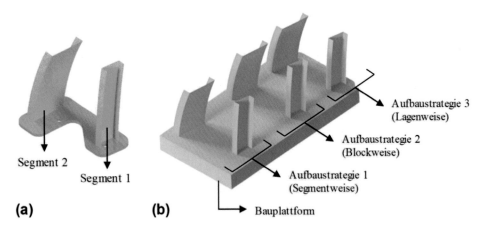

Abbildung 7.31:   (a) Bezeichnung der Segmente für die Probekörpergeometrie; (b) Positionierung der Aufbaustrategien auf der Bauplattform

Im Rahmen der ersten Aufbaustrategie erfolgt die Herstellung in einer segmentweisen Prozessführung. Dabei wird zuerst das Segment 1 vollständig aufgebaut und anschließend das Segment 2 (siehe Abbildung 7.32 (b)). Für die zweite Aufbaustrategie werden die Segmente in Blöcke unterteilt und alternierend für die Segmente aufgebaut, um den Wärmeeintrag zu verteilen und somit die Prozessrandbedingungen während des Aufbauprozesses gleichmäßiger zu gestalten (siehe Abbildung 7.32 (c)). Ein Block umfasst 20 Lagen. Während der Prozessführung wird der erste Block von Segment 1 erzeugt und danach als zweiter Block der untere Bereich von Segment 2. Die dritte Aufbaustrategie ist dadurch gekennzeichnet, dass die einzelnen Lagen der beiden Segmente 1 und 2 alternierend gefertigt werden (siehe Abbildung 7.32 (d)). Dadurch erfolgt die maximale Verteilung des Wärmeeintrages zwischen den beiden Segmenten, gleichzeitig erhöht sich durch dieses Vorgehen jedoch auch der Anteil der Positionierfahrten an der Produktionszeit.

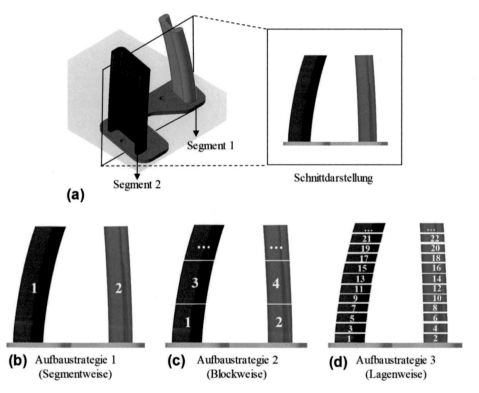

Abbildung 7.32:   Vorgehensweisen innerhalb der Aufbaustrategien (a) Schnittdarstellung der Segmente; (b) segmentweise Aufbaustrategie; (c) blockweise Aufbaustrategie; (d) lagenweise Aufbaustrategie

Unabhängig von der gewählten Aufbaustrategie werden für die aufeinanderfolgenden Lagen die Start- und Endpunkte der Segmente vertauscht. Durch dieses Vorgehen können die Unstetigkeiten der Ein- und Ausfahrbereiche reduziert werden, um eine gleichmäßige Aufbauhöhe auch in diesen Bereichen zu erzielen. In Abbildung 7.33 ist die alternierende Start- und Endpunktwahl der Lagen für die dritte Aufbaustrategie dargestellt.

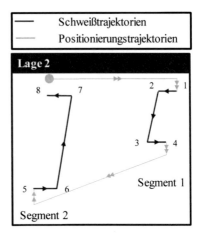

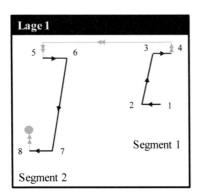

Abbildung 7.33:   Alternierende Start- und Endpunktwahl für aufeinanderfolgende Lagen am Beispiel der dritten Aufbaustrategie

Im Anschluss an die Fertigung der drei Aufbaustrategien erfolgt das Einmessen der Strukturen sowie die Ermittlung der geometrischen Maßhaltigkeit. Die Veränderung der Gleichmäßigkeit des Aufbaus ist bereits durch eine optische Bewertung identifizierbar (siehe Abbildung 7.34). Während das segmentweise Vorgehen eine sehr unregelmäßige Oberflächentopographie aufweist, zeigt die lagenweise Aufbaustrategie eine gleichmäßige Ausprägung der Oberfläche sowie der Aufbauhöhe. Die blockweise Strategie kann im Hinblick auf die Qualität der Oberflächentopographie sowie bezüglich der erzielten Aufbauhöhe zwischen den beiden weiteren Vorgehensweisen eingeordnet werden. Allerdings zeichnen sich die einzelnen Blöcke sichtbar auf der Oberfläche ab.

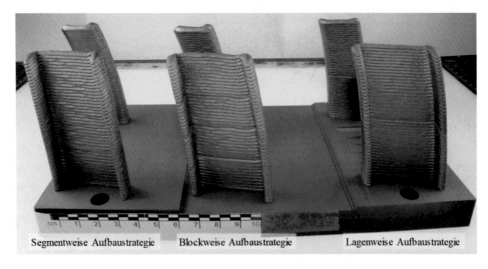

Abbildung 7.34:   Probekörper zur Untersuchung des Einflusses der Bearbeitungsstrategieauswahl

Für die Erfassung der geometrischen Maßhaltigkeit werden die aufgebauten Probekörper mit der KMM Wenzel LH87 und dem ShapeTracer vermessen (vergleiche Tabelle 4.1). Die aufgenommenen Geometrien werden im nächsten Schritt mit den Referenzgeometrien abgeglichen und die Abweichungen zwischen den Soll- und Ist-Maßen ermittelt (siehe Abbildung 7.35).

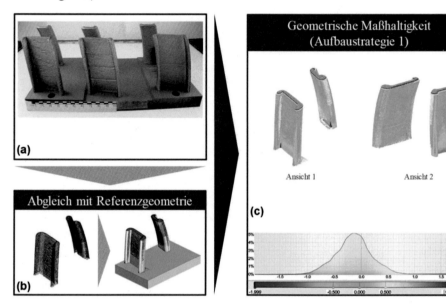

Abbildung 7.35:   Ermittlung der geometrischen Maßhaltigkeit mit der KMM Wenzel LH87 (a) aufgebaute Probekörer Geometrien; (b) Abgleich zwischen Soll- und Ist-Geometrie; (c) Auswertung der geometrischen Maßhaltigkeit

Die geometrische Maßhaltigkeit wird entsprechend der Definition in Abschnitt 2.5 für $T_{Prozess;0,95}$ ermittelt. In Ergänzung zu dieser Toleranzdefinition wird die Standardabweichung der Messwerte nach Gleichung (2.6) berechnet. Zur Bewertung der Wirtschaftlichkeit der einzelnen Aufbaustrategien wird auf der einen Seite die Produktionszeit gemessen und auf der anderen Seite der Anteil der Schweißzeit in das Verhältnis zu der gesamten Produktionszeit gesetzt. Dieses Verhältnis wird als Produktivität der gewählten Bearbeitungsstrategie bezeichnet. In Tabelle 7.7 werden diese Kennwerte für die betrachteten Aufbaustrategien gegenübergestellt.

Tabelle 7.7:   Vergleichende Bewertung der untersuchten Aufbaustrategien

Bauteil	Aufbaustrategie 1 (Segmentweise)	Aufbaustrategie 2 (Blockweise)	Aufbaustrategie 3 (Lagenweise)
Produktionszeit [mm:ss]	16:05	17:15	23:45
Produktivität	99 %	92 %	67 %
Standardabweichung s_m [mm]	0,209	0,281	0,167
Maßhaltigkeit $T_{Prozess;0,95}$ [mm]	± 0,818	± 1,124	± 0,747

Im Hinblick auf die Produktionszeiten wird durch die Zunahme der Positionierungsfahrten von Aufbaustrategie 1 bis Aufbaustrategie 3 eine Reduzierung der Produktivität bedingt. Der lagenweise alternierende Aufbau der Probekörper zeigt auf der einen Seite die geringste Produktivität, verfügt auf der anderen Seite jedoch auch über die beste geometrische Maßhaltigkeit der drei untersuchten Aufbaustrategien. Für Aufbaustrategie 2 wird eine deutlich erhöhte Abweichung von der Referenzgeometrie gemessen, die wesentlich aus den Schnittstellen zwischen den einzelnen Blöcken in den Segmenten resultiert. Diese Vorgehensweise wird somit für die nachfolgenden Untersuchungen nicht weiter berücksichtigt. Eine weiterführende Betrachtung der Aufbaustrategien und der Auswirkungen auf die Prozessführung wird in [ME18, MJW17] vorgenommen. Die Berücksichtigung dieser Aufbaustrategien für die Erarbeitung eines Konstruktionskatalogs ist in [JMW19] aufgezeigt.

Aufgrund der geringen Steigerung der geometrischen Maßhaltigkeit durch Aufbaustrategie 3 bei gleichzeitig deutlich gesteigertem Zeitbedarf, wird für die nachfolgenden Untersuchungen Aufbaustrategie 1 verwendet, da diese den besten Kompromiss aus geometrischer Maßhaltigkeit und Produktivität darstellt.

7.3.5 Auswirkung auf die qualitätszielorientierte Prozesskette

Für die Einbettung der erarbeiteten Erkenntnisse aus diesem Abschnitt in die Prozessstrategie werden die Teilergebnisse für die Verwendung in der Prozesskette aufbereitet. Aus der Bewertung der Bahnplanungsstrategien werden die Erkenntnisse für orthogonale Geometrien nutzbar gemacht, indem der Stoßabstand von $O_s = 0,5$ mm für Stoßgeometrien angewendet und die Laserrampenzeit von $t_R = 60$ ms für Eckengeometrien umgesetzt wird. In Folge der Untersuchung des Einflusses der Schichtebeneneinteilung auf die geometrische Maßhaltigkeit wird diese mit 0,8 mm definiert. Zur Fertigung von Bauteilstrukturen, die Überhänge aufweisen, wird ein maximaler Überhangwinkel von 30 ° ermittelt. Dieser kann durch eine Anstellung der Bauplattform von 30 ° auf einen Überhangwinkel von maximal 60 ° gesteigert werden. Des Weiteren wird die Aufbaustrategie 1 als Baustrategie ausgewählt, da diese die Gewährleistung einer gleichmäßigen Prozessführung ermöglicht und gleichzeitig die geringstmöglichen Nebenzeiten (z.B. Positionierfahrten oder Wartezeiten) aufweist.

7.4 Demonstration

Das Ziel des folgenden Abschnitts ist die Evaluierung der erarbeiteten Prozessstrategie an einer abstrahierten Demonstratorstruktur. Im ersten Schritt wird das zu fertigende Bauteil beschrieben. Nachfolgend wird im zweiten Schritt das Demonstratorbauteil als Referenz ohne den Einsatz der Prozessstrategie gefertigt. Die Ergebnisse werden im dritten Schritt mit dem unter Einsatz der neuen Prozessstrategie gefertigten Demonstrator verglichen. Daraus werden abschließend Optimierungen der Prozessstrategie abgeleitet, die für die industrielle Demonstration umgesetzt werden.

7.4.1 Abstrahierte Applikation

Zu dem Zweck der Erprobung der entwickelten Prozessstrategie wird ein repräsentatives Testbauteil für Flugzeug-Strukturkomponenten gefertigt [Nor19]. Die Geometrie des Bauteils soll endkonturnah mit dem LPA-Verfahren hergestellt werden und dadurch den Aufwand der konventionellen Fräsbearbeitung auf den Prozess der Oberflächennachbearbeitung reduzieren.

Das ausgewählte Bauteil zeichnet sich durch eine überhangfreie Gestalt sowie lange Nähte und damit verbunden große Abkühlzeiten aus. Bedingt durch die überhangfreie Geometrie kann eine Schnittebeneneinteilung parallel zur Bauplattformoberfläche erfolgen. Als Ausgangspunkt wird ein CAD-Modell erstellt und eine Schnittebeneneinteilung entsprechend der identifizierten Nahthöhen, die in den vorangegangenen Abschnitten erarbeitet worden sind, vorgenommen. Für die Ausführung der Einzellagen innerhalb einer Ebene werden zuerst die äußeren langen Nähte erzeugt und nachfolgend die inneren, kürzeren Strukturen. Aufgrund des gezeigten Produktivitätsnachteils durch Wartezeiten (siehe Abschnitt 7.3) wird auf deren Einsatz verzichtet. Des Weiteren führen die ausgeprägten Nahtlängen bereits zu langen Abkühlzeiten. Die Fertigung des Bauteils erfolgt auf einer Bauplattform in einer Schutzgaskammer.

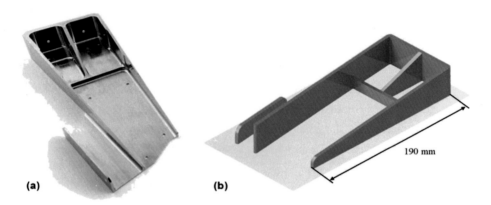

(a)   **(b)**

Abbildung 7.36:   (a) Repräsentatives Testbauteil für Titan-Flugzeugstrukturen nach [Nor19]; (b) Adaptierte Geometrie zur Demonstration und Optimierung der Prozessstrategie

Die gefertigten Demonstratoren werden im Nachgang mit der KMM Wenzel LH87 und dem ShapeTracer vermessen (siehe Abschnitt 4.4). Die Messdaten der Geometrie werden in Form einer Messpunktewolke mit der CAD-Referenzgeometrie überlagert, um daraus Abweichungen zwischen dem Soll- und Ist-Zustand zu ermitteln.

7.4.2 Demonstratorfertigung ohne Optimierung

Als Referenz wird der Demonstrator mit den in Abschnitt 7.1 ermittelten Parametern gefertigt, jedoch ohne die weiteren Elemente der neuen Prozessstrategie anzuwenden. Zur Vorbereitung der Fertigung werden aus den CAD-Daten die einzelnen Lagen abgeleitet, sowie die Einzelelemente für die Roboterprogrammierung definiert und in einen Roboterprogrammcode übertragen. Die Geometrie des Demonstratorbauteils zeichnet sich auf der einen Seite durch lange Einzelelemente aus, die zu ausgedehnten Abkühlzeiten zwischen zwei Lagen führen, wodurch für diese Bereiche eine gleichmäßige Prozessführung ermöglicht wird. Auf der anderen Seite bestehen Herausforderungen in den Eckenbereichen sowie an den T-Stoßstellen. Diese Ecken und Stoßstellen weisen veränderliche thermische Randbedingungen auf, die durch die geometrische Gestalt sowie die statische Prozessführung bedingt sind. Während die Bauteilgestalt im Wesentlichen die thermische Situation und den Wärmeabfluss definiert, resultieren Diskontinuitäten der Robotergeschwindigkeit, infolge von Umorientierungsprozessen bzw. den damit verbundenen Brems- und Beschleunigungsvorgängen, in einem ungleichmäßigen Energieeintrag in das Bauteil.

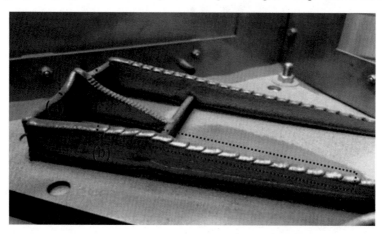

Abbildung 7.37:   Referenzfertigung des Demonstrators ohne Anwendung der erarbeiteten
                    Prozessstrategie (Herstellung in Folge der Geometrieabweichung abgebrochen)

Die Referenzfertigung ist vor der Fertigstellung abgebrochen worden, da an der Position a) in Abbildung 7.37 der Fertigungsfortschritt bereits um mehr als 5 mm von der Sollgeometrie abgewichen ist. Die vollständige Vermessung des Bauteils und der damit verbundene Abgleich zwischen Soll- und Ist-Kontur ist somit nicht möglich und die Geometrie ohne weitere Optimierung nicht herstellbar. Die Sichtprüfung des Fertigungsergebnisses ermöglicht die Identifikation der zugrundeliegenden Ursachen. Während in den Ecken nur geringe Maßabweichungen bestehen, zeigen insbesondere die geometrischen Spuranhäufungen an den T-Stoßstellen signifikante Maßabweichungen (siehe Abbildung 7.37 a)). Des Weiteren sind im Bereich der Abschrägung die Ansatzpunkte der Spuren deutlich ausgeprägt und würden ohne Optimierung in zusätzlichem Nacharbeitsaufwand resultieren.

7.4.3   Demonstration der Prozessstrategie

Für die Demonstration der Prozessstrategie wird, aufbauend auf den in Abschnitt 7.1 erarbeiteten Prozessparametern, auf die weiteren Erkenntnisse der vorangegangenen Abschnitte zurückgegriffen. Dabei wird als erstes die Variation der Laserleistung mit steigender Aufbauhöhe in die Prozessstrategie eingebunden, indem die Ergebnisse aus Abschnitt 7.2 mit der Prozessparameteridentifikation verknüpft werden. Zur Optimierung der

Bahnplanung der Roboterbewegungen werden zudem die Erkenntnisse aus den Untersuchungen in Abschnitt 7.3 verwendet und die Ergebnisse für optimierte Bahnabstände in der Programmierung vorgesehen.

Nach der Fertigung wird das Bauteil für die optische Vermessung mit der KMM Wenzel LH87 und dem ShapeTracer vorbereitet, indem eine dünne Schicht von TiO_2-Partikeln auf dem Bauteil aufgebracht wird. Dadurch wird eine automatisierte und gleichmäßige Erfassung der Oberfläche des Demonstratorbauteils ermöglicht, um abschließend den Abgleich zwischen der Soll- und der Ist-Geometrie durchzuführen (siehe Abbildung 7.38).

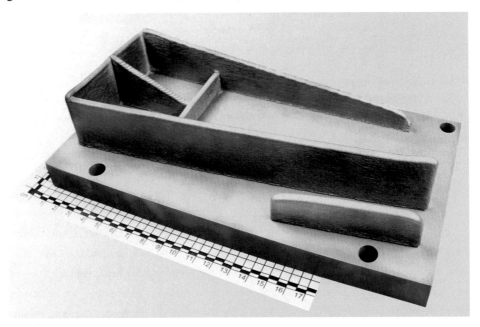

Abbildung 7.38:   Hergestelltes Demonstratorbauteil präpariert für die Vermessung

Die Messergebnisse des hergestellten Demonstrators (siehe Abbildung 7.39 (a)) werden als Messkoordinatenpunkte mit der Referenzgeometrie überlagert (siehe Abbildung 7.39 (b)). Für die Auswertung der geometrischen Maßhaltigkeit erfolgt die Berechnung des Abstands der Messpunkte senkrecht zu den Sollgeometrieoberflächen. Die ermittelten Abweichungen werden farblich dargestellt (siehe Abbildung 7.39 (c)).

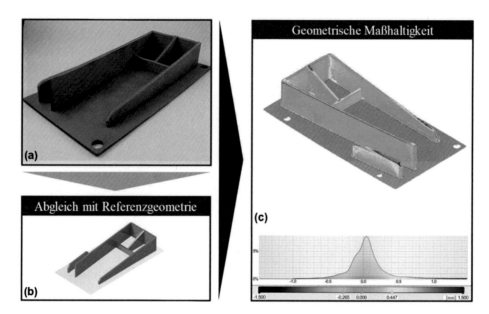

Abbildung 7.39:   (a) Demonstratorfertigung mit optimierter Prozessstrategie; (b) Abgleich mit der Referenzgeometrie; (c) Bewertung der geometrischen Maßhaltigkeit der hergestellten Struktur

Die im Rahmen dieser Arbeit entwickelte Prozessstrategie bildet die Grundlage für die erfolgreiche Fertigung des Demonstratorbauteils im Vergleich zu der Referenzfertigung ohne angepasste Prozessführung. Im Rahmen der Vermessung wird zudem aufgezeigt, dass die geforderten Toleranzgrenzen von $T_{erf.;0,95}$ eingehalten werden und die Struktur-oberfläche in über 85 % der Bereiche eine geometrische Abweichung von maximal ± 0,25 mm aufweist.

7.5   Fazit und Bewertung

In den vorangegangenen Abschnitten ist eine Prozessstrategie erarbeitet worden, die die Grundlage bildet, um Bauteile innerhalb eines geforderten Toleranzmaßes zu fertigen. Im Zuge der Demonstration der Prozessstrategie ist aufgezeigt worden, dass durch die Imple-mentierung der neuartigen Prozesskette eine bedeutende Steigerung der geometrischen Maßhaltigkeit erzielt werden kann. Die bestehenden Herausforderungen in der Prozess-kette können durch eine weiterführende Feinabstimmung der Arbeitsplanung optimiert werden. Zu dem Zweck der Anwendung des LPA-Verfahrens für eine endkonturnahe Fer-tigung mit nachfolgender spanender Endbearbeitung, ist die ermittelte Maßhaltigkeit als hinreichend zu bewerten (vergleiche Abschnitt 3.2).

8 Validierung in der industriellen Prozesskette

Auf Basis der Erkenntnisse des vorangegangenen Abschnitts werden die Ergebnisse des Fertigungsprozessmanagements innerhalb der industriellen Prozesskette an einem Luftfahrtbauteil validiert. Zu diesem Zweck werden die in den Abschnitten 5 bis 7 identifizierten Randbedingungen für eine reproduzierbare Prozessführung fixiert und die erarbeiteten Elemente des Fertigungsprozessmanagements angewandt. Die in Abschnitt 2.2.3 aufgezeigte Prozesskette ist im Rahmen dieser Arbeit weiterentwickelt worden (siehe Abbildung 8.1).

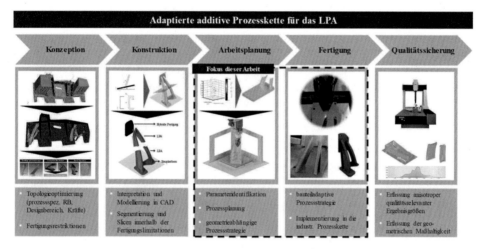

Abbildung 8.1:   Erarbeitete Prozesskette für das Laser-Pulver-Auftragschweißen

8.1 Industrielles Anwendungsbeispiel

Die exemplarische Applikation zur Validierung des entwickelten Vorgehens ist ein *Door Hinge Arm (DHA)-Bracket*. Dieses Bauteil ist Bestandteil der Aufhängung für eine Kabinentür in einem Airbus A350 XWB. Die Phase der Konzeption umfasst den ersten Schritt innerhalb der Prozesskette und damit die Definition der Randbedingungen unter Berücksichtigung der auftretenden Lastsituationen sowie des maximalen Designbereichs innerhalb der Einbausituation (siehe Abbildung 8.2 (a) und (b)).

© Der/die Autor(en), exklusiv lizenziert durch
Springer-Verlag GmbH, DE , ein Teil von Springer Nature 2021
M. L. B. Möller, *Prozessmanagement für das Laser-Pulver-Auftragschweißen*,
Light Engineering für die Praxis, https://doi.org/10.1007/978-3-662-62225-4_8

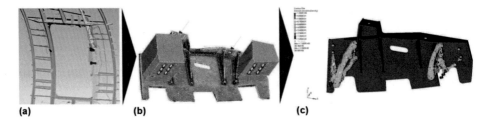

(a)   **(b)**   **(c)**

Abbildung 8.2:   (a) Einbausituation der DHA-Brackets im Flugzeug (rot); (b) vernetzte
Designräume der DHA-Brackets (türkis und grün); (c)
Topologieoptimierungsergebnisse mit maximaler relativer Zieldichte von 30 %
(rot: Anschlussplatte); Abbildungen nach [Sas11]

Abschließend werden diese Randbedingungen genutzt, um eine Topologieoptimierung
durchzuführen. Die Topologieoptimierung identifiziert die kraftflussoptimale Material-
verteilung innerhalb des definierten Designbereichs (siehe Abbildung 8.2 (c)). Diese wird
für das vorliegende Bauteil in [Sas11] unter Berücksichtigung der Restriktionen einer pulverbettbasierten Fertigung untersucht. Daher werden die Ergebnisse dieser Topologieoptimierung im Rahmen dieser Arbeit genutzt, um auf der Grundlage eines Ansatzes zur
Beschreibung von Konstruktionsrichtlinien für das LPA [EMS17, ES18, JMW19] eine
fertigungsgerechte Konstruktion für die Herstellung mit dem Laser-Pulver-Auftragschweißen abzuleiten. Weiterführende Informationen zu der Einbausituation, den auftretenden Lasten sowie der durchgeführten Topologieoptimierung sind in [Sas11, JMW19]
beschrieben.

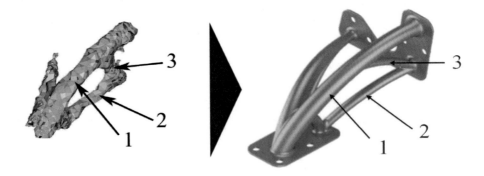

Abbildung 8.3:   Interpretation der Optimierungsergebnisse für die LBM-Fertigung nach [Sas11]

Die Grundlage für die Konstruktionsphase und damit die Abstraktion der LPA-Konstruk-
tion bildet die in Abbildung 8.3 dargestellte interpretierte Konstruktion des Optimierungs-
ergebnisses unter Berücksichtigung der Fertigungsrestriktionen des LBM Prozesses (siehe

Abbildung 8.4 (a) und (b)). Mit Hilfe dieser Fertigungsrestriktionen und den in Abschnitt 7 ermittelten weiteren Limitationen für die Prozessführung wird eine fertigungsgerechte Geometrie für den LPA-Prozess abgeleitet. Die Anwendung der Konstruktionsrichtlinien sowie die Ableitung der Geometrie sind detailliert in [JMW19] beschrieben. Dabei wird die Aufbaurichtung identifiziert, innerhalb derer die maximal ermittelten Überhangwinkel von 60 ° nicht überschritten werden. Um die Maßhaltigkeitsanforderungen zu gewährleisten, werden die Winkel oberhalb von 30 ° zusätzlich segmentiert. Durch die gewählte Orientierung kann die Struktur somit mit einem maximalen Überhangswinkel von 30 ° gefertigt werden (siehe Abbildung 8.4 (c)). Die Hohlstrukturen der LBM-Konstruktion (siehe Abbildung 8.4 (a)) werden in Vollmaterial ausgeführt und eine Zugänglichkeit für die spanende Nacharbeit an allen Oberflächen gewährleistet. Die obere Anschlussplatte wird durch eine hybride Konstruktion und das nachträgliche Fügen einer separaten Platte realisiert.

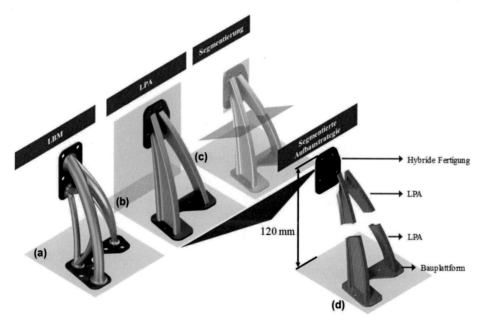

Abbildung 8.4:   (a) Konstruktion für den LBM Prozess nach [Sas11]; (b) konstruktive Adaption für den LPA Prozess; (c) inkl. Segmentierung; (d) Aufbaustrategie für die segmentierte Konstruktion

Diese Aufbaustrategie zur Herstellung der segmentierten Konstruktion wird im Folgenden ausgestaltet, um die Struktur innerhalb der definierten Toleranz zu fertigen.

8.2   Arbeits- und Prozessplanung

Den Fokus der vorliegenden Arbeit bildet die Gestaltung der Arbeitsvorbereitung sowie der Fertigung basierend auf dem Fertigungsprozessmanagement für den LPA-Prozess und den Phasen der Prozesskette für die Arbeitsplanung, die Fertigung zur Realisierung innerhalb einer definierten Toleranz.

Dementsprechend wird die abgeschlossene Konstruktion aus dem vorangegangenen Abschnitt als Ausgangsbasis für die Untersuchungen in dieser Arbeit verwendet. Darauf aufbauend wird eine virtuelle Prozesskette entwickelt, um die notwendigen Roboterbewegungen aus der Bauteilgeometrie abzuleiten (siehe Abbildung 8.5). Die Vorgehensweise sowie die Teilschritte der virtuellen Prozesskette sind in [JMW19, MJW17] veröffentlicht und detailliert beschrieben. An dieser Stelle soll der Fokus auf der Evaluierung des Prozessmanagements liegen und damit auf der Beschreibung der Randbedingungen sowie den wesentlichen Charakteristika der virtuellen Prozesskette.

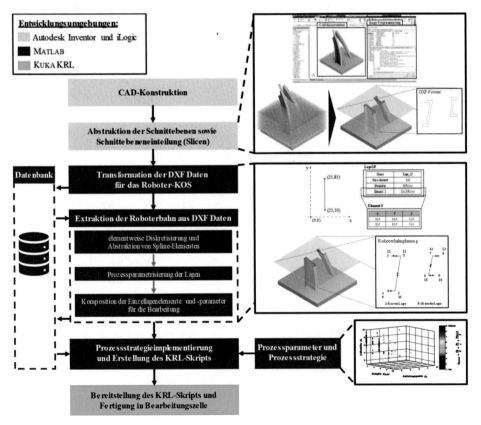

Abbildung 8.5:   Entwickelte virtuelle Prozesskette zur Arbeitsplanung und Ableitung der Bearbeitungsstrategie

Ausgehend von der Konstruktion wird mit *Autodesk Inventor iLogic* eine variable Schnitt-ebeneneinteilung (*Slicen*) programmiert, die in einem variablen Abstand und Winkel die Bauteilgeometrie mit Ebenen verschneidet (*Computer-Aided Manufacturing* (CAM)). Dadurch kann die prozessparameterabhängige Lagenhöhe als Slice-Höhe bereits in der Planung der Roboterbewegungen berücksichtigt werden. Die resultierenden Querschnitte werden jeweils in eine Zeichnungsdatei (*Drawing Interchange File* (DXF)) transferiert und in einer Datenbank gespeichert. Aus diesen DXF-Dateien wird im nächsten Schritt die Roboterbewegung abgleitet, in dem die Lagen in einzelne Elemente diskretisiert wer-den (vergleiche Abschnitt 2.2). Das heißt, dass die gesamte Kontur in einer Schnittebene in lineare Bewegungsinformationen unterteilt wird, die in einer parametrisierten Daten-struktur abgelegt werden. In Verbindung mit den Bearbeitungsstrategien können dann die Bewegungsbefehlen mit den zugehörigen Prozessparameter verknüpft werden. Diese Ele-mente werden zu einer zusammenhängenden Konturfahrt zusammengeführt und in die *Kuka Robot Language* (KRL) übertragen. Das finalisierte KRL-Skript wird abschließend in der Bearbeitungszelle für die Fertigung bereitgestellt. Die Struktur der parametrisierten Datensätze ist in Abbildung 8.6 aufgezeigt.

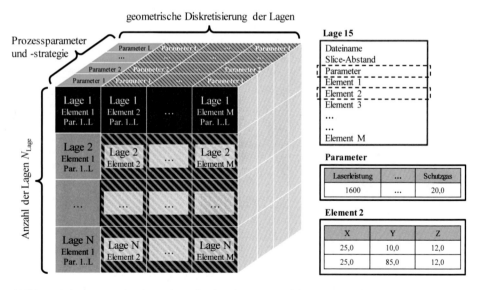

Abbildung 8.6:   Datenbank zur Organisation der parametrisierten Bearbeitungsdatensätze

Die verwendeten Bezeichnungen der einzelnen Bestandteile der Datenbank werden in Ab-schnitt 2.2 erläutert. Die wesentliche Struktur in der Datenbank wird durch die einzelnen Lagen repräsentiert. Innerhalb einer Lage können mehrere Elemente belegt werden, die die geometrischen Informationen von Start und Zielpunkt tragen. In der gewählten Form der Datensätze werden nur lagenabhängige Prozessparameter benannt, um die Komplexität der Wechselwirkungen zu beschränken, wobei die Erweiterungsfähigkeit auf eine elementweise Definition der Parameter bereits ausgestaltet ist. Des Weiteren ist eine Erweiterung ermöglicht worden, um einen geschlossenen Regelkreis in Verbindung mit einer Sensorik zu realisieren, deren Informationen über die aktuelle Aufbauhöhe eine prozessparallele Steuerung der Parameter sowie ein erneutes Slicen in variablem Abstand [BWW18].

Der segmentierte Demonstrator (siehe Abbildung 8.4) für die industrielle Applikation ist im Rahmen der Prozesslimitationen des LPA-Prozesses erarbeitet worden. Um das Einhalten dieser Restriktionen zu gewährleisten, werden die Überhänge mit einem maximalen Winkel von 30 ° gefertigt, in dem eine Reorientierung des Demonstrators nach dem ersten Segment erfolgt (siehe Abbildung 8.7 (a)). Im Zuge dieser Reorientierung wird in der Arbeitsplanung ebenfalls die Ausrichtung des Bauteil-KOS (siehe Abbildung 8.7 (b)) um 30 ° gekippt und die Slicingebenen weiterhin mit der Aufbaurichtung als Normalenvektor erzeugt. Durch dieses Vorgehen wird die in [MEW16, MBE16, ZMB17] beschriebene Maßabweichung durch das Einteilen in Schnittebenen entstandene kleine Elementgrößen vermieden.

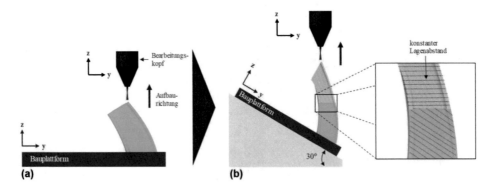

Abbildung 8.7:   (a) Aufbaustrategie für das erste Segment (rot: Werkstück-KOS; schwarz: Werkzeug-KOS (Ursprung im TCP)) ; (b) reorientierte Aufbaustrategie mit angepasstem Lagenaufbau

Somit erfolgt das Slicen der Schnittebenen in zwei Orientierungen für ein gleichförmiges Aufbauen der Struktur. Eine weiterführende Beschreibung der Vorgehensweise sowie ein Vergleich mit anderen Strategien erfolgt in [JMW19, ME18, MJW17, MSJ17].

Zur Erarbeitung dieser Parameter wird analog zu Abschnitt 7.1 eine Prozessparameteri-dentifikation durchgeführt. Die Gestaltung der Diskretisierung der Parameter wird beibe-halten, aber der Suchparameterraum erweitert, um an dieser Stelle eine Prozessplanung ohne Vorerfahrung für die maximalen Ausprägungen der Parameter vorzunehmen.

Tabelle 8.1:   Anlagentechnisch-restringierte Parametervariation für den Genetischen Algorithmus

Laserleistung [W]	Vorschubgeschwindigkeit [m/min]	Pulvermassenstrom [U/min]
500 – 4.000	0,5 – 4,0	3 - 10
inkrement: 100 W	inkrement: 0,1 m/min	inkrement: 1 U/min $\dot{m}_{Pul}$= 4,78 – 18,97 g/min

Durch diese Vorgehensweise steigt die Anzahl der möglichen Parameterkombinationen mit der gewählten Diskretisierung auf $(P_L\ \dot{m}_{Pul}\ v_s)$ = 36 x 36 x 8 = 10.368 und damit auf eine bedeutend größere Variantenvielfalt im Vergleich zu der Voreinschränkung in Ab-schnitt 7.1.3. Auf diese Weise soll die Robustheit der Parameterprädiktion erprobt werden und das notwendige Prozesswissen minimiert werden.

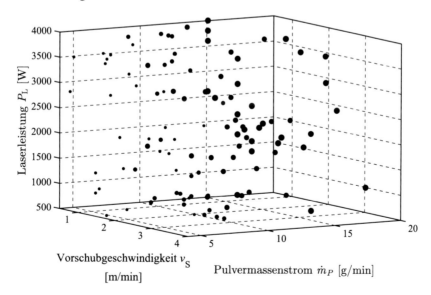

Abbildung 8.8:   Evolution der Parametersätze innerhalb von vier Generationen im Suchraum (die sich entwickelnden Generationen werden durch die zunehmende Markierungsgröße repräsentiert)

In Abbildung 8.8 sind die untersuchten Parametersätze für vier Generationen aufgezeigt. Die Entwicklung der Parameter zeigt eine deutliche Progression des Suchfeldes in Richtung größerer Laserleistungen sowie zunehmender Pulvermassenströme auf.

Auch für die Bewertung soll der Einfluss des Vorwissens begrenzt werden. Daher werden die Bewertungskriterien gleichgewertet in der aggregierten Bewertung berücksichtigt, sodass jedes Teilkriterium zu je einem Drittel in die Bewertung eingeht, mit der aus der finalen Pareto Front der optimale Parametersatz ausgewählt wird.

In Abbildung 8.9 ist die aggregierte Bewertung der Individuen für diesen erweiterten Suchraum dargestellt. Dabei ist auffällig, dass bei den gegebenen anlagensystemtechnischen Voraussetzungen für Vorschubgeschwindigkeiten $v_s > 2{,}0$ m/min keine guten aggregierten Bewertungen ($p_{gesamt} \leq 3$) identifiziert werden können. Des Weiteren liegen alle Parametersätze mit einer guten aggregierten Bewertung im Bereich von Laserleistungen 1400 W $\leq P_L \leq 2100$ W.

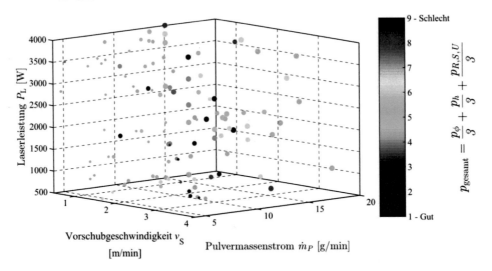

Abbildung 8.9:   Aggregierte Bewertung der vier Generationen für den erweiterten Suchraum

Der Anteil der Individuen mit einer guten aggregierten Bewertung ($p_{gesamt} \leq 3$) wird von 0 % in der initialen Generation auf 11 % in der letzten Generation gesteigert. Bei einer Anzahl von 10.368 möglichen Parameterkombinationen und 108 erzeugten Individuen beträgt die Suchraumabdeckung $\eta_{Raum} = 1{,}04$ %. Trotz dieser geringen Suchraumabdeckung konnten sechs Parametersätze mit einer guten aggregierten Bewertung von $p_{gesamt} \leq 3$ identifiziert werden. Aus der finalen Pareto Front wird dann der Parametersatz mit der besten aggregierten Bewertung ausgewählt (siehe Tabelle 8.2).

Tabelle 8.2: Ergebnis der anlagentechnisch-restringierten, evolutionären Parameteridentifikation

Laserleistung	Vorschubgeschwindigkeit	Pulvermassenstrom
1700 W	1,0 m/min	9 U/min

Die Einschränkung des Suchraumes in Abschnitt 7.1 reduziert die Exploration irrelevanter Parameterkombinationen und ermöglicht demzufolge bei gleichem Aufwand eine bessere Kenntnis der erfolgversprechenden Parameterkombinationen sowie die höher aufgelöste Information der Grenzen des Prozessfensters. Allerdings besteht im Zuge der Nutzung von Erfahrungswissen immer auch die Herausforderung, dass unvollständiges Wissen den Suchraum fehlerhaft oder auf einen zu geringen Bereich einschränkt [CLv07].

Im Folgenden wird ein Demonstrator mit der beschriebenen reorientierten Aufbaustrategie gefertigt. Im ersten Schritt wird der Demonstrator für die Bildung einer Referenz ohne die Verwendung der optimierten Fertigung aus dem Fertigungsprozessmanagement gefertigt. Nachfolgend wird das Resultat der Referenz mit den Ergebnissen der Demonstratorfertigung unter Nutzung des Prozessmanagements verglichen.

8.3 Referenzfertigung ohne Optimierung

Im Gegensatz zu dem in Abschnitt 7.4 verwendeten Demonstrator zeichnet sich die vorliegende industrielle Applikation durch kürzere Schweißnahtlängen sowie ausgeprägte Überhänge aus. Bedingt durch die kurzen Nähte liegt im Vergleich zu dem benannten Demonstrator eine bedeutend verstärkte Kumulation der zugeführten Wärmeenergie vor. In ersten Untersuchungen konnte die Struktur mit einer konventionellen Prozessführung und konstanten Parametern lediglich bis zu einer Bauhöhe von 70 mm erfolgen, bis der Prozess aufgrund einer deutlichen Sollkonturabweichung von mehr als 5 mm unterbrochen werden musste. Daher wird der Aufbau des Demonstrators ohne Prozessmanagement, aber mit optimiertem Parametersatz vorgenommen. Zusätzlich wird die ausgewählte Bearbeitungsstrategie durchgeführt, die im Vergleich zu der konventionellen Fertigung die Genauigkeit steigert und nur geringfügig die Produktivität mindert (vergleiche Abschnitt 7.3). Für das Fortsetzen der Prozessführung wird der anfängliche Bereich mit dem WEDM auf einer ebenen Aufbaufläche bearbeitet und der Prozess an der Stelle erneut gestartet (siehe Abbildung 8.10 (c)). Die ausgewählte Bearbeitungsstrategie zeichnet sich dadurch aus, dass die Segmente jeweils eine Abkühlzeit erfahren und damit der Kumulation der Prozesswärme entgegengewirkt wird. Für diese Bearbeitungsstrategie konnte eine Steigerung der Maßhaltigkeit aufgezeigt werden. Allerdings resultiert diese Vorgehens-

weise in variierenden Wandstärken, die in Verbindung mit der Überhangssituation zu einer erneuten Abweichung der Maßhaltigkeit führen (siehe Abbildung 8.10 (b)). Im obersten Bereich der Struktur liegen besonders kurze Elementlängen vor, die durch den Pro-
zesswärmeaufstau in einer Sollkonturabweichung resultieren (siehe Abbildung 8.10 (a)).

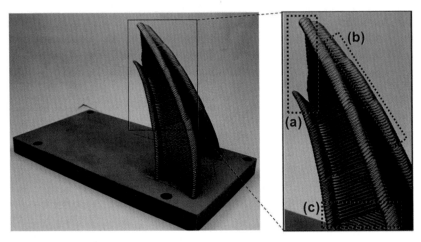

Abbildung 8.10:   Demonstratorfertigung ohne Optimierung; (a) Kumulation der Prozesswärme
                  für   kurze   Elementlängen   führt   zu   Sollkonturabweichungen;   (b)
                  Bearbeitungsstrategiebedingte   Prozessstarts   resultieren   in   variierender
                  Wandstärke; (c) Ansatzbereich nach initialem Prozessabbruch

Der gefertigte Demonstrator wird mit der KMM Wenzel LH87 und dem ShapeTracer vermessen. Für die Messfehlerabschätzung werden die Erkenntnisse aus Abschnitt 4.4 verwendet. Die Messdaten der Geometrie werden in Form einer Messpunktewolke mit der
CAD-Referenzgeometrie überlagert, um die Sollkonturabweichungen zu ermitteln.

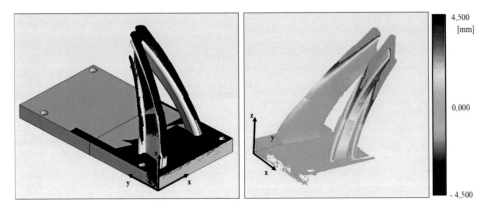

Abbildung 8.11:   Bewertung der Demonstratorfertigung ohne Optimierung (a) Überlagerung der
                  Messpunktewolke mit der CAD-Geometrie; (b) Geometrische Maßhaltigkeit der
                  gefertigten Geometrie

In der Betrachtung dieser Differenzen werden über die gesamte Bauhöhe Schwankungen der Wandstärken und damit variierende Abweichungen und Toleranzen erfasst (siehe Abbildung 8.11). Die Maßabweichungen liegen im oberen Bereich der Struktur bis zu 4,5 mm unter dem Sollmaß und in einem Toleranzbereich von $T_{\text{Prozess};0,95} = \pm 4,26$ mm. Die variierenden Abweichungen entlang der Aufbauhöhe resultieren zum einen aus der beschriebenen gewählten Strategie während zum anderen die Unterschreitung des Sollmaßes im Wesentlichen auf, die nicht vollständige Vermeidung der Wärmeakkumulation zurückzuführen ist. Die identifizierten Maßhaltigkeitsabweichungen stehen einer wirtschaftlichen Bearbeitung in einer durchgängigen Prozesskette entgegen. Eine Prozessführung ohne aufbauhöhenabhängige Variation ist für den gewählten Demonstrator nicht möglich (siehe Abbildung 8.10) und liegt mit der adaptierten Bearbeitungsstrategie nicht innerhalb der geforderten Toleranz (siehe Abbildung 8.11).

8.4 Prozessmanagement in der industriellen Prozesskette

Daher wird der Aufbau des Demonstrators unter Einsatz des Prozessmanagements mit optimiertem Parametersatz vorgenommen und zusätzlich eine adaptive Laserleistung in Abhängigkeit der Bauhöhe entsprechend der erarbeiteten Strategie aus Abschnitt 7.2 durchgeführt. Dadurch kann auf die Verwendung von Wartezeiten und damit eine Hemmung der Produktivität des Prozesses vermieden werden. Des Weiteren wird eine segmentweise Fertigung durchgeführt innerhalb derer konstante Slicing-Höhen verwendet werden.

Für die Bewertung der Maßabweichungen in Folge der Fertigung wird analog zu Abschnitt 8.3 die Struktur mit der KMM Wenzel LH87 und dem ShapeTracer vermessen unter Verwendung der Messfehlerabschätzung aus Abschnitt 4.4. In Abbildung 8.12 sind die gefertigte Struktur sowie die identifizierten Maßabweichungen dargestellt. Für die Bewertung des Soll-Ist-Maßvergleichs wird die Bauplattform nicht berücksichtigt.

Die optimierte Prozesskette ermöglicht die Fertigung der Demonstratorstruktur mit einem Fertigungszeit t_{LPA} von 34 Minuten und einer Aufbaurate von 128 cm³/h (siehe Abbildung 8.12 (a)). Dabei können die erforderlichen Toleranzgrenzen $T_{\text{erf.};0,95}$ eingehalten werden (siehe Abbildung 8.12 (c)). Zusätzlich wird die Streuung der Maßabweichungen deutlich reduziert, sodass ein Großteil der Struktur innerhalb eines Toleranzbereichs von ± 0,5 mm gefertigt werden kann. Die bedeutenden Maßabweichungen befinden sich im oberen Bereich der Struktur mit dem größten Überhang sowie im Bereich der Anbindung zur Bauplattform. An diesen Positionen liegt eine besonders stark ausgeprägte Beeinflussung der Randbedingungen vor. Auf der einen Seite durch die gute Wärmeableitung in die Bauplattform und auf der anderen Seite der gegenteilige Effekt der reduzierten Wärmeableitung in Verbindung mit kurzen Elementlängen. Durch das Fertigungsprozessmanagement kann somit die Fertigung im LPA-Verfahren mit der optimierten Prozessstrategie auch für komplexe Geometrien eine Herstellung innerhalb des geforderten Toleranzbereichs von ± 1,0 mm erfolgen.

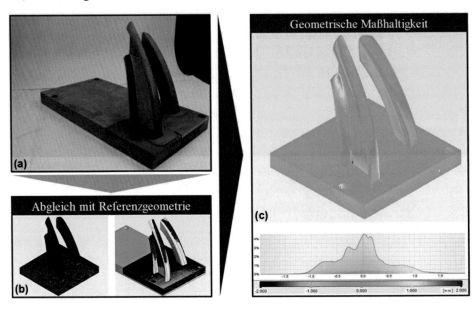

Abbildung 8.12:   (a) Demonstratorfertigung mit optimierter Prozessierung; (b) Abgleich der Messpunktewolke mit der Referenzgeometrie; (c) Geometrische Maßhaltigkeit des Demonstrators

8.5   Fazit und Bewertung

Mit der Methodik des Fertigungsprozessmanagement ist in den vorangegangenen Abschnitten eine optimierte Prozessstrategie entwickelt und evaluiert worden, die insbesondere eine Neugestaltung der Prozessführung in drei Stufen beinhaltet.

Als erstes wird dabei durch die vollständige Automatisierung des Parameteridentifikationsprozesses eine deutliche Reduzierung des Aufwandes für diesen Schritt ermöglicht. Weiterführende Anpassungen des Genetischen Algorithmus können sowohl die Suchgeschwindigkeit als auch die Ergebnisqualität weiter steigern [ZTD01]. In diesem Rahmen kann auf der einen Seite durch eine iterative Suchfeldverkleinerung die Explorationsintensität innerhalb des Zielbereichs deutlich gesteigert werden. Herausforderung dieser Variante ist die Sicherstellung der Identifikation eines hinreichend optimalen Minimums in dem verkleinerten Suchgebiet. Zur Gewährleistung dieses Minimums existieren in der Literatur [CLv07, Wei15] Strategien, wie beispielsweise der Schwellwert und das Distanzdefinitionsverfahren. Dabei muss eine minimale Prozessqualität in dem zu verkleinernden

Suchbereich identifiziert werden, wobei der Suchbereich im nächsten Schritt in Abhängigkeit der Güte der weiteren Parameter in der Umgebung sowie der globalen relativen Güte mit einer Distanz zum besten Parameter begrenzt wird. Dieses Vorgehen bietet eine weitere systematische Reduzierung des notwendigen Erfahrungswissens sowie eine Reduzierung der Risiken durch das Einbringen von unvollständigem Wissen. Für eine wirtschaftliche Vorgehensweise in der industriellen Applikation kann somit sowohl mit der erarbeiteten Vorgehensweise eine Identifikation mit begrenztem Prozesswissen erfolgen als auch durch eine weiterführende Verbesserung des GA weitere Potenziale erschlossen werden.

Als zweites wird eine lagenabhängige Laserleistungsadaption, in Abhängigkeit der Veränderung der thermischen Randbedingungen mit steigender Aufbauhöhe entwickelt. Diese Adaptionsstrategie kann die Maßabweichungen im Vergleich zur Prozessierung ohne Optimierung bedeutend reduzieren, ohne dabei die Produktivitätseinbußen der untersuchten Wartezeitansätze zur Folge zu haben. Für Bereiche, die in einem lokal eng begrenzten Bereich große Veränderungen der thermischen Randbedingungen aufweisen (z.B. in der Nähe der Bauplattform), kann die erarbeitete Lösung weiter verbessert werden. In [HME17a, HME17b] wird der aufgezeigte Ansatz auf die ergänzende Anpassung der Vorschubgeschwindigkeiten erweitert und weitere Reduzierung der Maßabweichungen, insbesondere auch im Bereich der Anbindung zur Bauplattform, erzielt.

Als drittes werden die Einflüsse von Strukturen sowie der Gestaltung der Übergänge zwischen Elementen innerhalb einer Lage dieser Strukturen untersucht. Des Weiteren werden die notwendigen Elementverknüpfungen durch Offsets analysiert und in der entwickelten Datenbank hinterlegt, um bei Bedarf beim Slicen mit den Bewegungsbefehlen verknüpft zu werden. Diese Vorgehensweise ermöglicht die Reduzierung der Lagenüberhöhungen am Demonstrator auf weniger als 0,1 mm. Zusätzlich kann der ermittelte Pulverwirkungsgrad η_{Pulver} mit einem Wert von $\eta_{\text{Pulver}} = 0{,}694$ bestätigt werden.

Im Zusammenspiel ermöglichen die Teilelemente dieser Bearbeitungsstrategie die Optimierung des Toleranzbereichs für die LPA-Fertigung endkonturnaher Bauteile von $T_{\text{Prozess};0,95} \pm 4{,}26$ mm ohne Optimierung auf einen Wert von $T_{\text{Prozess};0,95} \pm 0{,}94$ mm bei Verwendung der erarbeiteten Prozessstrategie.

Abbildung 8.13:   Endkonturnaher Demonstrator nach dem LPA-Prozess

Aufbauend auf diesen Betrachtungen der fertigungsbedingten Eigenschaften wird in Abschnitt 9 die Nachhaltigkeit des entwickelten Verfahrens untersucht. Zur Bewertung der Wirtschaftlichkeit der vorgestellten Prozesskette werden im Folgenden zusätzlich die Fertigungskosten im Vergleich zur konventionellen Fertigung sowie alternativen additiven Fertigungsverfahren betrachtet.

9 Ressourceneffizienz und Kostenpotenziale in der additiven Fertigung

Nachhaltigkeit ist in der Literatur ein umfangreich diskutierter Ausdruck, daher sei für eine weitergehende Auseinandersetzung auf die vielfältige Lektüre verwiesen [Dre08, GK12, Her10, Mat13, Puf14]. An dieser Stelle soll der konstitutive Rahmen für die Definition eines nachhaltigen Handelns erörtert werden, der in dieser Arbeit die Grundlage für ein quantitatives Bewertungskonzept verschiedener Produktionsverfahren bildet. Zu diesem Zweck wird aus der Begriffsgenese eine quantifizierbare Zielbeschreibung für die Bewertung der Nachhaltigkeit der additiven Fertigung abgeleitet und eingeordnet. Im Anschluss wird ein Überblick über mögliche Messmethoden gegeben und die ausgewählte Methode auf die Demonstratorstruktur angewandt. Die Ergebnisse werden im Anschluss auf ein größeres Bauteilportfolio extrapoliert.

9.1 Nachhaltigkeitsbegrifflichkeit für Produktionstechnologien

Die Vielfalt und Komplexität der Definitionen sowie Dimensionen für Nachhaltigkeit sollen in diesem Kapitel nicht erschöpfend behandelt werden, sondern vielmehr eine Grundlage bilden für die Einbettung der nachhaltigen Entwicklung im Kontext additiver Fertigungsverfahren. Im ersten Schritt wird in dieser Arbeit eine vergleichende Bewertung des entwickelten additiven Fertigungsprozesses mit der konventionellen Fertigung vorgenommen.

Zu diesem Zweck wird auf der Grundlage des „Drei Säulen Modells" [AZZ17] der Nachhaltigkeit eine Zusammenfassung der bestehenden Arbeiten für die additive Fertigung vorgenommen. Dieses Modell beschreibt die Gleichrangigkeit von Zielen aus Wirtschaft, Ökologie und Sozialem für die Verfolgung einer nachhaltigen Entwicklung.

Die Bewertung der **sozialen** Nachhaltigkeit betrachtet die Auswirkungen auf die gesellschaftlichen Rahmenbedingungen sowie die physische und psychische Konstitution der Personen innerhalb der untersuchten Systemgrenzen [AZZ17]. Die bestehenden Untersuchungen zur sozialen Auswirkung additiver Fertigungsverfahren behandeln beispielsweise die Gefährdungen am Arbeitsplatz [BBF17], die globalen gesellschaftlichen Potenziale dezentraler additiver Fertigung sowie den Einfluss individualisierter Medizinprodukte auf die Lebensqualität [GF14, HLM13, JKP17, Pet14].

© Der/die Autor(en), exklusiv lizenziert durch
Springer-Verlag GmbH, DE , ein Teil von Springer Nature 2021
M. L. B. Möller, *Prozessmanagement für das Laser-Pulver-Auftragschweißen*,
Light Engineering für die Praxis, https://doi.org/10.1007/978-3-662-62225-4_9

Die **ökologische** Nachhaltigkeit beschreibt den initialen Kerngedanken, die natürlichen Ressourcen der Natur nur in dem Maße zu beanspruchen, in dem diese sich regenerieren können [Puf14]. Die Kenngrößen zur Bewertung der Nachhaltigkeit sind dabei abhängig von der Wahl der Systemgrenze [GK12]. Beispielsweise werden die Auswirkungen des Handelns in Kenngrößen für die Ausmaße der ökologischen Effekte erfasst, um z. B. den irreversiblen Verbrauch von Rohstoffen oder fossilen Energieträgern zu quantifizieren und durch entsprechende ausgleichende Handlungen eine Balance und somit eine ökologische Nachhaltigkeit sicherzustellen [KYD10, MQK07]. Im Folgenden wird beschrieben, auf welche Weise die ökologische Nachhaltigkeit im Rahmen der vorliegenden Arbeit erfasst wird.

Die Dimension der **ökonomischen** Nachhaltigkeit für die Produktionstechnologie umfasst die wirtschaftliche Verwertung der Produktionsfaktoren, sodass das Handeln mindestens konstante ökonomische Wertströme aufweist und somit die Anforderung für ein intra- und intergenerationelles nachhaltiges Handeln erfüllt [HK14, Puf14]. Die Einschätzung der ökonomischen Nachhaltigkeit kann auf der Basis einer monetären Bewertung des Handelns erfolgen [Mat13].

In der vorliegenden Arbeit sollen die beschriebenen ökologischen und die ökonomischen Nachhaltigkeitsdimensionen bewertet werden und die ökonomische, monetäre Bewertung mit der ökologischen Nachhaltigkeit verknüpft werden. In einem ersten Schritt soll nachfolgend die Einordnung der begrifflichen Definition der „nachhaltigen Entwicklung" erfolgen. Darauf aufbauend wird diese Begriffsbildung mit einer quantifizierbaren Ergebnisgröße verknüpft, um den entwickelten Prozess mit alternativen Prozessen zu vergleichen.

Ausgangspunkt des heutigen Verständnisses nachhaltiger Entwicklungen stellt die von Carlowitz geprägte nachhaltige Forstwirtschaft dar [GK12]. Verallgemeinert soll nach diesem Verständnis der Verbrauch einer Ressource deren planmäßige Nachführung nicht überschreiten. In den 1960er und 1970er Jahren machten mehrere Ökonomen unabhängig voneinander aufmerksam auf die Umweltprobleme durch eine extensive Ressourcennutzung in Folge industriellen Wachstums sowie globalen Konsums [Geo71, Kap79, Kle78].

Durch die Veröffentlichung der Analysen zu ressourcenbedingten Wachstumsgrenzen für die Wirtschaft [MMR72] sowie die erste Umweltkonferenz der Vereinten Nationen 1972 in Stockholm, wurde Nachhaltigkeit als optimaler Verbrauch natürlicher Ressourcen beschrieben [HK14].

Den wesentlichen Meilenstein für die begriffliche Definition des Leitbildes „nachhaltige Entwicklung" stellt der Brundtland-Bericht von 1987 dar [Bru87]. Neben der sozialen, ökologischen und wirtschaftlichen Zielbeschreibung ist die Vorgabe von Randbedingungen wesentlicher Bestandteil des Berichtes, wie beispielsweise einer gegenwärtigen Gerechtigkeit sowie zukünftigen generationenübergreifenden Gerechtigkeit beim Verbrauch von Ressourcen [Hau87].

Die folgende Konferenz der Vereinten Nationen (engl. United Nations (UN)) zu Umwelt und Entwicklung (UNCED) 1992 führte zu der Ableitung des Aktionsrahmenprogramms „Agenda 21" mit dem Ziel der Umsetzung der zuvor definierten nachhaltigen Entwicklung [UNC92]. Aufgrund des Fehlens überprüfbarer Verpflichtungen kam es zu Folgekonferenzen wie beispielsweise der Klimakonferenz 1997 (Kyoto-Protokoll), die zu verbindlichen Klimaschutzzielen auf der Basis der Reduktion von Treibhausgasen führte [UNF97]. Im Rahmen der Folgekonferenz zu Umwelt und Entwicklung der UN 2002 in Johannesburg wurde ein Plan für die Implementierung der nachhaltigen Entwicklung durch die Teilnehmer verabschiedet: Der Beschluss umfasste konkrete Ziele und explizite Umsetzungsprogramme für soziale, ökologische und wirtschaftliche Nachhaltigkeitsthemen [HK14, UNC02].

Die nachfolgenden Konferenzen in Rio 2012 und Paris 2015 zeigten eine Konkretisierung des nachhaltigen Wirtschaftens innerhalb aller drei Nachhaltigkeitsdimensionen [Eur11, UNF15]. Hierbei werden neben Auswirkungen wie z.B. einer Veränderung der Biodiversität insbesondere die Ressourceneffizienz bzw. die Ressourcenerschöpfung als wesentliche Einflussgrößen auf die Sicherstellung einer intra- und intergenerationellen Gerechtigkeit im Rahmen der nachhaltigen Entwicklung benannt. Als eine wesentliche Umweltauswirkung der Industrialisierung wird die Klimaschädigung infolge der Treibhausgasemissionen identifiziert [MT17]. Innerhalb dieser Treibhausgase soll insbesondere der anthropogene CO_2-Ausstoß mit Mitteln der politischen Regulation wie bspw. Emissionszertifikaten reduziert werden [UNF08, UNF15].

Eine wesentliche Messgröße der nachhaltigen Entwicklung soll in dieser Arbeit die Bewertung der additiven Fertigungsverfahren im Hinblick auf die Treibhausgasemissionen darstellen und dabei eine Bemessung des CO_2-Ausstoßes innerhalb der ökologischen und ökonomischen Nachhaltigkeitsdimensionen vorgenommen werden.

Aufbauend auf der begrifflichen Spezifizierung erfolgt eine vergleichende Bewertung der **ökologischen** und **ökonomischen** Nachhaltigkeit additiver Fertigungsverfahren. Hierfür werden im Folgenden Messmethoden aufgezeigt, die zur Quantifizierung von Nachhaltigkeit eingesetzt werden. Das Ziel ist hierbei eine direkte Verknüpfung der ökologischen Einflussgröße mit einer quantifizierbaren mittelbaren ökonomischen Auswirkung.

9.2 Ansätze zur Analyse der Nachhaltigkeit in der additiven Fertigung

Die ökologische Auswirkung von Produktionstechnologien wird in vielen Studien untersucht, allerdings zumeist nur hinsichtlich des spezifischen Energieverbrauchs der Verfahren (siehe Tabelle 9.1).

Tabelle 9.1:   Vergleich bestehender Studien zur Bewertung der Nachhaltigkeit der additiven Produktion

Quelle	Verfahren[a]	CE Konsum	CF Kalkulation	EC Ermittlung	Material	AM/CM Relation	Luftfahrt-bezogene Studie
[SJZ16]	Guss[h]	✓	✗	✗	Al-Legierung	✗	✗
[ZJS14]	Guss[i]	✓	✗	✗	Al-Legierung	✗	✗
[MJS16]	Guss[i]	✓	✗	✗	Al-Legierung	✗	✗
[PI17]	EBM	✓	✓	✗	Ti-Legierung[l]	✓	✓
[PID16]	EBM	✓	✓	✗	Ti-Legierung[l]	~0,4-1,2	✓
[BTW17]	EBM	✓	✗	✗	Ti-Legierung[l]	✗	✗
[LLF18]	EBM	✓	✗	✗	Ti-Legierung[l]	✗	✓
[FBM17]	LBM	✓	✓	✗	Al-Legierung	✗	✗
[KYD10]	LBM	✓	✗	✗	Polymer[n]	✗	✗
[LJM12]	LBM	✗	✗	✓[b]	Fe-Legierung[m]	✗	✗
[Nya15]	LBM	✓	✗	✗	Fe-Legierung[m]	0,1	✗
[BTH10]	LBM	✓	✗	✗	Ti-Legierung[l]	✗	✗
[EKH13]	LBM	✗	✗	✗	Ti-Legierung[l]	✗	✓
[PLW17]	LPA	✓	✓	✗	✗[d]	0,38	✓
[LJL16]	LPA	✗	✓	✗	Al-Legierung[q]	0,23	✗
[MQK07]	LPA[e]	✓	✗	✗	Fe-Legierung[j]	0,5-300	✗
[ZJS14]	LPA[g]	✓	✓	✗	Ni-Legierung[r]	0.32	✓
[BVG16]	WAAM	✓	✗	✗	✗[d]	✗	✓
[BV18]	WAAM	✓	✓	✗	Fe-Legierung[o]	0,72	✗
[JAM16]	WAAM[f]	✓	✗	✗	Fe-Legierung[k]	✗	✗
[SCP17]	WAAM[f]	✓[c]	✓[c]	✗	Fe-Legierung[p]	✗	✗

[a]CM oder AM verwandter Prozess; [b]Analyse der AM Kosten; [c]nur bezogen auf den Prozess; [d]nicht aufgeführte Titanlegierung; [e] Direct Metal Deposition; [f] Gas Metal Arc Welding; [g] Laser Direct Deposition; [h] Konventioneller Guss; [l]Feinguss; [j]H13; [k]A36; [l]Ti-6Al-4V; [m]316L; [n]PA2200; [o]308L; [p]S355; [q]A48; [r]NiCr20Co18Ti

Zur Ermittlung der Nachhaltigkeit werden im ersten Schritt die bestehenden Studien untersucht. Auf der Basis des aktuellen Stands der wissenschaftlichen Methodik zur Evaluierung der Nachhaltigkeit wird die im Rahmen dieser Arbeit entwickelte Prozessstrategie für das LPA in einer vergleichenden Analyse an einem exemplarischen Luftfahrtbauteilportfolio mit konventionellen und konkurrierenden AM-Verfahren hinsichtlich der Kosten und der Ressourceneffizienz evaluiert.

Die aufgezeigten Studien stellen einen Auszug der bestehenden umfangreichen Untersuchungen im Kontext der Nachhaltigkeit für die additive Fertigung dar. Dabei liegt der Fokus der Quellen zum einen auf den pulverbettbasierten Verfahren (LBM und EBM) sowie der Betrachtung des spezifischen Energieverbrauchs (*Cumulative Energy Demand* (CE)) dieser Verfahren und der zugehörigen Prozessketten. Des Weiteren werden in den Studien unterschiedliche Werkstoffe sowie einzelne Verfahren bezüglich der verbrauchten Energie und des zugehörigen *Carbon Footprints* (CF) verglichen. Zum einen ist die Betrachtung von Auftragschweißverfahren in Verbindung mit einer ganzheitlichen Umweltkostenbetrachtung (*Environmental Costs* (EC)) in der Literatur nicht vorhanden. Zum anderen fehlt bislang die Erweiterung der Kostenbetrachtung auf eine zukünftige ökonomische Wirksamkeit ressourcenschonender Fertigungsverfahren, die beispielsweise durch politische Maßnahmen wie eine Intensivierung des CO_2-Zertifikatehandels erzielbar sind [BSF19, CSL18].

Im Folgenden wird dieser Überblick erarbeitet. Zu diesem Zweck wird das Vorgehen exemplarisch für die Fertigung des DHA-Bracket (siehe Abbildung 9.1 (a)) mittels LPA-Verfahren aufgezeigt (vergleiche Abschnitt 8). Die weiterführende Beschreibung der Ressourceneffizienz der weiteren vorgestellten Fertigungsprozesse sowie der ergänzenden Luftfahrtbauteile (*Doorstop* (siehe Abbildung 9.1 (b)) und *Cabin Crew Rest Compartment (CCRC)-Bracket* (siehe Abbildung 9.1 (c))) wird in [MIE19, MVE19] dargestellt.

(a)   **(b)**   **(c)**

Abbildung 9.1:   Betrachtete Bauteile zur Bewertung der Nachhaltigkeit (a) DHA-Bracket; (b) Doorstop; (c) CCRC-Bracket

Wie beschrieben erfolgt die Messung innerhalb der ökologisch-ökonomischen Dimension des Nachhaltigkeitsmodells auf der Basis des Umfangs der Treibhausgasemissionen. Um zusätzlich die ökonomische Dimension dieser ökologischen Auswirkungen zu kalkulieren, wird als Vergleichsgröße die Bewertung der CO_2-Emissionen im Emissionszertifikatehandel für die Bewertung der Umweltkosten (EC) verwendet. Eine detaillierte Beschreibung der Vorgehensweise zur Bewertung erfolgt in Abschnitt 9.6. Daher soll die Nachhaltigkeit in der ökologischen Dimension über die CE und den CF gemessen werden, während die Quantifizierung der ökonomischen Dimension in einer Zusammenfassung der Aufwände aus den Fertigungskosten und den Preisen für die benötigten CO_2-Emissionzertifikate erfolgt.

Im Gegensatz zu den bisher beschriebenen Studien wird im Rahmen dieser Arbeit eine Verbindung zwischen den ökologischen Auswirkungen und dem ökonomischen Potenzial der neuartigen additiven Fertigungstechnologie hergestellt und damit eine ganzheitliche ökonomisch-ökologische Betrachtung gewährleistet.

9.3   Modell des *Carbon Footprint*

Der seit den 1990ern verstärkt erforschte Zusammenhang zwischen dem zunehmenden Ausstoß klimaaktiver Gase (z.B. CO_2) durch das menschliche Wohlstandsstreben und dem Klimawandel bildet den Ausgangspunkt für eine internationale Diskussion über die monetäre Bewertung ökologischer Interessen [Itz12, NO08].

Die nachhaltige Reduzierung des Ausstoßes des klimaaktiven CO_2 zur Beschränkung des anthropogenen Treibhauseffektes ist somit eines der zentralen Themen der globalen und nationalen Energie- und Umweltpolitik [MT17]. In diesem Kontext wird die Wohlstandsmehrung um einen verantwortungsbewussten und nachhaltigen Umgang mit begrenzten Ressourcen erweitert, sodass zukünftige Innovationen im Bereich der Fertigungsprozesse nicht nur ökonomischen sondern ebenfalls ökologischen Anforderungen gerecht werden müssen [BA15, GE14].

Bestehende Arbeiten zur Bewertung der Klimaverträglichkeit additiver Fertigungsprozesse beschreiben die Ressourceneffizienz von Teilprozessen der Herstellung [DF15, MQK07] sowie die Betrachtung der pulverbettbasierten Fertigungsverfahren [DP06, EOS13, MLG14, SGB10, YTS17]. Des Weiteren werden für unterschiedliche Systemtechnologien die Ressourcenverbräuche von Teilsystemen ermittelt [LKH13, PID16, SGB10, UD04].

Zur Bewertung der Nachhaltigkeit der additiven Fertigung im LPA-Prozess wird auf der Grundlage des Ressourcenverbrauchs das *Carbon Footprint* Modell mit den zugehörigen

Ressourcenströmen in Anlehnung an [EOS13, MQK07, Wit15] entwickelt (siehe Abbildung 9.2).

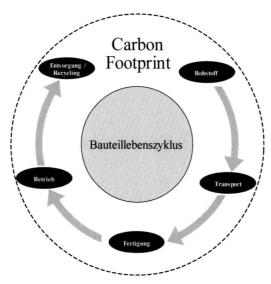

Abbildung 9.2:   Fünf Phasen des *Carbon Footprint* (in Anlehnung an [EOS13, MQK07, Wit15])

Als Referenz werden die Ressourcenströme für konkurrierende additive Fertigungsverfahren und die konventionelle Fräsbearbeitung sowie den Feinguss ermittelt, um eine vergleichende Analyse der CO_2-Bilanzen als repräsentativen Maßstab für die Klimaverträglichkeit vorzustellen [MT17, PCF09].

9.4 Methodologie der Nachhaltigkeitsbewertung im ökonomisch-ökologischen Kontext

Zur Ermittlung der Ressourcenströme werden die fünf Phasen aus Abbildung 9.2 betrachtet. Im Einzelnen sind dies Rohstoffe, Transport, Fertigung, Betrieb und Recycling. Dabei wird die Annahme getroffen, dass die zu vergleichenden Fertigungsverfahren innerhalb der identischen Wertschöpfungskette und Lokalisierung angeordnet sind und damit die Phase des Transportes für alle Verfahren näherungsweise identisch angenommen werden kann. Des Weiteren wird die Annahme getroffen, dass die resultierenden Bauteile eine identische Masse aufweisen sowie äußere Störkonturrestriktion hinsichtlich des einhüllenden Volumens erfüllen (vergleiche Abschnitt 8). Dadurch kann die Betriebsphase für alle Verfahren mit einer identischen Umweltwirkung angenommen werden.

Bezüglich der Transportressourcen können die Vorteile zur dezentralisierten additiven Fertigung als indirekte Ressourceneinsparungen bewertet werden [Möh18]. Hierbei stellen reduzierte Transportwege sowie nicht aufgewendete Energien für die Lagerung ein erhebliches zusätzliches Einsparpotenzial dar, da die additive Fertigung ortsunabhängig und bedarfsgerecht produzieren kann [EMM17, Pet14].

Um den Vergleich zwischen den Fertigungsverfahrens besonders hervorzuheben, werden die Werte für die Ressourcenuntersuchung der Phasen Transport und Betrieb wie beschrieben mit einer identischen Umweltwirkung angenommen und in der Bilanzierung nicht berücksichtigt. In diesen Phasen resultiert, zusätzlich zu den beschriebenen Annahmen, eine besonders Intensive Korrelation zwischen der individuellen Applikation und dem Anteil der Ressourcenverwendungsanteils an der Gesamtbilanz. Beispielsweise kann die Ausnutzung der geometrischen Freiheiten einen ausnehmend großen Anteil an der Erschließung der Leichtbaupotenziale und damit einen entscheidenden Einfluss auf diese beiden Phasen zeigen [EOS13, Geb17, Gru15]. Zur Bewertung der Leichtbaupotenzialerschließung, die durch die Vorteile der additiven Fertigung ermöglicht wird, können für spezifische Bauteile unter Nutzung von Strukturoptimierungsverfahren sowie der Verwendung bionischer Designprinzipien bestehende Bauteilgestaltungen analysiert werden [Kra17, Sch16]. Diese Möglichkeiten bieten somit weitere ökologische und ökonomische Nachhaltigkeitspotenziale für die Verwendung der additiven Fertigung, die an dieser Stelle im Rahmen eines konservativen Vergleichs unberücksichtigt bleiben.

9.5 Ressourcenströme

Für die Datenakquise der auftretenden Ressourcenströme werden die zu untersuchenden Prozessschritte für alle sechs zu betrachteten Verfahren in Anlehnung an [ISO14040] aufgegliedert (siehe Abbildung 9.3).

Der Ablauf der Ressourcenstrombewertung wird im Folgenden am Beispiel des LPA-Verfahrens aufgezeigt und die einzelnen Faktoren beschrieben (vergleiche Abbildung 9.3). Für das LPA werden in einem ersten Schritt, die aus dem primären Herstellungsverfahren aufgeprägten Energien $E_{M,i}$ ermittelt, die die sogenannte graue Energie kennzeichnen [Ash12]. Begleitend zu allen Prozessschritten werden die Materialabfälle (Frässpäne etc.) und deren recyclefähiger Anteil kumuliert $E_{R,i}$. Beispielsweise resultiert die fertigungstechnische Prozessierung des Titans in einer Oxidation sowie Verunreinigung der Abfälle, wofür zur Bewertung des rückgewinnbaren Energieanteils prozessindividuelle Kenngrößen ermittelt werden. Exemplarisch beläuft sich für das Fräsen der rückgewinnbare Energieanteil, der durch Oxidation und Kühlschmierstoffe verunreinigten Späne, auf 5 % der initial aufgeprägten Energie [Ash12]. Die kalkulierte Ressourcenrückgewinnung basiert auf dem Stand der Technik des Downcyclings der Titanspäne als Titandioxid für die Farbenherstellung oder als Legierungsbestandteilen anderer Metalle [LW07, PKW03].

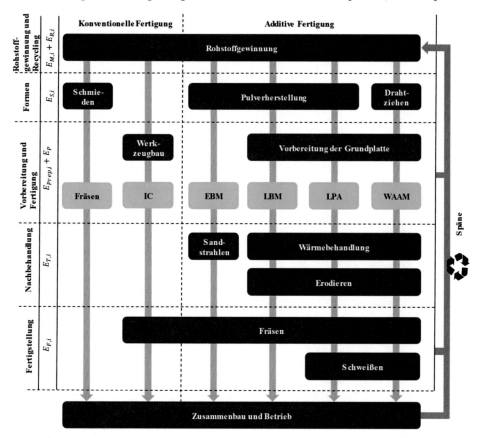

Abbildung 9.3:   Prozessschritte in der additiven und konventionellen Fertigung für die vorgestellten Bauteile

Im nächsten Schritt wird die benötigte Energie zur Pulver- und Bauplattenherstellung $E_{S,i}$ in Anlehnung an [Sey18, Wat18] ermittelt. Nachfolgend wird der Energieverbrauch für die Fertigungsvorbereitung $E_{Prep,i}$ sowie den Herstellungsprozess $E_{P,i}$ auf der Basis der Fertigungszeiten sowie der Verbrauchskennwerte der verwendeten Anlagentechnologien berechnet.

Für die Kalkulation der Nachbearbeitung $E_{T,i}$ und die finale Bearbeitung der Bauteile $E_{F,i}$ werden die bauteilspezifischen Bearbeitungsstrategien zugrunde gelegt und für diese die zugehörigen Energieverbräuche ermittelt. Die Summe der Teilschritte stellt den kumulierten Energiebedarf in der Lebenszyklusbetrachtung für ein LPA-gefertigtes Bauteil dar (siehe Gleichung (9.1)).

$$E_{\text{CE},i} = E_{\text{M},i} + E_{\text{S},i} + E_{\text{Prep},i} + E_{\text{P},i} + E_{\text{T},i} + E_{\text{F},i} - E_{\text{R},i} \tag{9.1}$$

In Tabelle 9.2 sind die wesentlichen Prozessierungsschritte zur Verarbeitung von Ti-6Al-4V sowie die zugehörigen Energieverbräuche und korrespondierenden CO_2-Emissionen, die im Rahmen dieser Arbeit verwendet werden, dargestellt.

Tabelle 9.2:   Prozessierungsdaten für die Verarbeitung von Ti-6Al-4V nach [Ash12, Häl14, JAM16, MJS16, PI17, Pop05, Sey18, Wat18]

Eigenschaften	Werte
EC Primärproduktion E_{M} [MJ/kg][b]	685,0
CF Primärproduktion $CO_{2_{\text{M}}}$ [kg/kg] [b]	46,5
EC Schmieden und Walzen E_{FR} [MJ/kg][b]	14,5
CF Schmieden und Walzen $CO_{2_{\text{FR}}}$ [kg/kg][b]	1,15
EC Atomisierung E_{A} [MJ/kg][d]	20,84
CF Atomisierung $CO_{2_{\text{A}}}$ [kg/kg] [a]	3,12
EC Drahtziehen E_{W}[MJ/kg]	25,0
CF Drahtziehen $CO_{2_{\text{W}}}$ [kg/kg]	1,5
EC Gießen E_{C} [MJ/kg][f]	18,7
CF Gießen $CO_{2_{\text{C}}}$ [kg/kg][f]	1,76
EC CNC Fräsen E_{CM} [MJ/kg][c]	49,56
CF CNC Fräsen $CO_{2_{\text{CM}}}$ [kg/kg][c]	7,38
EC Recycling $E_{\text{R,Ti}}$ [MJ/kg][b]	87,0
CF Recycling $CO_{2_{\text{R}}}$ [kg/kg][a]	12,96
EC Erosion E_{ER} [MJ/mm][c]	0,557
CF Erosion $CO_{2_{\text{ER}}}$ [kg/mm][a]	0,083
EC Schweißen E_{WE} [MJ/mm][e]	0,12
CF Schweißen $CO_{2_{\text{WE}}}$ [kg/mm][a]	0,0178

(a) berechnet mit 0,149 kg(CO_2) /MJ nach [IK15], (b) nach [Ash12, GSA13], (c) kalkuliert nach [JAM16, PI17, Wat18], (d) ermittelt nach [LKD14, Wat18, Sey18], (e) nach [Häl14, Pop05], (f) nach [MJS16]

Die detaillierte Bewertung der Ressourcenströme sowie der resultierenden Energieverbräuche auf Basis der in Abbildung 9.3 erfolgten Aufgliederung der Prozesskette und in Anlehnung an [ISO14040] erfolgen in den kommenden Abschnitten. Die Systemgrenzen der Bewertung werden anhand einer Nachhaltigkeitsbewertung im ökonomisch-ökologischen Kontext definiert für die Faktoren der CE, des CF und der EC. Entsprechend des eingeführten *Carbon Footprint* Modells (siehe Abschnitt 9.3) in Verbindung mit der Lebenszyklusanalyse nach [ISO14040] werden im Folgenden die Phasen der Rohmaterialherstellung, der Fertigung sowie die Recyclingphase vorgestellt.

9.5.1 Rohmaterialherstellung

In diesem Abschnitt werden die Prozessphasen der Rohstoffgewinnung sowie die Halbzeugherstellungs- und Formgebungsprozesse aufgezeigt. Dazu wird die CE und der CF der Pulverherstellung sowie der herzustellenden Halbzeuge ermittelt.

Auf der Grundlage der erfolgten Segmentierung des industriellen Demonstratorbauteils (siehe Abbildung 8.4) in Verbindung mit den Ergebnissen der Prozessevaluierung aus Abschnitt 8 werden die fertigungsrelevanten Zeiten ermittelt sowie die Materialbedarfe der zu erzeugenden Bauteilvolumina. Für die Herstellung des Bauteils mit dem LPA- Verfahren müssen dementsprechend das Pulver, das obere Anschlusselement sowie die Bauplattform berücksichtigt werden (vergleiche Abschnitt 8).

Das notwendige Aufmaß an der mittels LPA-gefertigten Struktur ergibt sich aus der in Abschnitt 8 ermittelten geometrischen Toleranz zu 1,2 mm zur Gewährleistung der Nachbearbeitungsaufschläge. Die Ermittlung der zugehörigen Volumina erfolgt in einer CAD-Umgebung. Für das Demonstratorbauteil wird die benötigte Pulvermenge aus den geometrischen Volumen der Struktur V_B ($V_B = 40{,}22$ cm^3) sowie des Aufmaßes V_{Auf} ($V_{Auf} = 2{,}85$ cm^3) bestimmt (siehe Gleichung (9.2)).

$$m_{Pulver} = \frac{(V_B + V_{Auf})}{\eta_{Pulver}} \rho_{Ti64} \tag{9.2}$$

Anhand des in Abschnitt 7 ermittelten mittleren Pulverwirkungsgrads η_{Pulver} von 70 % und der empirisch ermittelten Recyclefähigkeit $\eta_{Pulver,Recycle}$ von 60 % des ungenutzten Pulvers, lässt sich die benötigte Pulvermenge sowie der Abfall im LPA-Prozess berechnen (siehe Gleichung (9.3)). Für diesen Titanabfall werden die zurückgeführten Energiemengen in Abschnitt 9.5.3 erläutert.

$$m_{Pulver,Abfall} = m_{Pulver}(1 - \eta_{Pulver})(1 - \eta_{Pulver,Recycle}) \tag{9.3}$$

Diese ermittelte Masse $m_{Pulver,Abfall}$ wird mit den aufgewendeten Energien für die Primärgewinnung E_M sowie die Pulverherstellung E_A verknüpft.

Die Halbzeuge für die Bauplattform V_P ($V_P = 12{,}83$ cm^3) sowie die Anschlusselemente V_{AE} ($V_{AE} = 8{,}82$ cm^3) werden auf der Grundlage der benötigten Volumina in einer CAD-Umgebung ermittelt und auf industriell verwendete prismatische Halbzeugformen $V_{Diff,p}$ ($V_{Diff,p} = 254{,}72$ cm^3) skaliert. Zur Kalkulation der aufzuwendenden Energie für die Herstellung der Halbzeuge wird der Anteil der Primärgewinnung E_M mit der benötigten Energie zur Formgebung E_{FR} verknüpft. Daraus und in Verbindung mit den in Tabelle 9.2 ermittelten Werten kann die kumulierte Energie für die Gewinnung, Herstellung und Formgebung berechnet werden (siehe Gleichung (9.4)).

$$E_{M,LPA} + E_{S,LPA} =$$

$$m_{Pulver}(E_M + E_A) +$$

$$(V_P + V_{AE} + V_{Diff,p}) \, \rho_{Ti64} \, (E_M + E_{FR}) \tag{9.4}$$

Unter Verwendung der in Deutschland bestehenden Stromkomposition können die CO_2-Emissionen aus der Stromerzeugung kalkuliert werden mit 0,149 kg(CO_2)/MJ [IK15] und darauf aufbauend die resultierenden CO_2-Emissionen für die aufgewandten Energien $E_{M,LPA} + E_{S,LPA}$ berechnet werden (siehe Gleichung (9.5)).

$$M_{CO_2} = 0{,}149 \, \frac{kg(CO_2)}{MJ} \left(E_{M,LPA} + E_{S,LPA} \right) \tag{9.5}$$

Die emittierte CO_2-Menge kann somit nun aus den in Gleichung (9.4) berechneten Energien von $E_{M,LPA} + E_{S,LPA} = 1049$ MJ ermittelt werden. Die Emissionen für die Herstellung der Halbzeuge sowie die Pulvermaterialien summieren sich auf 156 kg (CO_2) (siehe Gleichung (9.6)).

$$M_{CO_2,(M,S)} = 0{,}149 \, \frac{kg(CO_2)}{MJ} (1049 \, MJ) = 156 \, kg \, (CO_2) \tag{9.6}$$

9.5.2 Fertigung

Die in Abbildung 9.3 aufgezeigte Abfolge der Fertigungsprozesskette stellt die Grundlage für die folgenden Ausführungen zur Darstellung der Energieverbrauchskalkulationen dar. Im ersten Schritt wird auf den Energieverbrauch in vorbereitenden Arbeitsschritten $E_{Prep,LPA}$ sowie den generativen LPA-Prozess $E_{P,LPA}$ eingegangen. Anschließend werden für die Nachbearbeitung $E_{T,LPA}$ die Prozesse aufgegliedert in die Teilschritte der Wärmebehandlung $E_{WB,LPA}$, des Drahterodierprozesses $E_{Ero,LPA}$ den Fräsprozess $E_{Mil,LPA}$ und den abschließenden Fügeprozess $E_{W,LPA}$.

Für die Kalkulation des Planfräsens der Bauplattform wird das berechnete Aufmaß verwendet, um die notwendige Oberflächengüte sicherzustellen. Die Ermittlung eines mittleren Energieverbrauchs für das Zerspanen der Legierung Ti-6Al-4V erfolgt nach [Mei09, PMC16, Wie14] mit $E_{SchruppF,Ti64} = 219{,}6$ kJ/cm^3 und $E_{SchlichtF,Ti64} = 788{,}4$ kJ/cm^3 . Für die Ermittlung des Energieverbrauchs $E_{Prep,LPA}$ wird das Aufmaß mit den Energieverbräuchen der unterschiedlichen Frässtrategien verknüpft. Das Schlichtfräsen kommt nur in der finalen Werkzeugzustellung zum Einsatz, um die geforderte Oberflächenqualität zu erzielen. Daraus resultiert ein mittlerer Energieverbrauch von 390 kJ/cm³ für den Fräsprozess. In Verbindung mit dem Spanvolumen von 15,6 cm³ kann die benötigte Energie für das Planfräsen zu $E_{Prep,LPA}$ = 6 MJ ermittelt werden. Somit beträgt der CO_2-Ausstoß für den vorbereitenden Arbeitsschritt 1 kg (CO_2).

$$M_{CO_2,(Prep)} = 0,149 \ \frac{kg(CO_2)}{MJ} \left(E_{Prep,LPA}\right) = 1 \ kg(CO_2) \tag{9.7}$$

Die Berechnung der Energieverbräuche während der Ausführung des generativen LPA-Prozesses setzen sich im Wesentlichen zusammen aus der Leistungsaufnahme der Bearbeitungszelle Trumpf TruLaserRobot 5020 $E_{Roboter}$, der dezidierten Absaugvorrichtung sowie der Laserquelle Trumpf TruDisk 6001 inklusive der zugehörigen Kühlung E_{Laser}. Die Bearbeitungszeit t_{LPA} beträgt 34 Minuten (siehe Abschnitt 8). Für die Leistungsaufnahme der Roboterzelle in Verbindung mit der Absaugeinrichtung wird nach [SSH19] eine Leistungsaufnahme von ca. 14 kW ermittelt. Die Leistungsaufnahme des Lasers und der Kühlung wird für eine verwendete mittlere Ausgangsleistung von 1,6 kW nach [Pop05, Wit15] mit 9,5 kW ermittelt.

Somit kann der Gesamtenergieverbrauch für den LPA-Prozess $E_{P,LPA}$ aus der Ausführungszeitdauer unter Berücksichtigung der Einzelverbräuche berechnet werden (siehe Gleichung (9.8)).

$$E_{P,LPA} = t_{LPA}\left(E_{Roboter} + E_{Laser}\right) \tag{9.8}$$

Aus der Bewertung der aufgewandten Energie von $E_{P,LPA}$ = 48 MJ werden im nächsten Schritt die ausgestoßenen Emissionen mit 7 kg (CO_2) ermittelt (siehe Gleichung (9.9)).

$$M_{CO_2,(P)} = 0,149 \ \frac{kg(CO_2)}{MJ} \left(E_{P,LPA}\right) = 7 \ kg(CO_2) \tag{9.9}$$

Die Wärmebehandlung zum Spannungsarmglühen wird in einem Vakuumofen durchgeführt, um das Bauteil vor dem Einfluss der Atmosphäre zu schützen. Der Energieverbrauch der Wärmebehandlung $E_{WB,LPA}$ wird aus der Wärmebehandlungszeit sowie der Aufheiz- und Abkühlphase (t_W = 3 h; T_W = 730 °C nach [EAD15, PKW03]) in Verbindung mit der mittleren Leistungsaufnahme des Vakuumofens von 7,2 kW nach [Ash12, MQK07] bestimmt. Daraus kann der Energiebedarf für das Spannungsarmglühen von $E_{WB,LPA}$ = 78 MJ ermittelt werden. Die resultierenden CO_2-Emissionen für diesen Prozessschritt betragen somit 12 kg (CO_2) (siehe Gleichung (9.10)).

$$M_{CO_2,(WB)} = 0{,}149 \frac{kg(CO_2)}{MJ} \left(E_{WB,LPA}\right) = 12 \, kg(CO_2) \tag{9.10}$$

Die Trennung von der Bauplattform erfolgt mit dem WEDM-Verfahren unter Verwendung einer Fanuc Robocut αc-600iB, die eine maximalen Leistungsaufnahme von 13 kW [Fan18] aufweist. Bei einer vorhandenen Schnittlänge von s_{Ero} = 55 mm und einer Vorschubgeschwindigkeit v_{Ero} = 1,4 mm/min (Schnittdauer 39 min) wird eine durchschnittliche Leistungsaufnahme von 5 kW ermittelt [Fan18, KMP17], woraus der zugehörige Energieverbrauch $E_{Ero,LPA}$ = 12 MJ und damit ein CO_2-Ausstoß von 2 kg (CO_2) resultiert (siehe Gleichung (9.11)).

$$M_{CO_2,(Ero)} = 0{,}149 \frac{kg(CO_2)}{MJ} \left(E_{Ero,LPA}\right) = 2 \, kg(CO_2) \tag{9.11}$$

Die Berechnung des Energieaufwands der spanenden Nachbearbeitung $E_{Mil,LPA}$ erfolgt analog zu der beschriebenen Vorgehensweise zur Bewertung der Arbeitsvorbereitung $E_{Prep,LPA}$. Für die vorgesehenen Aufmaße sowie die Nachbearbeitung der Funktionsflächen ist ein Spanvolumen von 28,7 cm³ zu bearbeiten, welches mit den Anteilen für die Schrupp- und Schlichtbearbeitung einen mittleren Energieverbrauch von 305 kJ/cm³ bedingt. Daraus kann ein Energiebedarf der spanenden Nacharbeit von $E_{Mil,LPA}$ = 9 MJ ermittelt und die ausgestoßene CO_2-Menge von 1 kg (CO_2) berechnet werden (siehe Gleichung (9.12)).

$$M_{CO_2,(Mil)} = 0{,}149 \frac{kg(CO_2)}{MJ} \left(E_{Mil,LPA}\right) = 1 \, kg(CO_2) \tag{9.12}$$

Für das lasergestützte Fügen werden die Betrachtungen des Energieaufwandes $E_{P,LPA}$ adaptiert. Zur Ermittlung des Energieverbrauchs des Fügeprozesses $E_{W,LPA}$ wird für die Schweißnahtlänge von 325 mm eine durchschnittliche Laserleistung von 4 kW eingesetzt und eine mittlere Energieaufnahme in Abhängigkeit der Schweißnahtlänge verwendet (siehe Tabelle 9.2). Emittiert werden durch diesen Energieverbrauch von $E_{W,LPA}$ = 0,05 MJ somit CO_2-Mengen von 0,007 kg (CO_2), welche im Zuge der Gesamtbilanzierung einen vernachlässigbaren Anteil darstellen (siehe Gleichung (9.13)).

$$M_{CO_2,(W)} = 0{,}149 \frac{kg(CO_2)}{MJ} \left(E_{W,LPA}\right) = 0 \, kg(CO_2) \tag{9.13}$$

Innerhalb der Nachbearbeitung summieren sich diese CO_2-Emissionen auf einen Gesamtwert von 15 kg (CO_2) (siehe Gleichung (9.14)).

$$M_{CO_2,(T)} = M_{CO_2,(WB)} + M_{CO_2,(Ero)} + M_{CO_2,(Mil)} + M_{CO_2,(W)} = 15 \, kg(CO_2) \tag{9.14}$$

9.5.3 Recycling

Im letzten Schritt der Lebenszyklusanalyse wird die Energierückführung für das Recycling $E_{R,LPA}$ betrachtet. Die rückführbare Energie besteht aus drei wesentlichen Anteilen.

Als erstes wird der direkt recyclefähige Anteil des Abfalls aus der Fertigung berücksichtigt. Das überschüssige Pulver $\eta_{Pulver,Recycle}$ mit einer Masse von 49 g wird mit dem Wert des Energiebedarfs für dessen Pulverherstellung von 35 MJ zurückgeführt (siehe Tabelle 9.2).

Zum zweiten werden die nicht direkt rückführbare Pulvermasse $m_{Pulver,Abfall}$ = 33 g sowie der recyclefähige Anteil der Frässpäne von 5 %, welche aus den Aufmaßen bestimmt werden (Masse der rezyklierbaren Späne: 6 g), summiert. Die zusätzlichen Abfallanteile aus den Aufmaßen für prismatische Halbzeuge werden mit einem mittleren Recyclinggrad von 80 % bewertet [NCV14]. Dieser Abfallanteil wird ebenfalls aus den CAD-Daten ermittelt und geht mit 48 g in die weitere Berechnung ein. Als Maß für die zurückführbare Energie im Zuge des Recyclings wird die Differenz aus den aufgeprägten Energien der Primärproduktion $E_{M,Ti}$ und den aufgeprägten Energien des rezyklierten Titanwerkstoffs $E_{R,Ti}$ ermittelt (siehe Tabelle 9.2) [Ash12]. Die rezyklierbaren Abfallmassen von in Summe 87 g werden dann mit dieser Differenz der einzelnen aufgeprägten Energien multipliziert, sodass aus diesen Abfallanteilen eine Energie von 52 MJ zurückgewonnen werden kann.

Drittens wird für das Bauteil die rezyklierfähige Masse mit einem mittleren Recyclinggrad von 80 % zu 224 g kalkuliert [NCV14]. Die Verknüpfung mit dem rückführbaren Differenzenergieanteil aus dem Recycling [Ash12] ergibt eine Energie von 134 MJ für das Bauteil.

In Summe kann somit aus den einzelnen Abfallanteilen eine Energie von 221 MJ zurückgeführt werden, sodass eine Rekuperation eines CO_2-Ausstoßes von 33 kg (CO_2) erfolgt (siehe Gleichung (9.15)).

$$M_{CO_2,(R)} = 0{,}149 \; \frac{kg(CO_2)}{MJ} \left(E_{R,LPA}\right) = 33 \; kg(CO_2) \tag{9.15}$$

9.6 Bewertung der Energieverbräuche und Kohlenstoffdioxidemissionen

Die untersuchten Energieverbräuche sowie die CO_2-Emissionen des Laser-Pulver-Auftragschweißens werden aufsummiert (siehe Gleichung (9.1)) und mit den Werten für die Fräsbearbeitung (*CNC Machining* (CM)), das Feingießen (*Investment Casting* (IC)) sowie die additiven Fertigungsverfahren (das EBM, das LBM und das WAAM-Verfahren) nach [MIE19, MVE19] verglichen. Zur Bewertung der Energieaufwände für die Herstellung des *Doorstop* sowie des *CCRC-Brackets* werden die Werte auf Basis der in [MIE19, MVE19] erarbeiteten Erkenntnisse abgleitet. In Abbildung 9.4 werden die Medianwerte der resultierenden Energieverbräuche für die einzelnen Verfahren in Relation zu der Fräsbearbeitung verglichen und die berechneten Streuungen der drei betrachteten Bauteile aufgezeigt.

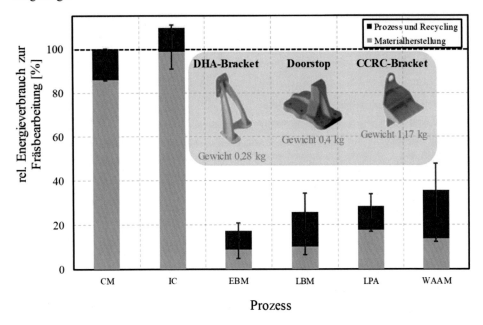

Abbildung 9.4:   Relative Energieverbräuche der Verfahren in Relation zur Fräsbearbeitung

Die Untersuchung der Energieverbräuche zeigt für die Titanlegierung Ti-6Al-4V die Verwendung eines großen Energieanteils im Rahmen der Materialherstellung. Die Unterschiede der Verbräuche für die Materialherstellung resultieren wesentlich aus der erforderlichen Rohstoffmenge sowie den verwendeten Formgebungsverfahren, um beispielsweise einen pulverförmigen Ausgangswerkstoff herzustellen. Dementgegen werden die Energieverbräuche im Prozess zum einen durch die benötigte Produktionszeit in der additiven Fertigung, sowie zum anderen durch die Anzahl und Umfänge der Nachbearbeitungsaufwände für die betrachteten Verfahren beeinflusst.

Im Vergleich zur konventionellen Zerspanung weist damit das *CCRC-Bracket* die höchste Einsparung des Energieverbrauchs durch die Verwendung des LPA-Verfahrens auf und benötigt lediglich 23 % der zuvor notwendigen Energie. Diese Einsparung resultiert aus dem bisher sehr ausnehmenden Spanvolumen in der frästechnischen Herstellung. Das Demonstratorbauteil *DHA-Bracket* reduziert im Vergleich zur konventionellen Bearbeitung den Energiebedarf auf 26 % der Energie für das Fräsen. Die geringste Einsparung im Vergleich zur Fräsbearbeitung stellt sich für den *Doorstop* ein. Auch unter Verwendung der additiven Prozesskette mit dem LPA-Verfahren bleibt ein Energiebedarf von 36 % im Vergleich zur bisherigen Fertigung bestehen [MIE19, MVE19].

Die Summation der CO_2-Emissionen wird analog zu der Berechnung des Gesamtenergieverbrauchs ermittelt. Der Gesamtausstoß ergibt sich demzufolge aus den Emissionen der Teilprozesse (siehe Gleichung (9.16)).

$$
\begin{aligned}
M_{\text{CF,LPA}} &= M_{CO_2,(\text{M,S})} + M_{CO_2,(\text{Prep})} + M_{CO_2,(\text{P})} + M_{CO_2,(\text{T})} - M_{CO_2,(\text{R})} \\
&= [156 + 1 + 7 + 15 - 33] \, \text{kg} \, (CO_2) \\
&= 146 \, \text{kg} \, (CO_2)
\end{aligned} \tag{9.16}
$$

Somit wird im Rahmen der Herstellung des *DHA-Brackets* in der vorgestellten Prozesskette ein CO_2-Ausstoß von 146 kg (CO_2) erzeugt. Um eine Vergleichbarkeit der Emissionswerte für die verschiedenen Bauteile sowie die untersuchten Verfahren zu erreichen, werden die Emissionen jeweils in das Verhältnis zum Bauteilgewicht gebracht. Für diese bauteilspezifischen CO_2-Emissionen (LPA: *CCRC-Bracket*: 809 kg(CO_2)/kg(Bauteil); *Doorstop*: 398 kg(CO_2)/kg(Bauteil)) [MIE19, MVE19]) sind in Abbildung 9.5 die Medianwerte sowie die Streuungen der betrachteten Bauteile dargestellt.

Minimierte Verbräuche der Halbzeuge ermöglichen durch die additive Fertigung für die untersuchten Titanbauteile eine ressourceneffizientere Produktion im Kontrast zu konventionellen Fertigungstechnologien. Im Vergleich zur konventionellen Fräsbearbeitung kann auf diese Weise der CO_2-Ausstoß bei Verwendung des LPA-Verfahrens um ca. 70 % und damit um 1,3 t (CO_2) für jedes Kilogramm produzierter Titanbauteile reduziert werden. Diese Reduzierung kann durch Selbstverstärkungseffekte, in Folge des Erschließens von neuartigen Leichtbaupotenzialen mit der additiven Fertigung, in allen Lebenszyklusphasen und insbesondere in der Betriebsphase zusätzlich gesteigert werden [HO13]. Weiterhin verringert der geringe Materialeinsatz sowie die Möglichkeit der dezentralen, additiven Produktion [EMM17] den Dispositionsaufwand und damit die CO_2-Emissionen in den Phasen des Transports und der Lagerung.

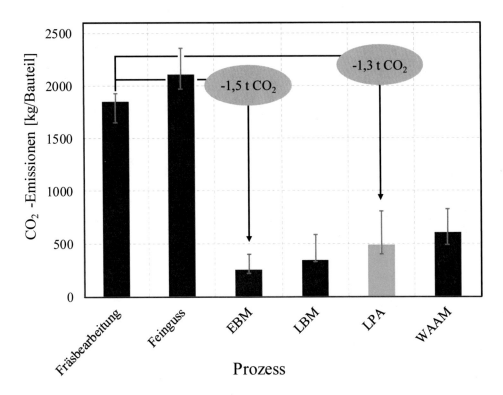

Abbildung 9.5:   Gegenüberstellung der bauteilspezifischen CO_2-Emissionen für verschiedene
                 Fertigungsverfahren

Auf der Basis dieser vergleichenden Untersuchung der resultierenden CO_2-Emissionen
von additiv und subtraktiv-gefertigten Titanbauteilen für die Luftfahrt, werden die ermittelten Werte wie beschrieben als Maß für die ökologische Nachhaltigkeit der Verfahren
verwendet (siehe Abschnitt 9.1). Zudem haben die CO_2-Emissionen einen wirtschaftlichen Einfluss, der sich durch die politischen Rahmenbedingungen weiter verstärken kann.
Diese politischen Rahmenbedingungen sowie die Vorgehensweise zur Bewertung des
wirtschaftlichen Einflusses der CO_2-Emissionen werden im Folgenden erläutert.

Um die anthropogene Klimaschädigung zu vermindern, wird insbesondere durch politi-
sches Einwirken die Emissionsreduzierung von Kohlenstoffdioxid avisiert [AFS15]. Die
Opportunitäten zu den bestehenden Produktionstechnologien werden durch eine allokative
Steuerung von Subvention im wirtschaftlichen Wettbewerb gestärkt, wodurch ein Tech-
nologiesprung dieser Opportunitätstechnologien für eine nachhaltigere Produktion poli-
tisch gefördert wird [BSF19]. Ein Beispiel für ein Instrument derartiger allokativer Steuerung ist der CO_2-Emissionshandel [AFS15].

Die aktuelle Ausprägung des Europäischen Emissionshandelssystems (EU-EHS) umfasst 45 % der CO_2-Emissionen innerhalb von 31 Ländern und deren energieintensive Branchen, Fertigungsindustrien sowie den Luftfahrzeugbetrieb zwischen diesen Staaten [EU16]. Die Obergrenzen für den CO_2-Ausstoß sind international abgestimmt [UNF97, UNF15], sodass Marktteilnehmer innerhalb der zugehörigen Branchen Zertifikate erwerben müssen, um ihre jeweilige Emissionsmenge zu legitimieren. Die Zertifikate werden u.a. an der European Energy Exchange (EEX) in Leipzig börslich gehandelt, sodass durch die wirtschaftliche Bewertung der Emissionen die Investition in emissionsarme Innovationen ökonomisch vorteilhaft wird. Die Entwicklung des börslichen Preisniveaus folgt nur unstetig der Verknappung der Emissionszertifikate, wobei dieser Aspekt ausführlich in der weiterführenden Literatur diskutiert wird [BSF19, CSL18].

Die politischen Strategien zur Optimierung der ökonomischen Wirksamkeit des Emissionshandels zielen neben einer progressiven Verstärkung des Emissionsvolumens für die bestehenden Branchen, vor allem auch auf die deutliche Erweiterung des Emissionshandels auf zusätzliche Branchen ab, sodass ein großer Anteil der verarbeitenden Fertigungsindustrie am Emissionshandel teilnehmen müsste [CSL18, EU16]. Zur Abschätzung der Auswirkung des CO_2-Emissionshandels auf die Herstellung von Titanbauteilen in der Luftfahrt, wird die Teilnahme der Luftfahrtproduktionsunternehmen am Emissionshandel in der Kostenbetrachtung berücksichtigt. Auf der Basis der Zertifikatbewertung für 1 Tonne CO_2-Emission wird die Kostenstruktur für ein Produktionsunternehmen (*CO_2 Emission Unit Allowance* (EUA)) kalkuliert (siehe Abbildung 9.6).

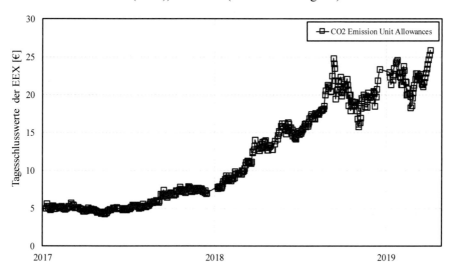

Abbildung 9.6:   Tagesschlusswerte für EUA Zertifikate an der EEX (Werte aus [EEX19])

Die ökologischen Kosten der CO_2-Emissionen berechnen sich somit aus den emittierten CO_2-Mengen sowie dem aktuellen Handelspreis der EUA-Zertifikate nach Abbildung 9.6. Für die Erfassung der Kosten wird angenommen, dass ein vollständiger Erwerb der Zertifikate für die Emissionen erfolgen muss. Im Rahmen der politischen Entwicklung kann diese Annahme auf die zukünftige Gestaltung des Europäischen Emissionshandelssystems angepasst werden, um auch anteilige Zertifikatsankäufe im Vergleich zu einer technologischen Opportunität monetär zu bewerten.

9.7   Kostenbewertung der additiven Fertigung

Die Wirtschaftlichkeit eines Fertigungsprozesses stellt ein zentrales Bewertungskriterium für die Auswahl der geeigneten Produktionstechnologie dar. Ein wesentliches Merkmal ist dabei die Ausprägung der Herstellkosten. Zu dem Zweck einer Kostenbewertung des LPA-Prozesses wird der Herstellkostenanteil der Selbstkosten innerhalb einer differenzierenden Zuschlagskalkulation mit Maschinenstundensätzen berechnet [HWH16, Män13]. Die Zuschläge werden dabei in Form von Verrechnungssätzen erfasst. Die Anteile der Verwaltungsgemeinkosten, Vertriebsgemeinkosten sowie Sondereinzelkosten des Vertriebs werden aufgrund deren wesentlichen Bezugs zu den betrieblichen Rahmenbedingungen nicht betrachtet. Für die Bewertung der Fertigungskosten im LPA-Prozess wird die erarbeitete Prozesskette (siehe Abschnitt 8) in Teilschritte abstrahiert. Die Kalkulation der Kosten wird aufbauend auf diesen Teilschritten vorgenommen (siehe Abbildung 9.7).

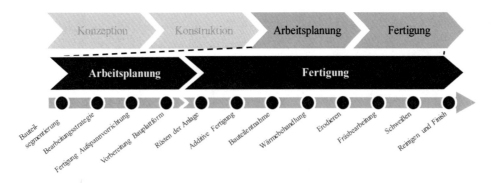

Abbildung 9.7:   Prozesskette für das LPA-Verfahren zur Fertigung von Titanstrukturen für die Luftfahrt

Im Folgenden werden die Parameter sowie einzelnen Kostenkomponenten für die verschiedenen Teilprozesse aufgegliedert und detailliert beschrieben. Die Bauteilherstellung wird für das Fräsen, den Feinguss, das LBM und EBM als monolithische Struktur kalkuliert. Im LPA- und im WAAM-Prozess wird von einer differenziellen Bauweise des Bauteils und damit einer zusätzlichen Fügeoperation ausgegangen.

9.7.1 Kostenmodell

Die Fertigungskosten für den LPA-Prozess werden in Anlehnung an [BDT16, HWH16, Män13, Sch16] sowie VDI2225 kalkuliert. Eine weiterführende Vorstellung ist den veröffentlichten Beschreibungen des Kostenmodells sowie der detaillierten Umsetzung der Teilschritte und der Betrachtung der weiteren additiven Fertigungsverfahren zu entnehmen [MIE19, MVE19]. Für die Berechnungen wird von einer zu fertigenden Stückzahl von N_{Stck} und der Anzahl von n_{BP} Bauteilen pro Bauplattform ausgegangen. Die exemplarische Anordnung des *Door Hinge Arm* (DHA) -Brackets für die Herstellung zeigt einen Wert von $n_{\text{BP}} = 4$ auf (siehe Abbildung 9.8).

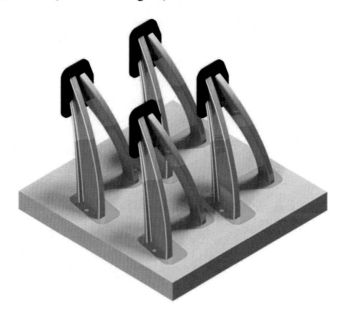

Abbildung 9.8:   Anordnung des DHA-Brackets auf der Bauplattform für die Fertigung mit $n_{\text{BP}} = 4$

Die Gesamtkosten der Herstellung pro Bauteil werden nach [HWH16, Män13] kalkuliert (siehe Gleichung (9.17)).

$$C_{\text{LPA}} = C_{\text{D,LPA}} + C_{\text{I,LPA}} + C_{\text{M,LPA}} + C_{\text{P,LPA}} + C_{\text{G,LPA}} \qquad (9.17)$$

C_{LPA} beschreiben die Bauteilherstellkosten für die Produktion mit dem LPA-Verfahren. Diese setzen sich zusammen aus den direkten Materialkosten $C_{\text{D,LPA}}$, den indirekten Materialkosten $C_{\text{I,LPA}}$, den Maschinen- und Anlagenkosten $C_{\text{M,LPA}}$, den Personalkosten $C_{\text{P,LPA}}$ sowie den Gemeinkosten $C_{\text{G,LPA}}$.

Die **direkten Materialkosten** (vgl. Gleichung (9.18)) werden berechnet auf Basis des ermittelten Pulverwirkungsgrades η_{Pulver} (vgl. Abschnitt 7 und 8) sowie der zu generierenden Bauteil- und Aufmaßvolumina (V_{B} und V_{Auf}) in Verbindung mit dem Metallpulverpreis k_{Pul}. Ergänzend werden die Halbzeugpreise für die Bauplattform V_{P} und die Anschlusselemente V_{AE} mit dem zugehörigen Materialpreis $k_{\text{P,Mat}}$ ermittelt.

$$C_{\text{D,LPA}} = \frac{1}{\eta_{\text{Pul}}} \cdot [k_{\text{Pul}} \cdot (V_{\text{B}} + V_{\text{Auf}})] + k_{\text{P,Mat}} \cdot (V_{\text{P}} + V_{\text{AE}}) \qquad (9.18)$$

Zur Ermittlung der **indirekten Materialkosten** (siehe Gleichung (9.19)) werden die wesentlichen Verbrauchsmittel für den LPA-Prozess betrachtet. Die Filterkosten der Zellenabsaugvorrichtung k_{Fil} werden aus den Beschaffungskosten und der vom Hersteller angegebenen Standzeit der Filter ermittelt. Die Kosten für die Schutzgase werden für den Argonverbrauch auf der Basis eines Druckgasflaschenbündels betrachtet und für den Heliumverbrauch im Rahmen von Einzeldruckgasflaschen. Die Kalkulation ermittelt die Kosten aus der Dauer des LPA-Prozesses t_{LPA} in Verbindung mit den gewählten Prozessparametern sowie nutzungszeitbezogenen Kosten für Helium k_{He} und Argon k_{Ar}. In Ergänzung werden die initiale Vorströmphase des Argons zur Herstellung einer inerten Atmosphäre in der Baukammer sowie die Nachströmzeit zum Schutz des abkühlenden Bauteils durch die inerte Atmosphäre berücksichtigt (vergleiche Abschnitt 5.4.4).

$$C_{\text{I,LPA}} = \frac{(k_{\text{Ar}} + k_{\text{He}} + k_{\text{Fil}})}{n_{\text{BP}}} \cdot t_{\text{LPA}} + \frac{k_{\text{Ar}}}{n_{\text{BP}}} \cdot (t_{\text{Pre}} + t_{\text{Post}}) \qquad (9.19)$$

Die indirekten Materialkosten aus dem Schweiß- und Fräsprozess werden über Kostenmodelle nach [Rud18, Sch16] erfasst und in die zugehörigen Maschinenkosten eingepreist.

Die **Maschinenkosten** (siehe Gleichung (9.20)) der Fertigung werden auf Basis der Maschinenstundensätze der LPA-Systemtechnik k_{LPA}, des Wärmebehandlungsofens k_{W}, der Laserschweißanlage k_{S}, der Drahterodieranlage k_{Ero} sowie der Fräsanlage k_{F} kalkuliert. Der Zeitbedarf für den LPA-Prozess wird auf Basis des Bauteilvolumens und der ermittelten durchschnittlichen Aufbaurate von 128 cm³/h berechnet (siehe Abschnitt 8).

$$C_{M,LPA} =$$

$$
\frac{k_{LPA}}{n_{BP}} \cdot \left(t_{LPA,RZ} + t_{Pre} + t_{LPA} + t_{Post}\right) + \frac{k_W}{n_{BP}} \cdot \frac{\left(t_{W,RZ} + t_W\right)}{n_w} +
$$

$$
\frac{k_{Ero}}{n_{BP}} \cdot \left(t_{Ero,RZ} + t_{Ero}\right) + k_F \cdot \left(t_{F,RZ} + t_F + t_{Vor} + t_{Vor,RZ}\right) + \tag{9.20}
$$

$$
k_S \cdot \left(t_{S,RZ} + t_S\right)
$$

Die Wärmebehandlung bietet die Möglichkeit zur gleichzeitigen Prozessierung von drei Bauplattformen ($n_W = 3$). Zur Kalkulation der resultierenden Maschinenkosten werden die zugehörigen Maschinennutzungszeiten ermittelt und mit den Maschinenstundensätzen multipliziert. Die Ermittlung der Maschinenstundensätze erfolgt in zwei Schritten. An dieser Stelle werden der Kalkulation die folgenden Annahmen zugrunde gelegt. Die Absetzung für Abnutzung (AfA) wird mit einer definierten betriebsgewöhnlichen Nutzungsdauer von sieben Jahren kalkuliert sowie die Nutzung innerhalb eines zweischichtigen Betriebes an 255 Tagen für insgesamt 4.590 Betriebsstunden pro Jahr. Die Instandhaltungs- und Wartungskosten werden entsprechend der wartungsvertraglichen Konditionen zuzüglich 30 % außerordentlicher Instandsetzungsaufwendungen angenommen. Zugehörige Raum- und Energiekosten werden separat in den Gemeinkosten erfasst.

Die Zeiten der einzelnen Fertigungsschritte werden für das in dieser Arbeit hergestellte Bauteil ermittelt und sowohl analytisch durch die jeweiligen Prozessrandbedingungen auf die weiteren Bauteile übertragen als auch in Expertengesprächen diskutiert. Ergänzend werden die Kosten der Aufspannvorrichtung als Sondereinzelkosten der Fertigung kalkuliert und als einmalige Aufwendung für ein zu fertigendes Los ermittelt.

Um die **Personalkosten** zu erfassen, werden die Arbeitsinhalte auf die Tätigkeiten und die zugehörigen Stundensätze von Ingenieuren k_{Ing} und technischem Personal k_{Tech} verteilt (siehe Gleichung (9.21)).

$$C_{P,LPA} =$$

$$
\frac{k_{Ing}}{N_{Stck}} \cdot \left(t_{Seg} + t_{Plan,LPA} + t_{Spann} + t_{Plan,S}\right) +
$$

$$
\frac{k_{Tech}}{n_{BP}} \cdot \left(t_{Vor,RZ} + t_{LPA,RZ} + \frac{t_{W,RZ}}{n_W} + t_{Ero,RZ}\right) + \tag{9.21}
$$

$$
k_{Tech} \cdot \left(t_{F,RZ} + t_{S,RZ} + t_{Fin}\right)
$$

Die Stundensätze des technischen Personals sowie der Ingenieure werden aus einer Vollkostenkalkulation ermittelt und auf Basis der Jahresarbeitszeit in eine Stundenbasis überführt. Dabei werden die Tätigkeiten des Ingenieurs auf alle Bauteile umgelegt, da diese

Umfänge Sondereinzelkosten der Fertigung darstellen. Wohingegen die zeitlichen Aufwendungen des technischen Personals auf die vorbereitenden Rüstzeiten pro Bauplattform und für die Wärmebehandlung in Abhängigkeit der Ofengröße ($n_W = 3$) aufteilen. Die Rüstzeiten des Fräsens sowie Schweißens und die Zeitbedarfe für das Reinigen fallen für jedes einzelne Bauteil an.

Um die **Gemeinkosten** je gefertigtem Bauteil zu ermitteln, werden die verwendeten Arbeitsplanungsaufwendungen durch den Ingenieur aus Software und Hardware mit den zugehörigen Planungszeiten verknüpft, sowie die Raum- und Energiekosten der einzelnen Maschinen anhand der Nutzungszeiten berechnet (siehe Gleichung (9.22)).

$$
\begin{aligned}
C_{G,LPA} = \\
\frac{(k_{AP} + k_{Hard} + k_{CAE})}{N_{Stck}} \cdot \left(t_{Seg} + t_{Plan,LPA} + t_{Spann} + t_{Plan,S} \right) + \\
\frac{k_{Raum}}{n_{BP}} \cdot \begin{bmatrix} a_{LPA} \cdot \left(t_{LPA,RZ} + t_{Pre} + t_{LPA} + t_{Post} \right) + \\ a_F \cdot \left(t_{F,RZ} + t_F + t_{Vor} + t_{Vor,RZ} \right) + \\ a_W \cdot \frac{(t_{W,RZ} + t_W)}{n_W} + a_{Ero} \cdot \left(t_{Ero,RZ} + t_{Ero} \right) + \\ a_S \cdot \left(t_{S,RZ} + t_S \right) \end{bmatrix} + \\
\frac{k_E}{n_{BP}} \cdot \begin{bmatrix} t_{Vor,RZ} \cdot e_{F,Stb} + t_{Vor} \cdot e_F + \\ \left(t_{LPA,RZ} + t_{Pre} + t_{Post} \right) \cdot e_{LPA,Stb} + \\ t_{LPA} \cdot e_{LPA} + \frac{t_{W,RZ}}{n_W} \cdot e_{W,Stb} + \frac{t_W}{n_W} \cdot e_W + \\ t_{Ero,RZ} \cdot e_{Ero,Stb} + t_{Ero} \cdot e_{Ero} \end{bmatrix} + \\
k_E \cdot \left[t_{F,RZ} \cdot e_{F,Stb} + t_F \cdot e_F + t_{S,RZ} \cdot e_{S,Stb} + t_S \cdot e_S \right]
\end{aligned}
\tag{9.22}
$$

Analog zu der Betrachtung der Maschinenkosten wird an dieser Stelle berücksichtigt, dass die Kosten der Ingenieurtätigkeiten auf alle Bauteile umgelegt werden können. Die Berechnung der Raumkosten wird über die Verknüpfung der Maschinenflächenbedarfe in Verbindung mit den Nutzungszeiten sowie den zeitbezogenen Raumkosten durchgeführt. Während der Rüst- und Wartezeiten wird der Standby-Energieverbrauch der Anlagen kalkuliert, um eine ganzheitliche Betrachtung der Energiekosten vorzunehmen. Für die Bearbeitungsdauer wird der durchschnittliche Leistungsbedarf der Anlagen mit dem Zeitbedarf des jeweiligen Bearbeitungsschrittes multipliziert.

Die Vergleichskalkulationen für die Prozesse der Fräsbearbeitung, des Feingusses, des LBM- und EBM-Prozesses sowie des WAAM-Prozesses sind in [MIE19, MVE19] dargestellt und basieren auf den Ausarbeitungen in [Gru15, Möh18, Rud18, Sch16, SCP17].

9.7.2   Kostenpotenziale additiver Produktionstechnologien

Die Bewertung des untersuchten Bauteilportfolios zeigt eine unterschiedliche wirtschaftliche Präferenz für die Auswahl der Fertigungsverfahren. Diese Unterschiede der wirtschaftlichen Vorteilhaftigkeit sind durch die verschiedenartige Ausprägung der Geometriekomplexität der zu fertigenden Bauteile bedingt. Für die Kalkulation der Kosten wird einheitlich eine Stückzahl von 500 Bauteilen angenommen. Reduzierter Materialeinsatz ist einer der identifizierten wesentlichen Aspekte für die gesteigerte ökologische Nachhaltigkeit der additiven Fertigung im Vergleich zu konventionellen Fertigungstechnologien. Der geringe Materialeinsatz wirkt sich ebenfalls positiv auf die Bewertung der Kostenpotenziale der additiven Fertigungstechnologien aus. Zur ganzheitlichen Kostenbetrachtung werden die kalkulierten Kosten für die LPA-Herstellung des *DHA-Brackets* um die weiteren Verfahren mit den zugehörigen Kostenstrukturen aus [MIE19, MVE19] ergänzt. Die Bewertung der weiteren Bauteile wird ebenfalls auf Basis dieser Erkenntnisse in Verbindung mit den Erkenntnissen aus [Rud18, Sch16] vorgenommen. Für den Vergleich der Kostenpotenziale sind in Abbildung 9.9 die Kosten für die Bauteile in Abhängigkeit der Fertigungsverfahren aufgezeigt.

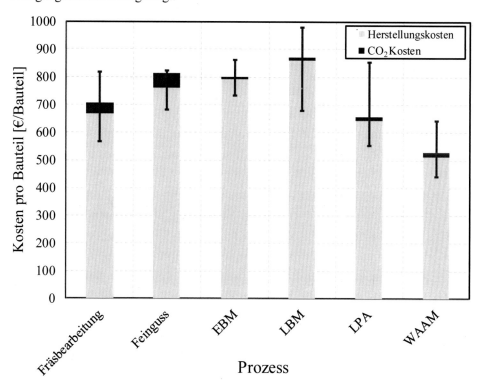

Abbildung 9.9:   Kostenpotenziale konventioneller und additiver Produktionstechnologien

Die CO_2-Kosten zeigen im Vergleich zu den Herstellungskosten eine bedeutend geringere Auswirkung auf, dabei bewegt sich der Anteil für alle untersuchten Bauteile und Verfahren im einstelligen Prozentbereich.

Für die betrachteten Bauteile ist jeweils ein additives Verfahren im Vorteil zu den konventionellen Fertigungsverfahren. Dabei kann beobachtet werden, dass je geringer die Komplexität der Geometrie der Bauteile ist, desto günstiger können die Verfahren mit großen Auftragsraten, das LPA- und das WAAM-Verfahren, die Bauteile herstellen, während sich für eine steigende Geometriekomplexität die pulverbettbasierten Verfahren, das LBM- und das EBM-Verfahren, für eine wirtschaftliche Fertigung anbieten.

Wesentlicher Kostenfaktor für das EBM- und das LBM-Verfahren sind die Zeitbedarfe des Produktionsprozesses und damit die Maschinenstundensätze. Die Auftragschweißverfahren, das LPA und das WAAM, weisen für die betrachteten Bauteile nur geringe additive Produktionszeiten bis zu einer Stunde auf. Die Kosten für diese Verfahren werden insbesondere durch zusätzliche Nachbearbeitungsaufwände geprägt.

Dabei ist zu erwähnen, dass die gewählten Bauteile nur einen Auszug aus dem Bauteilspektrum der Titan-Strukturbauteile für die Luftfahrt darstellen. Die gewählten Bauteile erfüllen die Bauraumrestriktionen der pulverbettbasierten Verfahren. Die besondere Stärke des LPA- und des WAAM-Prozesses liegt in der guten Skalierbarkeit auf größere Bauräume. Für diese Anwendungen nimmt der Kostenvorteil, des nicht zu produzierenden Grundmaterials, im Vergleich zu den langen Produktionszeiten kontinuierlich ab.

Die vorgenommene, isolierte Betrachtung der Fertigungskosten verschweigt jedoch wesentliche Argumente, die bei gleichem oder sogar höherem Kostensatz trotzdem zu einer Auswahl der additiven Fertigungsverfahren führen. Insbesondere die Verfahren mit großen Auftragsraten ermöglichen eine wirtschaftliche Substitution von Fräsbauteilen, die über große Spanvolumina verfügen. Dementgegen eignen sich die pulverbettbasierten Verfahren vor allem für die Herstellung von Bauteilen mit großer Geometriekomplexität und ausgeprägtem Leichtbaupotenzial. In der Luftfahrt darf jedes eingesparte Kilogramm bis zu 1.000 € kosten, um sich über eingesparte Aufwände im Betrieb zu amortisieren, während für die Raumfahrt dieser Wert bei 10.000 € liegt [Mei09]. Des Weiteren wird mit der additiven Fertigung zusätzlich das Potenzial erschlossen, die Aufwände für die Materialwirtschaft durch die reduzierte Vielfalt der Halbzeuge und damit auch die Gemeinkosten z.B. im Bereich des Einkaufs zu reduzieren. Erfahrungskurveneffekte, wie beispielsweise die Steigerung der Produktionsgeschwindigkeiten, Reduzierung der Halbzeugkosten und die zunehmende Automatisierung, führen dazu, dass die Produktionskosten der additiven Technologien sich fortschreitend reduzieren [Woh18].

Viele weitere Vorteile für die Produktgestaltung durch die Verwendung der additiven Fertigungstechnologien, wie z.B. der Schaffung eines Kundennutzens durch neuartige Möglichkeiten zur Funktionsintegration, sind durch weiterführende monetäre Bewertungen zu ermitteln und zu bewerten.

10 Zusammenfassung und Ausblick

10.1 Zusammenfassung

In Verbindung mit innovativen Leichtbaukonstruktionen stellt der Einsatz von hochfesten Werkstoffen, wie der untersuchten Titanlegierung, einen Beitrag zur Lösung der globalen Mobilitätsherausforderungen dar. Dabei ist die zunehmende Nachfrage im Luftverkehr durch den Einsatz zusätzlicher Flugzeuge zu bewältigen und gleichzeitig das emissionsneutrale Wachstum der Luftfahrtbranche zu realisieren. Im Betrieb der Luftfahrzeuge wirkt sich die ausgeprägte Widerstandsfähigkeit der hochfesten Werkstoffe positiv aus, wohingegen diese Eigenschaften während der Produktion zu Herausforderungen bei der Bearbeitung führen. In diesem Spannungsfeld bietet die additive Fertigung das Potenzial, die Vorteile der Werkstoffe im Betrieb mit einem reduzierten Aufwand in der Produktion zu verknüpfen. Durch die Umkehr von der subtraktiven zur additiven Herstellungsweise wird die zu bearbeitende Materialmenge minimiert und somit von Anfang an nur das Material prozessiert, das für die Bauteilgeometrie erforderlich ist. Auf dieser Basis kann eine ressourcenschonende Produktion für dünnwandige großformatige Komponenten ermöglicht werden. Die endkonturnah hergestellten Bauteile werden in einem Nachbearbeitungsschritt mit minimalem Aufwand endbearbeitet. Für diese Prozesskette eignen sich additive Produktionsverfahren mit gesteigerten Aufbauraten bei hinreichendem Strukturauflösungsvermögen und damit insbesondere das LPA-Verfahren.

Allerdings konnte für das LPA-Verfahren bisher keine umfängliche Kenntnis der systemtechnischen und prozessualen Einflussfaktoren sowie der qualitätsrelevanten Ergebnisgrößen realisiert werden. Weiterhin fehlte eine qualifizierte Prozesskette für die additive Fertigung von Luftfahrtbauteilen mit dem LPA-Verfahren, die eine geometrische Toleranz von ± 1 mm gewährleisten konnte. Schließlich bestand bislang keine quantitative Datenbasis zur vergleichenden Bewertung der Ressourcen- und Kosteneffizienz für den Einsatz des LPA-Verfahrens in der additiven Luftfahrtproduktion.

Die Zielsetzung der vorliegenden Arbeit war es daher, die systemtechnischen und prozessbedingten Einflussfaktoren zu erfassen und in einer Strategie für die prozesssichere additive LPA-Fertigung zusammenzuführen, die eine den industriellen Qualitätsanforderungen genügende Produktion von Luftfahrtbauteilen ermöglicht. Aus dem aufgezeigten Forschungsbedarf in Abschnitt 3.1 wurden drei Forschungsfragen abgeleitet, deren Beantwortung im Folgenden aus den Erkenntnissen der vorliegenden Arbeit erfolgt.

Welche Einflussfaktoren und Randbedingungen wirken und in welchem Maße beeinflussen diese innerhalb des LPA-Prozesses die Prozessführung und Ergebnisgrößen?

Diese Fragestellung wurde in zwei aufeinander aufbauenden Phasen beantwortet. In der ersten Phase wurden in Kapitel 5 die anlagensystemtechnischen und prozessualen Einflussfaktoren identifiziert und ausführlich bewertet. Als wesentliche Wirkgrößen wurden der Pulverwerkstoff, die eingesetzte Lasertechnik, das Pulverfördersystem, die Wechselwirkung zwischen Laserstrahl und Pulvermassenstrom sowie die Schutzgaskammer identifiziert und in experimentellen Untersuchungen auf ihre Prozesseinwirkung analysiert. Auf dieser Grundlage erfolgte die Festlegung von Grenzwertbereichen für die Einflussfaktoren, um eine prozesssichere Produktion zu ermöglichen. In der zweiten Phase wurden in Kapitel 6 die qualitätsrelevanten Ergebnisgrößen untersucht und mit den luftfahrtspezifischen Anforderungen verglichen. Dabei konnte die Einhaltung der Qualitätsanforderungen für alle betrachteten mechanisch-technologischen Kenngrößen über die gesamte Bauhöhe nachgewiesen werden. Lediglich die geometrische Maßhaltigkeit konnte die Vorgaben mit der herkömmlichen Prozessführung nicht erfüllen.

Wie kann eine Prozessstrategie für die additive LPA-Fertigung von der Parameteridentifikation bis zur prozesssicheren Fertigung dreidimensionaler Strukturen innerhalb definierter geometrischer Toleranzen erarbeitet werden?

Für die Bereitstellung einer prozesssicheren Fertigung dreidimensionaler Strukturen innerhalb der definierten geometrischen Toleranz von $T_{erf.;0,95} \pm 1,00$ mm wurde in Kapitel 7 eine Prozessstrategie in Anlehnung an das Geschäftsprozessmanagement erarbeitet. Zu diesem Zweck wurde eine erfahrungswissensunabhängige Prozessparameteridentifikation entwickelt, durch die auf der Basis eines evolutionären Algorithmus ein geeigneter Prozessparametersatz identifiziert wurde. Anschließend wurde ein Prozessmodell entwickelt, das die Unstetigkeit der geometrischen Gestalt sowie deren Entstehungsursachen repräsentiert. In der Folge wurde dieses Modell genutzt, um eine Anpassung der Laserleistungsparameter an die veränderlichen Randbedingung mit steigender Aufbauhöhe vorzunehmen. Des Weiteren wurden die Einflüsse aus repräsentativen Teilstrukturen sowie Bearbeitungsplanungselementen ermittelt und Vorgaben für eine Prozessführung innerhalb der definierten geometrischen Toleranz gesetzt. Nachfolgend wurden die einzelnen erarbeiteten Vorgehensweisen zu einer Prozessstrategie konsolidiert, an einem abstrahierten Demonstrator erprobt und in der Folge optimiert. Abschließend erfolgte in Kapitel 8 die Validierung der Prozessstrategie in der industriellen Prozesskette an einem Luftfahrtbauteil. Für die Implementierung in der industriellen Prozesskette wurden eine CAD-CAM-

Schnittstelle sowie eine Datenbank entwickelt und prototypisch umgesetzt. Die finale Validierung konnte eine Verbesserung der geometrischen Maßhaltigkeit ausgehend von der Referenzfertigung mit $T_{Prozess;0,95} \pm 4,26$ mm auf einen Wert von $T_{Prozess;0,95} \pm 0,94$ mm unter Verwendung der entwickelten Prozessstrategie aufzeigen. Somit konnte eine Prozessstrategie erarbeitet werden, die den Einsatz des LPA-Verfahrens in der additiven Prozesskette unter Gewährleistung der luftfahrtspezifischen Anforderungen ermöglicht.

Welches Ressourceneffizienz- und Kostenpotenzial weist die additive Fertigung im Kontrast zu konventionellen Fertigungstechnologien auf?

Um das Kostenpotenzial und die Ressourceneffizienz des LPA-Verfahrens in der additiven Prozesskette zu bewerten, wurde die ökonomische und ökologische Dimension der Nachhaltigkeit untersucht. Für die Bewertung der ökologischen Dimension wurde das *Carbon Footprint* Modell adaptiert. Innerhalb der LPA-Prozesskette wurden die einzelnen Ressourcenströme identifiziert sowie für ein exemplarisches Bauteilportfolio der Luftfahrt ausgewertet. Für den LPA-Prozess werden nur ca. 10 % des Materialeinsatzes der konventionellen frästechnischen Herstellung benötigt. Dadurch wurden die Ressourcenaufwände für die Fertigung mit dem LPA-Verfahren deutlich reduziert. In der Folge wurde eine gewichtsspezifische Emissionseinsparung von etwa 1,3t (CO_2) je hergestelltem Titanbauteil aufgezeigt. Damit können für die identifizierten 11.000 t zerspanten Titanbauteile in der Luftfahrt ca. 9 Mio. t (CO_2) eingespart werden, was in etwa dem jährlichen CO_2-Ausstoß Luxemburgs entspricht [MGS18]. Zur Bewertung der ökonomischen Dimension wurde die Kostenstruktur der gesamten additiven LPA-Prozesskette analysiert und die Aufwände entlang der Prozesskette wurden berechnet. Bedingt durch den deutlich reduzierten Materialeinsatz konnte für die additive Fertigung mit dem LPA-Verfahren aufgezeigt werden, dass die Reduzierung des Ressourceneinsatzes und der CO_2-Emissionen gleichzeitig eine Reduzierung der Kosten für die Luftfahrtbauteilherstellung ermöglicht.

Abschließend konnte der erfolgreiche wirtschaftliche und technologische Transfer der entwickelten, teilautomatisierten LPA-Prozessstrategie auf die luftfahrtspezifischen Applikationsbeispiele demonstriert werden. Dabei wurde belegt, dass neben der qualitätsgerechten, wirtschaftlichen Produktion mit dem LPA-Verfahren zusätzlich ein erheblicher Beitrag zu dem Ziel eines ressourcenschonenden CO_2-neutralen Wachstums der Luftfahrtindustrie geleistet werden konnte.

10.2 Ausblick

In dieser Arbeit ist erfolgreich aufgezeigt worden, dass die additive Prozesskette mit dem LPA-Verfahren für eine prozesssichere, wirtschaftliche und ressourceneffiziente Produktion von Luftfahrtbauteilen unter Gewährleistung der spezifischen Anforderungen qualifiziert ist. Im Vergleich zu konventionellen Fertigungstechnologien ist in den Untersuchungen belegt worden, dass durch die additive Produktion mit dem LPA-Verfahren die Fertigungskosten sowie die erzeugten CO_2-Emissionen signifikant reduziert werden können. Um dieses Potenzial zu heben und in die industrielle Verwertung zu überführen, muss die Zielsetzung zukünftiger Forschungsarbeiten an der erarbeiteten Prozessstrategie anknüpfen. Auf Basis der gewonnenen Erkenntnisse sind die peripheren Prozessschritte weiterzuentwickeln und so die Potenziale der additiven Fertigung für die Luftfahrt im Spannungsfeld von Zeit, Qualität und Kosten nutzbar zu machen. Weiterführende Forschungsarbeiten sollten sich im Wesentlichen an den drei folgenden Leitthemen ausrichten.

Als erstes ist die barrierefreie Einbindung der in dieser Arbeit entwickelten Prozessstrategie in den industriellen Kontext durch die Weiterentwicklung der Peripherieerfordernisse vorzunehmen. Das umfasst beispielsweise die Entwicklung von Gestaltungsrichtlinien, um die Aufwände in der Konstruktionsphase zu reduzieren. In den Arbeiten von [ES18, JMW19] werden bereits erste Ansätze zur Beschreibung von Konstruktionskatalogen für die additive Fertigung mit dem LPA-Verfahren aufgezeigt. In den nächsten Schritten müssen diese in Analogie zu den pulverbettbasierten Verfahren [Mic18] direkt in softwaregestützte Entwicklungsumgebungen eingebettet werden. Auf Basis der semantischen Beziehungsbeschreibung zwischen Produktanforderungen, Fertigungsrestriktionen sowie einem Kostenrahmen ist eine vollautomatisierte algorithmisch-basierte Produktentwicklung möglich. Dabei sind nur noch die Produktanforderungen zu definieren, damit sich das Bauteil algorithmisch-basiert im Spannungsfeld aus definierten Produktanforderungen und den bestehenden Restriktionen der Fertigungstechnologien autonom selbst konstruiert [Mai19].

Zweitens sollte in künftigen Forschungsarbeiten die Prozesskette in einer durchgängig digitalisierten und automatisierten Prozesskette konsolidiert werden. Die zuvor aufgezeigte Vorgehensweise im Konstruktionsprozess kann dann im nächsten Schritt mit der automatisierten Arbeitsplanung verknüpft werden. Im Anschluss an die Implementierung in das Arbeitsvorbereitungstool kann die optimierte Prozessführung a-priori festgelegt und somit für eine wirtschaftliche Einzelserienfertigung mit der untersuchten LPA-Technologie verwendet werden. Um diese bereitzustellen, muss die im Rahmen dieser Arbeit entwickelte

CAD-CAM-Schnittstelle automatisiert und die erarbeitete Prozessstrategie in eine Softwareumgebung überführt werden. Für die Absicherung der produzierten Bauteilqualität sollte der vom Autor mitpatentierte[1] Ansatz einer Sensorik weiterentwickelt werden, die während der Prozessausführung die Einmessung der hergestellten Bauteilgeometrie erfasst. Die aufgenommenen Messwerte können dann mit der CAD-CAM-Schnittstelle gekoppelt werden, um prozessparallel die Einhaltung der geometrischen Maßhaltigkeit im Vergleich zur Sollkontur zu überwachen und für die Nachverfolgbarkeit zu dokumentieren.

Drittens sind die Möglichkeiten der Vernetzung von Produktionstechnologien für die Erzielung einer autonomen und gleichzeitig flexiblen Produktion zu nutzen. Diese vollumfängliche Digitalisierung der Prozesskette bildet den Ausgangspunkt zur Bereitstellung autonomer, flexibler additiver Produktionseinheiten, für die der Autor in [EMM17] ein Konzept mit entworfen hat. Die praktische Verwendbarkeit dieser dezentralisierten additiven Produktionseinheiten ist auch durch die Umsetzung dieses Konzeptes in einem industriellen Prototypen durch die Fa. Bionic Production demonstriert [AF18]. Für die Erschließung der Produktivitätspotenziale muss die digitale Prozesskette direkt mit den Fertigungstechnologien verknüpft werden. Durch diese Vernetzung von Produktionstechnologien innerhalb cyber-physischer Systeme und die Verwendung datenbasierter Analysemöglichkeiten besteht das Potenzial zur autonomen Optimierung der Prozessführung entlang der gesamten Prozesskette.

---

[1]Aktenzeichen: DE 10 2017 126 786 A1

Literaturverzeichnis

[Aal11]   VAN DER AALST, W.: Process Mining. Discovery, Conformance and Enhancement of Business Processes. Springer Verlag, Berlin, 2011.

[ABF13]   ANGENHEISTER, G.; BUSEMANN, A.; FÖPPL, O.; GECKELER, J. W.; NA-DAI, A.; PFEIFFER, F.; PÖSCHL, T.; RIEKERT, P.; TREFFTZ, E.; GRAM-MEL, R.: Mechanik der Elastischen Körper. Springer Verlag, Berlin, 2013.

[Ada07]   ADAMY, J.: Fuzzy Logik, neuronale Netze und evolutionäre Algorith-men. Shaker Verlag, Aachen, 2007.

[AES12]   ANDERL, R.; EIGNER, M.; SENDLER, U.; STARK, R.: Smart Enginee-ring: Interdisziplinäre Produktentstehung. Springer Verlag, Berlin, 2012.

[AF11]   ANCA, A.; FACHINOTTI V.: Computational modelling of shaped metal deposition. In Int. Journal of Numerical Methods Engineering, 3, 2011; S. 84–106.

[AF18]   N. N.: Additive Fabrikplanung. In Additive Fertigung - Fachmagazin für Rapid Prototyping, -Tooling, - Manufacturing, 2018; S. 87.

[AFS15]   ANDOR, M. A.; FRONDEL, M.; SOMMER, S.: Reform des EU-Emissi-onshandels: Eine Alternative zu Mindestpreisen für Zertifikate und der Marktstabilitätsreserve. In Zeitschrift für Wirtschaftspolitik, 2015, 64; S.65–68.

[AGP18]   ARREGUI, L.; GARMENDIA, I.; PUJANA, J.; SORIANO, C.: Study of the geometrical limitations associated to the metallic part manufacturing by the LMD process. In Procedia CIRP, 2018, 68; S. 363–368.

[Air19]   N. N.: Orders and Deliveries. Commercial Aircraft. https://www.air-bus.com/aircraft/market/orders-deliveries.html#file, 22.03.2019.

[All05]   ALLWEYER, T.: Geschäftsprozessmanagement. Strategie, Entwurf, Im-plementierung, Controlling. W3L-Verlag, Herdecke, 2005.

[AMS4998]   AMS 4998E: Titanium Alloy Powder, Ti - 6Al - 4V. SAE Interna-tional, PA, 2017.

[ANL14a]   AMINE, T.; NEWKIRK, J. W.; LIOU, F.: An investigation of the effect of direct metal deposition parameters on the characteristics of the deposited layers. In Case Studies in Thermal Engineering, 2014, 3; S. 21–34.

[ANL14b]   AMINE, T.; NEWKIRK, J. W.; LIOU, F.: Numerical simulation of the thermal history multiple laser deposited layers. In The International Journal of Advanced Manufacturing Technology, 2014, 73; S. 1625–1631.

[AP11]   AHSAN, M. N.; PINKERTON, A. J.: An analytical–numerical model of laser direct metal deposition track and microstructure formation. In Modelling and Simulation in Materials Science and Engineering, 2011, 19; S. 550-583.

[AP13]   AMELIO, A.; PIZZUTI, C.: A Genetic Algorithm for Color Image Segmentation. In European Conference on the Applications of Evolutionary Computation, 2013; S. 314–323.

[AP19]   ADAMEK, J.; PIWEK, V.: Additive Fertigung - 3D-Druck: Stand der Technik, Anwendungsempfehlungen und aktuelle Entwicklungen. Lit Verlag, Münster, 2019.

[AR98]   AHMED, T.; RACK, H. J.: Phase transformations during cooling in α+β titanium alloys. In Materials Science and Engineering, 1998, 243; S. 206–211.

[Ash12]   ASHBY, M.: Materials and the environment. Eco-informed material choice. Butterworth-Heinemann, Oxford, 2012.

[ASTM2924] ASTM F2924-14: Specification for Additive Manufacturing Titanium-6 Aluminum-4 Vanadium with Powder Bed Fusion. ASTM International, West Conshohocken, PA, 2014.

[ASTM3049] ASTM F3049-14: Guide for Characterizing Properties of Metal Powders Used for Additive Manufacturing Processes. ASTM International, West Conshohocken, PA, 2014.

[ASTM3122] ASTM F3122-14: Guide for Evaluating Mechanical Properties of Metal Materials Made via Additive Manufacturing Processes. ASTM International, West Conshohocken, PA, 2014.

[AZZ17]   ALTMEPPEN, K.; ZSCHALER, F.; ZADEMACH, H.; BÖTTIGHEIMER, C.;
            MÜLLER, M.: Nachhaltigkeit in Umwelt, Wirtschaft und Gesellschaft.
            Springer, Wiesbaden, 2017.

[BA15]   BURKHART, M.; AURICH, J.: Framework to Predict the Environmental
            Impact of Additive Manufacturing in the Life Cycle of a Commercial
            Vehicle. In Procedia CIRP, 2015, 29; S. 408–413.

[Bay09]   BAYRAM, H.: Concept Development for Residual Stress Relief Treat-
            ment of Laser Generated Parts, TU Hamburg, 2009.

[BBF17]   BEISSER, R.; BUXTRUP, M.; FENDLER, D.; HOHENBERGER, L.; KAZDA,
            V.; MERING, Y. von; NIEMANN, H.; PITZKE, K.; WEIß, R.: Inhalative
            Exposition gegenüber Metallen bei additiven Verfahren (3D-Druck). In
            Gefahrstoffe - Reinhaltung der Luft, 2017, 77; S. 487–496.

[BBL10]   BRANDL, E.; BAUFELD, B.; LEYENS, C.; GAULT, R.: Additive manufac-
            tured Ti-6Al-4V using welding wire: comparison of laser and arc beam
            deposition and evaluation with respect to aerospace material specifica-
            tions. In Physics Procedia, 2010, 5; S. 595–606.

[BCS13]   BARGEL, H. J.; CARDINAL, P.; SCHULZE, G.; HILBRANS, H.; HÜBNER,
            K. H.; WURZEL, G.: Werkstoffkunde. Springer Verlag, Berlin, 2013.

[BDG17]   BERSTER, P.; DOYRAN, D.; GELHAUSEN, M.; GRIMME, W.: Luftver-
            kehrsbericht 2016. Daten und Kommentierungen des deutschen und
            weltweiten Luftverkehrs, Köln, 2017.

[BDT16]   BAUMERS, M.; DICKENS, P.; TUCK, C.; HAGUE, R.: The cost of addi-
            tive manufacturing: machine productivity, economies of scale and
            technology-push. In Technological Forecasting and Social Change,
            2016, 102; S. 193–201.

[Ber14]   BERNHARD, F.: Handbuch der Technischen Temperaturmessung.
            Springer Verlag, Berlin, 2014.

[BG11]   BI, G.; GASSER, A.: Restoration of Nickel-Base Turbine Blade Knife-
            Edges with Controlled Laser Aided Additive Manufacturing. In Phy-
            sics Procedia, 2011, 12; S. 402–409.

[BGG13]   BERGMANN, A.; GROSSER, H.; GRAF, B.; UHLMANN, E.; RETHMEIER,
            M.; STARK, R.: Additive Prozesskette zur Instandsetzung von Bautei-
            len. In Laser Technik Journal, 2013, 10; S. 31–35.

[Bin18]   BINNER, H. F.: Prozessdigitalisierung und prozessorientierte
                 ERP/PPS/MES-Implementierung. In (Binner, H. F. Hrsg.): Organisa-
                 tion 4.0: MITO-Konfigurationsmanagement. Springer Fachmedien,
                 Wiesbaden, 2018; S. 415–446.

[Bin93]   BINROTH, C.: Das Abschmelzen von Zusatzwerkstoff durch einen fo-
                 kussierten Laserstrahl - Experiment und Modellierung. In (Geiger, M.;
                 Hollmann, F. Hrsg.): Strahl-Stoff-Wechselwirkung bei der Laserstrahl-
                 bearbeitung. Meisenbach, Bamberg, 1993; S. 27–34.

[BKH14]   BRAUN, J.; KRIMPMANN, C.; HOFFMANN, F.: Evolutionäre Strukturop-
                 timierung für LOLIMOT. In (Hoffmann, F.; Hüllermeier, E.
                 Hrsg.): Proceedings 24. Workshop Computational Intelligence. KIT
                 Scientific Publishing, Karlsruhe, 2014; S. 113–130.

[BL04]   BUTTELMANN, M.; LOHMANN, B.: Optimierung mit Genetischen Algo-
                 rithmen und eine Anwendung zur Modellreduktion (Optimization with
                 Genetic Algorithms and an Application for Model Reduction). In at -
                 Automatisierungstechnik, 2004, 52; S. 151–163.

[BLB07]   BRÜCKNER, F.; LEPSKI, D.; BEYER, E.: Modeling the influence of pro-
                 cess parameters and additional heat sources on residual stresses in laser
                 cladding. In Journal of Thermal Spray Technology, 2007.

[BLS13]   BAGAVATHIAPPAN, S.; LAHIRI, B. B.; SARAVANAN, T.; PHILIP, J.;
                 JAYAKUMAR, T.: Infrared thermography for condition monitoring – A
                 review. In Infrared Physics & Technology, 2013, 60; S. 35–55.

[Boh13]   BOHN, M.: Toleranzmanagement im Automobilbau. Carl Hanser Fach-
                 buchverlag, München, 2013.

[BPM11]   BRANDL, E.; PALM, F.; MICHAILOV, V.; VIEHWEGER, B.; LEYENS,
                 C.: Mechanical properties of additive manufactured titanium (Ti–6Al–
                 4V) blocks deposited by a solid-state laser and wire. In Materials &
                 Design, 2011, 32; S. 4665–4675.

[Bra10]   BRANDL, E.: Microstructural and mechanical properties of additive
                 manufactured titanium (Ti-6Al-4V) using wire. Evaluation with re-
                 spect to additive processes using powder and aerospace material speci-
                 fications. Shaker, Aachen, 2010.

[Bru87]   BRUNDTLAND, G. H.: Our common future. World commission on envi-
             ronment and development. Oxford Univ. Press, Oxford, 1987.

[BSF19]   BARDT, H.; SCHAEFER, T.; FRONDEL, M.; FISCHEDICK, M.; THOMAS,
             S.; BETTZÜGE, M.; HENNES, O.: Instrumente der Klimapolitik: effizi-
             ente Steuerung oder verfehlte Staatseingriffe? In Wirtschaftsdienst,
             2019, 99; S. 163–180.

[BSW09]   BULLINGER, H.-J.; SPATH, D.; WARNECKE, H.-J.; WESTKÄMPER,
             E.: Handbuch Unternehmensorganisation. Strategien, Planung, Um-
             setzung. Springer Verlag, Berlin, 2009.

[BTH10]   BAUMERS, M.; TUCK, C.; HAGUE, R.; ASHCROFT, I.; WILDMAN, R.: A
             Comparative Study of Metallic Additive Manufacturing Power Con-
             sumption, 2010; S. 278–288.

[BTW17]   BAUMERS, M.; TUCK, C.; WILDMAN, R.; ASHCROFT, I.; HAGUE,
             R.: Shape Complexity and Process Energy Consumption in Electron
             Beam Melting: A Case of Something for Nothing in Additive Manu-
             facturing? In Journal of Industrial Ecology, 2017, 21; S. 157-167.

[Bue58]   BUECKNER, H. F.: The propagation of cracks and the energy of elastic
             deformation. In Wear, 1958; S. 1225–1230.

[Bue73]   BUECKNER, H. F.: Field singularity and integral expressions. In (Sih,
             G. C. Hrsg.): Methods of Analysis and Solutions of Crack Problems.
             Noordhoff International publishing, Leyden, 1973.

[Bur93]   BURNS, M.: Automated fabrication. Improving productivity in manu-
             facturing. PTR Prenrice Hall, Englewood Cliffs, N.J, 1993.

[Bus13]   BUSCHENHENKE, F.: Prozesskettenübergreifende Verzugsbeherrschung
             beim Laserstrahlschweißen am Beispiel einer Welle-Nabe-Verbindung.
             BIAS, Bremen, 2013.

[But19]   BUTZKE, J.: Verfahrenstechnische Weiterentwicklung des Fused Layer
             Manufacturing zur Reduzierung der Anisotropie im Bauteil. Universi-
             tätsverlag der TU Berlin, Berlin, 2019.

[BV18]   BEKKER, A.C.M.; VERLINDEN, J. C.: Life Cycle Assessment of Wire +
             Arc Additive Manufacturing compared to green sand casting and CNC
             milling in stainless steel. In Journal of Cleaner Production, 2018; S.
             177–186.

[BVG16]   BEKKER, A.; VERLINDEN, J.; GALIMBERTI, G.: Challenges in assessing
             the sustainability of wire + arc manufacturing for large structures. In
             Solid Freeform Fabrication 2016: Proceedings of the 27th Annual Inter-
             national, 2016; S. 406–416.

[BWC94]   BOYER, R.; WELSCH, G.; COLLINGS, E. W.: Materials properties hand-
             book. Titanium alloys. ASM International, Materials Park, OH, 1994.

[BWW18]   BUHR, M.; WEBER, J.; WENZL, J.-P.; MÖLLER, M.; EMMELMANN,
             C.: Influences of process conditions on stability of sensor controlled
             robot-based laser metal deposition. In Procedia CIRP, 2018, 74; S.
             149–153.

[BZ02]   BATHE, K. J.; ZIMMERMANN, P.: Finite-Elemente-Methoden. Springer
             Verlag, Berlin, 2002.

[CAM17]   CHUA, Z. Y.; AHN, I. H.; MOON, S. K.: Process monitoring and inspec-
             tion systems in metal additive manufacturing: Status and applications.
             In International Journal of Precision Engineering and Manufacturing-
             Green Technology, 2017, 4; S. 235–245.

[CCD06]   COWLING, P.; COLLEDGE, N.; DAHAL, K.; REMDE, S.: The Trade Off
             Between Diversity and Quality for Multi-objective Workforce Sched-
             uling. In (Gottlieb, J.; Raidl, G. Hrsg.): Evolutionary Computation in
             Combinatorial Optimization. Springer Verlag, Berlin, 2006; S. 13–24.

[CCS10]   CHIUMENTI, M.; CERVERA, M.; SALMI, A.; AGELET DE SARACIBAR, C.;
             DIALAMI, N.; MATSUI, K.: Finite element modeling of multi-pass
             welding and shaped metal deposition processes. In Computer Methods
             in Applied Mechanics and Engineering, 2010, 199; S. 2343–2359.

[CF07]   CHENG, W.; FINNIE, I.: Residual Stress Measurement and the Slitting
             Method. Springer Science+Business Media LLC, Boston, MA, 2007.

[CF85]   CHENG, W.; FINNIE, I.: A Method for Measurement of Axisymmetric
             Axial Residual Stresses in Circumferentially Welded Thin-Walled Cyl-
             inders. In Journal of Engineering Materials and Technology, 1985,
             107; S. 181.

[Cha10]   CHAN, K. S.: Roles of microstructure in fatigue crack initiation. In
             Emerging Frontiers in Fatigue, 2010, 32; S. 1428–1447.

[CHF03] COCHRAN, J. K.; HORNG, S.; FOWLER, J. W.: A multi-population genetic algorithm to solve multi-objective scheduling problems for parallel machines. In Computers & Operations Research, 2003, 30; S. 1087–1102.

[CKM13] CHAN, K. S.; KOIKE, M.; MASON, R. L.; OKABE, T.: Fatigue Life of Titanium Alloys Fabricated by Additive Layer Manufacturing Techniques for Dental Implants. In Metallurgical and Materials Transactions, 2013, 44; S. 1010–1022.

[CLv07] COELLO, C.; LAMONT, G.; VAN VELDHUIZEN, D.: Evolutionary algorithms for solving multi-objective problems. Springer, New York, NY, 2007.

[CNC10] CHO, W.-I.; NA, S.-J.; CHO, M.-H. LEE, J.-S.: Numerical study of alloying element distribution in CO2 laser–GMA hybrid welding. In Computational Materials Science, 2010, 49; S. 792–800.

[Col84] COLLINGS, E. W.: The physical Metallurgy of titanium alloys. American Society for Metals, Metals Park, Ohio, 1984.

[CP01] COELLO, C. A.; PULIDO, G.: A Micro-Genetic Algorithm for Multi-objective Optimization. In (Zitzler, E. et al. Hrsg.): Evolutionary Multi-Criterion Optimization. Springer Verlag, Berlin, 2001; S. 126–140.

[CPB15] CARROLL, B. E.; PALMER, T. A.; BEESE, A. M.: Anisotropic tensile behavior of Ti–6Al–4V components fabricated with directed energy deposition additive manufacturing. In Acta Materialia, 2015, 87; S. 309–320.

[CPD87] COLLUR, M. M.; PAUL, A.; DEBROY, T.: Mechanism of alloying element vaporization during laser welding. In Metallurgical Transactions B, 1987, 18; S. 733–740.

[CSL18] CLUDIUS, J.; SCHUMACHER, K.; LORECK, C.; DUSCHA, V.; FRIEDRICHSEN, N.; FLEITER, T.; REHFELDT, M.: Untersuchung der klimapolitischen Wirksamkeit des Emissionshandels, Umweltbundesamt, Dessau, 2018.

[CSP10]   CARCEL, B.; SAMPEDRO, J.; PEREZ, I.; FERNANDEZ, E.; RAMOS, J.: Improved laser metal deposition of nickel base superalloys by pyrometry process control. In (Dreischuh, T.; Atanasov, P. A.; Sabotinov, N. V. Hrsg.): XVIII International Symposium on Gas Flow, Chemical Lasers, and High-Power Lasers. Proceedings of SPIE - The International Society for Optical Engineering, Sofia, 2010.

[CWM12]   CHIONG, R.; WEISE, T.; MICHALEWICZ, Z.: Variants of Evolutionary Algorithms for Real-World Applications. Springer Verlag, Berlin, 2012.

[DA95]   DEB, K.; AGRAWAL, R. B.: Simulated binary crossover for continuous search space. In Complex systems, 1995, 9; S. 115–148.

[DAP00]   DEB, K.; AGRAWAL, S.; PRATAP, A.; MEYARIVAN, T.: A fast elitist non-dominated sorting genetic algorithm for multi-objective optimization: NSGA-II. International conference on parallel problem solving from nature, 2000; S. 849–858.

[Dav14]   DAVIM, J. P.: Machining of titanium alloys. Springer Verlag, Berlin, 2014.

[DBT15]   DAWES, J.; BOWERMAN, R.; TREPLETON, R.: Introduction to the Additive Manufacturing Powder Metallurgy Supply Chain. In Johnson Matthey Technology Review, 2015, 59; S. 243–256.

[DD14]   DEB, K.; DEB, a.: Analysing mutation schemes for real-parameter genetic algorithms. In International Journal of Artificial Intelligence and Soft Computing, 2014, 4; S. 1513–1519.

[Deu00]   Deutsches Institut für Normung: Unternehmerischer Nutzen 1: Wirkungen von Normen - Teil A: Ökonomische Wirkung der betrieblichen Normung - Teil B: Verknüpfung der Ergebnisse. Beuth Verlag, Berlin, 2000.

[DF15]   DESPEISSE, M.; FORD, S.: The Role of Additive Manufacturing in Improving Resource Efficiency and Sustainability. In (Umeda, S. et al. Hrsg.): Advances in Production Management Systems: Innovative Production Management Towards Sustainable Growth. IFIP WG 5.7 International Conference, APMS 2015, Tokyo, Japan, September 7-9, 2015, Proceedings, Part II. Springer International Publishing, Cham, 2015; S. 129–136.

[DHM15]   DENLINGER, E.; HEIGEL, J. C.; MICHALERIS, P.: Residual stress and
              distortion modeling of electron beam direct manufacturing Ti-6Al-4V.
              In Proceedings of the Institution of Mechanical Engineers, Part B:
              Journal of Engineering Manufacture, 2015, 229; S. 1803–1813.

[Dho04]   DHONDT, G.: The Finite Element Method for Three-Dimensional Ther-
              momechanical Applications. Wiley, 2004.

[Dil00]   DILTHEY, U.: Laserstrahlschweißen. Prozesse, Werkstoffe, Fertigung
              und Prüfung ; Handbuch zum BMBF-Projektverband „Qualifizierung
              von Laserverfahren" im Rahmen des Förderkonzeptes Laser 2000.
              DVS-Verl., Düsseldorf, 2000.

[Dil13]   DILTHEY, U.: Schweißtechnische Fertigungsverfahren: Schweiß- und
              Schneidtechnologien. Springer Verlag, Berlin, 2013.

[DIN17024]   DIN 17024-2: Additive Fertigung- Prozessanforderungen und Qualifi-
              zierung – Teil 2: Materialauftrag mit gerichteter Energieeinbringung
              unter Verwendung von Draht und Lichtbogen in der Luft- und Raum-
              fahrt. Beuth Verlag, Berlin, 2019.

[DIN17851]   DIN 17851: Titanlegierungen: Chemische Zusammensetzung. Beuth
              Verlag, Berlin, 1990.

[DIN2002]   DIN EN 2002-16: Luft- und Raumfahrt - Metallische Werkstoffe;
              Prüfverfahren - Teil 16: Zerstörungsfreie Prüfung, Eindringprüfung.
              Beuth Verlag, Berlin, 2000.

[DIN35224]   DIN 35224: Schweißen im Luft- und Raumfahrzeugbau - Abnahme-
              prüfung von pulverbettbasierten Laserstrahlmaschinen zur additiven
              Fertigung. Beuth Verlag, Berlin, 2018.

[DIN4760]   DIN 4760-6: Gestaltabweichungen; Begriffe, Ordnungssystem. Beuth
              Verlag, Berlin, 1982.

[DIN50125]   DIN 50125: Prüfung metallischer Werkstoffe - Zugproben. Beuth Ver-
              lag, Berlin, 2016.

[DIN53804]   DIN 53804-1: Statistische Auswertung - Teil 1: Kontinuierliche Merk-
              male. Beuth Verlag, 2002.

[DIN65123]   DIN 65123: Luft- und Raumfahrt - Verfahren zur Prüfung von additiv
              mit Pulverbettverfahren hergestellten metallischen Bauteilen. Beuth
              Verlag, Berlin, 2017.

[DIN65124]   DIN 65124: Luft- und Raumfahrt - Technische Lieferbedingungen für additive Fertigung metallischer Werkstoffe mit Pulverbettverfahren. Beuth Verlag, Berlin, 2018.

[DIN8580]   DIN 8580: Fertigungsverfahren - Begriffe, Einteilung. Beuth Verlag, Berlin, 2003.

[DJ10]   DIETMÜLLER, T.; JOCHEM, R.: Was kostet Qualität? Wirtschaftlichkeit von Qualität ermitteln. Hanser, München, 2010.

[DL12]   DEGISCHER, H. P.; LÜFTL, S.: Leichtbau. Wiley Verlag, Hoboken, 2012.

[DMD18]   DONADELLO, S.; MOTTA, M.; DEMIR, A. G.; PREVITALI, B.: Coaxial laser triangulation for height monitoring in laser metal deposition. In Procedia CIRP, 2018, 74; S. 144–148.

[DMD19]   DONADELLO, S.; MOTTA, M.; DEMIR, A. G.; PREVITALI, B.: Monitoring of laser metal deposition height by means of coaxial laser triangulation. In Optics and Lasers in Engineering, 2019, 112; S. 136–144.

[DMS86]   DOEGE, E.; MEYER-NOLKEMPER, H.; SAEED, I.: Fliesskurvenatlas metallischer Werkstoffe. Hanser Verlag, München, 1986.

[Don06]   DONACHIE, M. J.: Selection of Titanium Alloys for Design. In (Kutz, M. Hrsg.): Mechanical engineers' handbook 1. Materials and mechanical design. Wiley, Hoboken, N.J, 2006; S. 221–255.

[DP06]   DRIZO, A.; PEGNA, J.: Environmental impacts of rapid prototyping: an overview of research to date. In Rapid Prototyping Journal, 2006, 12; S. 64–71.

[DP09]   DITTMAR, R.; PFEIFFER, B.-M.: Modellbasierte prädiktive Regelung. Eine Einführung für Ingenieure. Oldenbourg, München, Wien, 2009.

[DPA02]   DEB, K.; PRATAP, A.; AGARWAL, S.; MEYARIVAN, T.; FAST, A.: NSGA-II. In IEEE Transactions on Evolutionary Computation, 2002, 6; S. 182–197.

[Dre08]   DRESNER, S.: The Principles of Sustainability. Earthscan, London, 2008.

[DS09]   DIETRICH, E.; SCHULZE, A.: Statistische Verfahren zur Maschinen- und Prozessqualifikation. Hanser Verlag, München, 2009.

[Düc13]   DÜCK, W.: Optimierung unter mehreren Zielen. Vieweg+Teubner Verlag, Wiesbaden, 2013.

[DVS2713]   DVS 2713: Schweißen von Titanwerkstoffen - Werkstoffe, Prozesse, Fertigung - Prüfung und Bewertung von Schweißverbindungen. DVS Verlag, Düsseldorf, 2016.

[DWZ18]   DEBROY, T.; WEI, H. L.; ZUBACK, J. S.; MUKHERJEE, T.; ELMER, J. W.; MILEWSKI, J. O.; BEESE, A. M.; ZHANG, W.: Additive manufacturing of metallic components – Process, structure and properties. In Progress in Materials Science, 2018, 92; S. 112–224.

[EAD15]   EADS: AIMS 03-22-001. Airbus Material Specification: Additive Manufactured Laser Powder Bed Fusion Titanium Ti-6Al-4V, Hamburg, 2015.

[EAT96]   ENTEZARIAN, M.; ALLAIRE, F.; TSANTRIZOS, P.; DREW, R. A. L.: Plasma atomization: A new process for the production of fine, spherical powders. In JOM, 1996, 48; S. 53–55.

[EE06]   EICHLER, J.; EICHLER, H. J.: Laser - Bauformen, Strahlführung, Anwendung. Bauformen, Strahlführung, Anwendungen mit 57 Tabellen, 164 Aufgaben und vollständigen Lösungswegen. Springer, Berlin, 2006.

[EEX19]   EEX - European Energy Exchange: EU CO2 Emission Unit Allowances (EUA) - Marktpreise seit 2016. https://www.eex.com/de/marktdaten/umweltprodukte/spotmarkt/european-emission-allowances#!/2019/04/18, 18.04.2019.

[EKH13]   EMMELMANN, C.; KRANZ, J.; HERZOG, D.; WYCISK, E.: Laser Additive Manufacturing of Metals. In (Schmidt, V.; Belegratis, M. R. Hrsg.): Laser Technology in Biomimetics. Basics and Applications. Springer Verlag, Berlin, 2013; S. 143–162.

[EM13]   EHRLENSPIEL, K.; MEERKAMM, H.: Integrierte Produktentwicklung: Denkabläufe, Methodeneinsatz, Zusammenarbeit. Hanser Verlag, München, 2013.

[EMM17]   EMMELMANN, C.; MÖHRLE, M.; MÖLLER, M.; RUDOLPH, J.-P.; D'AGOSTINO, N.: Bionic Smart Factory 4.0. Konzept einer Fabrik zur additiven Fertigungkomplexer Produktionsprogramme. In Industrie 4.0 Management, 2017; S. 38–42.

[Emm18]   EMMELMANN, C.: Rethinking Additive Manufacturing: From Bionic Design to Bionic Smart Factories. In Inside 3D Printing, 2018.

[EMS17]   EWALD, A.; MÖLLER, M.; SCHLATTMANN, J.: Adapted approach of the product development process for hybrid manufactured parts. In LiM - Lasers in Manufacturing Conference, 2017.

[End12]   ENDRES, M.: Entwicklung einer aktiven Steuerung für die geometrischen Qualitätsziele der Prozesskette Karosseriebau in der Vorserie. Cuvillier Verlag, Göttingen, 2012.

[EOS13]   EOS Electro Optical Systems GmbH: Life Cycle Cooperation EADS IW & EOS, München 2013.

[ES13]   EIGNER, M.; STELZER, R.: Product Lifecycle Management. Ein Leitfaden für Product Development und Life Cycle Management. Springer Verlag, Dordrecht, 2013.

[ES18]   EWALD, A.; SCHLATTMANN, J.: Design guidelines for laser metal deposition of lightweight structures. In Journal of Laser Applications, 2018, 30; S. 320–329.

[Esc13]   ESCHEY, C.: Maschinenspezifische Erhöhung der Prozessfähigkeit in der additiven Fertigung. Utz Verlag, München, 2013.

[EU16]   Europäische Union: The EU Emissions Trading System (EU ETS), https://ec.europa.eu/clima/policies/ets_de, 21.03.2019.

[Eur11]   Europäische Kommission: Hin zu einer umweltverträglichen Wirtschaft und besserer Governance, https://eur-lex.europa.eu/legal-content/DE/ALL/?uri=CELEX:52011DC0363, 21.03.2019.

[Eve13]   EVERSHEIM, W.: Organisation in der Produktionstechnik 3: Arbeitsvorbereitung. Springer Verlag, Berlin, 2013.

[Fan18]   Fanuc Europe: Fanuc Robocut Alpha-CiB Serie. http://fanuc.co.jp/en/product/catalog/pdf/robocut/RCUT-CiB(E)-04.pdf, 14.12.2018.

[FBM17]   FALUDI, J.; BAUMERS, M.; MASKERY, I.; HAGUE, R.: Environmental
            Impacts of Selective Laser Melting: Do Printer, Powder, Or Power
            Dominate? In Journal of Industrial Ecology, 2017, 21; S. 144-156.

[FC02]   FINNIE, I.; CHENG, W.: A summary of past contributions on residual
            stresses. Materials Science Forum, 2002; S. 509–514.

[FCF03]   FINNIE, S.; CHENG, W.; FINNIE, I.; DREZET, J. M.; GREMAUD, M.: The
            Computation and Measurement of Residual Stresses in Laser Depos-
            ited Layers. In Journal of Engineering Materials and Technology,
            2003, 125; S. 302-327.

[Fet87]   FETT, T.: Bestimmung von Eigenspannungen mittels bruchmechani-
            scher Beziehungen. In Materialprüfung, 1987, 29; S. 92–94.

[Fet98]   FETT, T.: Stress intensity factors and weight functions for special crack
            problems. Forschungszentrum Karlsruhe, Karlsruhe, 1998.

[FHS13]   FRITZ, A. H.; HAAGE, H. D.; SCHULZE, G.; KNIPFELBERG, M.; KÜHN,
            K. D.; ROHDE, G.: Fertigungstechnik. Springer Verlag Berlin, 2013.

[FNN96]   FUJIMOTO, Y.; NISHIGUCHI, M.; NOMOTO, K.; TAKAHASHI, K.; TSUT-
            SUI, S.: An evolutionary design for f-θ lenses. In (Ebeling, W.; Re-
            chenberg, I. Hrsg.): Parallel Problem Solving from Nature. Springer,
            Berlin, 1996; S. 992–1001.

[FR05]   FETT, T.; RIZZI, G.: Weight functions for stress intensity factors and T-
            stress for oblique cracks in a half-space. In International Journal of
            Fracture, 2005, 132; S. 9-16.

[FTW13]   FAHRENWALDT, H. J.; TWRDEK, J.; WITTEL, H.; SCHULER, V.: Praxis-
            wissen Schweißtechnik: Werkstoffe, Verfahren, Fertigung. Vie-
            weg+Teubner Verlag, Wiesbaden, 2013.

[GA06]   GOLDAK, J. A.; AKHLAGHI, M.: Computational Welding Mechanics.
            Springer, New York, 2006.

[Gaw09]   GAWEHN, W.: Finite-Elemente-Methode. FEM-Grundlagen zur Statik
            und Dynamik, Books on Demand Verlag, Norderstedt, 2009.

[GCF94]   GREMAUD, M.; CHENG, W.; FINNIE, I.; PRIME, M. B.: The Compliance
            Method for Measurement of Near Surface Residual Stresses—Analyti-
            cal Background. In Journal of Engineering Materials and Technology,
            1994, 116; S. 550-583.

[GE14]   GOLDHAHN, L.; ECKHARDT, R.: Ressourceneffiziente Planung von Fertigungsprozessen als Beitrag zu Klimaschutz und Kostenreduzierung. In Hochschule Mittweida, Mittweida, 2014.

[Geb17]   GEBHARDT, A.: Generative Fertigungsverfahren. Additive Manufacturing und 3D-Drucken für Prototyping - Tooling - Produktion. Hanser, München, 2017.

[Geo71]   GEORGESCU-ROEGEN, N.: The entropy law and the economic process. Harvard University Press, Cambridge, 1971.

[GF14]   GEBHARDT, A.; FATERI, M.: 3D Drucken und die Anwendungen. In RTejournal - Forum für Rapid Technologie, 2014.

[GGR12]   GRAF, B.; GUMENYUK, A.; RETHMEIER, M.: Laser Metal Deposition as Repair Technology for Stainless Steel and Titanium Alloys. In Physics Procedia, 2012, 39; S. 376–381.

[Gie13]   GIESECKE, P.: Dehnungsmeßstreifentechnik: Grundlagen und Anwendungen in der industriellen Meßtechnik. Vieweg+Teubner Verlag, Wiesbaden, 2013.

[GK08]   GEIGER, W.; KOTTE, W.: Handbuch Qualität. Grundlagen und Elemente des Qualitätsmanagements: Systeme - Perspektiven. Vieweg Verlag, Wiesbaden, 2008.

[GK12]   GRUNWALD, A.; KOPFMÜLLER, J.: Nachhaltigkeit. Campus Verlag, Frankfurt am Main, 2012.

[GM95]   GROTH, C.; MÜLLER, G.: FEM für Praktiker - Temperaturfelder. Basiswissen und Arbeitsbeispiele zur Methode der finiten Elemente mit dem FE-Programm ANSYS. expert-Verlag, Renningen-Malmsheim, 1995.

[GMP18]   GRAF, B.; MARKO, A.; PETRAT, T.; GUMENYUK, A.; RETHMEIER, M.: 3D laser metal deposition: process steps for additive manufacturing. In Welding in the World, 2018, 62; S. 877–883

[GPG13]   GHARBI, M.; PEYRE, P.; GORNY, C.; CARIN, M.; MORVILLE, S.; LE MASSON, P.; CARRON, D.; FABBRO, R.: Influence of various process conditions on surface finishes induced by the direct metal deposition laser technique on a Ti–6Al–4V alloy. In Journal of Materials Processing Technology, 2013, 213; S. 791–800.

[GPL19]   GARMENDIA, I.; PUJANA, J.; LAMIKIZ, A.; FLORES, J.; MADARIETA, M.: Development of an Intra-Layer Adaptive Toolpath Generation Control Procedure in the Laser Metal Wire Deposition Process. In Materials, 2019, 12; S. 352-374.

[Gra18]   GRAF, B.: Laser-Pulver-Auftragschweißen in der additiven Prozesskette für Legierungen aus dem Turbomaschinenbau. Fraunhofer Verlag, Stuttgart, 2018.

[Gri21]   GRIFFITH, A. A.: The Phenomena of Rupture and Flow in Solids. In Philosophical transactions. Series A, Mathematical, physical, and engineering sciences, 1921; S. 163–198.

[Grö15]   GRÖGER, C.: Advanced Manufacturing Analytics: Datengetriebene Optimierung von Fertigungsprozessen. Euler Verlag, Siegburg, 2015.

[Gru15]   GRUND, M.: Implementierung von schichtadditiven Fertigungsverfahren: Mit Fallbeispielen aus der Luftfahrtindustrie und Medizintechnik. Springer Verlag, Berlin, 2015.

[GS11]   GROSS, D.; SEELIG, T.: Bruchmechanik. Mit einer Einführung in die Mikromechanik. Springer-Verlag Berlin Heidelberg, Berlin, Heidelberg, 2011.

[GSA13]   GUTOWSKI, T. G.; SAHNI, S.; ALLWOOD, J. M.; ASHBY, M. F.; WORRELL, E.: The energy required to produce materials: constraints on energy-intensity improvements, parameters of demand. In Philosophical transactions. Series A, Mathematical, physical, and engineering sciences, 2013, 371; S. 317-331.

[GTR12]   GOERING, H.; TOBISKA, L.; ROOS, H. G.: Die Finite-Elemente-Methode,Wiley Verlag, Hoboken, 2012.

[Häl14]   HÄLSIG, A.: Energetische Bilanzierung von Lichtbogenschweißverfahren. Universitätsverlag Technische Universität Chemnitz , Chemnitz, 2014.

[Hau87]   HAUFF, V.: Unsere gemeinsame Zukunft. Eggenkamp Verlag, Greven, 1987.

[HBK18]   HEILEMANN, M.; BECKMANN, J.; KONIGORSKI, D.; EMMELMANN, C.: Laser metal deposition of bionic aluminum supports: reduction of

the energy input for additive manufacturing of a fuselage. In Procedia
CIRP, 2018, 74; S. 136-139.

[HDF03a]   HE, X.; DEBROY, T.; FUERSCHBACH, P. W.: Probing temperature dur-
              ing laser spot welding from vapor composition and modeling. In Jour-
              nal of Applied Physics, 2003, 94; S. 6949-6972.

[HDF03b]   HE, X.; DEBROY, T.; FUERSCHBACH, P. W.: Alloying element vapori-
              zation during laser spot welding of stainless steel. In Journal of Physics
              D: Applied Physics, 2003, 36; S. 3079–3088.

[Her07]   HERRMANN, K.: Härteprüfung an Metallen und Kunststoffen: Grundla-
              gen und Überblick zu modernen Verfahren: mit 66 Tabellen. expert-
              Verlag, Tübingen, 2007.

[Her09]   HERMANN, M.: Numerische Mathematik. De Gruyter, Berlin, 2009.

[Her10]   HERRMANN, C.: Ganzheitliches Life Cycle Management. Springer Ver-
              lag, Berlin, 2010.

[HFM08]   HAUSMANN, J.; FRIEDRICH, B.; MÖLLER, C.; GUSSONE, J.; VOGGEN-
              REITER, H.: Titan: Vom exklusiven Material zum Massenwerkstoff? In
              Konstruktion, 2008, 60; S. 8–9.

[HG09]   HÜGEL, H.; GRAF, T.: Laser in der Fertigung. Strahlquellen, Systeme,
              Fertigungsverfahren mit 400 Abbildungen. Vieweg + Teubner, Wies-
              baden, 2009.

[HHM18]   HOEFER, K.; HAELSIG, A.; MAYR, P.: Arc-based additive manufactur-
              ing of steel components. comparison of wire- and powder-based vari-
              ants. In Welding in the World, 2018, 62; S. 243–247.

[HK14]   HAUFF, M. von; KLEINE, A.: Nachhaltige Entwicklung: Grundlagen
              und Umsetzung. De Gruyter, Berlin, 2014.

[HL02]   HILL, M. R.; LIN, W.-Y.: Residual Stress Measurement in a Ceramic-
              Metallic Graded Material. In Journal of Engineering Materials and
              Technology, 2002, 124; S. 185-211.

[HLM13]   HUANG, S. H.; LIU, P.; MOKASDAR, A.; HOU, L.: Additive manufactur-
              ing and its societal impact. A literature review. In The International
              Journal of Advanced Manufacturing Technology, 2013, 67; S. 1191–
              1203.

[HLP11]   HOFMAN, J. T.; LANGE, D. F. de; PATHIRAJ, B.; MEIJER, J.: FEM mod-
            eling and experimental verification for dilution control in laser clad-
            ding. In Journal of Materials Processing Technology, 2011, 211; S.
            187–196.

[HME17a]   HEILEMANN, M.; MÖLLER, M.; EMMELMANN, C.; BURKHARDT, I.;
            RIEKEHR, S.; VENTZKE, V.; KASHAEV, N.; ENZ, J.: Laser Metal Depo-
            sition of Ti-6Al-4V Structures: Analysis of the Build Height Depend-
            ent Microstructure and Mechanical Properties. In Material Science &
            Technology Conference 2017, 2017; S. 312–320.

[HME17b]   HEILEMANN, M.; MÖLLER, M.; EMMELMANN, C.; BURKHARDT, I.;
            RIEKEHR, S.; VENTZKE, V.; KASHAEV, N.; ENZ, J.: Laser Metal Depo-
            sition of Ti-6Al-4V structures. New building strategy for a decreased
            shape deviation and its influence on the microstructure and mechanical
            properties. In Lasers in Manufacturing Conference, 2017.

[HMR15]   HEIGEL, J. C.; MICHALERIS, P.; REUTZEL, E. W.: Thermo-mechanical
            model development and validation of directed energy deposition addi-
            tive manufacturing of Ti–6Al–4V. In Additive Manufacturing, 2015, 5;
            S. 9–19.

[HO13]   HINSCH, M.; OLTHOFF, J.: Impulsgeber Luftfahrt. Springer Verlag,
            Berlin, 2013.

[Höc13]   HÖCK, M.: Produktionsplanung und -steuerung einer flexiblen Ferti-
            gung: Ein prozeßorientierter Ansatz. Gabler Verlag, Wiesbaden 2013.

[Hof17]   HOFMANN, J.: Die digitale Fabrik. Auf dem Weg zur digitalen Produk-
            tion. Beuth Verlag, Berlin, 2017.

[Hol94]   HOLLAND, M.: Prozeßgerechte Toleranzfestlegung. Bereitstellung von
            Prozeßgenauigkeitsinformationen für die Konstruktion. VDI Verlag,
            Düsseldorf, 1994.

[Hor13]   HORNBOGEN, E.: Werkstoffe: Aufbau und Eigenschaften von Keramik,
            Metallen, Kunststoffen und Verbundwerkstoffen. Springer Verlag,
            Berlin, 2013.

[HRG16]   HUANG, R.; RIDDLE, M.; GRAZIANO, D.; WARREN, J.; DAS, S.; NIM-
            BALKAR, S.; CRESKO, J.; MASANET, E.: Energy and emissions saving
            potential of additive manufacturing: the case of lightweight aircraft

                components. In Journal of Cleaner Production, 2016, 135; S. 1559–
                1570.

[HS98]   HARRIS, J. W.; STOCKER, H.: Handbook of mathematics and computa-
                tional science. Springer Verlag, New York, 1998.

[HSW16]   HERZOG, D.; SEYDA, V.; WYCISK, E.; EMMELMANN, C.: Additive man-
                ufacturing of metals. In Acta Materialia, 2016, 117; S. 371–392.

[HWH16]   HASLEHNER, F.; WALA, T.; HIRSCH, M.: Kostenrechnung, Budgetie-
                rung und Kostenmanagement. Linde Verlag, Wien, 2016.

[IIS03]   IVANCHENKO, V. G.; IVASISHIN, O. M.; SEMIATIN, S. L.: Evaluation of
                evaporation losses during electron-beam melting of Ti-Al-V alloys. In
                Metallurgical and Materials Transactions B, 2003, 34; S. 911–915.

[IK15]   ICHA, P.; KUHS, G.: Entwicklung der spezifischen Kohlendioxid-Emis-
                sionen des deutschen Strommix in den Jahren 1990 bis 2015, Umwelt-
                bundesamt, Dessau 2015.

[Ing13]   INGLIS, C. E.: Stresses in Plates Due to the Presence of Cracks and
                Sharp Corners. In Transactions of the Institute of Naval Architects,
                1913; S. 219–241.

[Int19]   International Civil Aviation Organization (ICAO): Environmental Re-
                port: Aviation and Environment, Montreal, 2019.

[Irw57]   IRWIN, G. R.: Analysis of Stresses and Strains Near the End of a Crack
                Traversing a Plate. In Journal of Applied Mechanics, 1957; S. 361–
                364.

[ISO10360]   DIN EN ISO 10360-2: Geometrische Produktspezifikation (GPS) - An-
                nahmeprüfung und Bestätigungsprüfung für Koordinatenmessgeräte
                (KMG) - Teil 2: KMG angewendet für Längenmessungen. Beuth Ver-
                lag, Berlin, 2010.

[ISO10675]   DIN EN ISO 10675-1: Zerstörungsfreie Prüfung von Schweißverbin-
                dungen - Zulässigkeitsgrenzen für die Durchstrahlungsprüfung – Teil
                1: Stahl, Nickel, Titan und deren Legierungen. Beuth Verlag, Berlin,
                2017.

[ISO1101]   DIN EN ISO 1101: Geometrische Produktspezifikation (GPS) - Geo-
                metrische Tolerierung - Tolerierung von Form, Richtung, Ort und
                Lauf. Beuth Verlag, Berlin, 2017.

[ISO11145]   DIN EN ISO 11145: Optik und Photonik - Laser und Laseranlagen - Begriffe und Formelzeichen. Beuth Verlag, Berlin, 2019.

[ISO13320]   ISO 13320: Partikelmessung durch Laserlichtbeugung. Beuth Verlag, Berlin, 2009.

[ISO14040]   DIN EN ISO 14040: Umweltmanagement - Ökobilanz - Grundsätze und Rahmenbedingungen. Beuth Verlag, Berlin, 2009.

[ISO16610]   DIN EN ISO 16610-21: Geometrische Produktspezifikation (GPS) - Filterung - Teil 21: Lineare Profilfilter: Gauß-Filter. Beuth Verlag, Berlin, 2013.

[ISO17296a] DIN EN ISO 17296-3: Additive Fertigung - Grundlagen - Teil 3: Haupteigenschaften und entsprechende Prüfverfahren. Beuth Verlag, Berlin, 2016.

[ISO17296b] DIN EN ISO 17296-2: Additive Fertigung - Grundlagen - Teil 2: Überblick über Prozesskategorien und Ausgangswerkstoffe. Beuth Verlag, Berlin, 2016.

[ISO25178]   DIN EN ISO 25178: Geometrische Produktspezifikation (GPS) - Oberflächenbeschaffenheit: Flächenhaft. Beuth Verlag, Berlin, 2016.

[ISO2768]   DIN ISO 2768-1: Allgemeintoleranzen; Toleranzen für Längen- und Winkelmaße ohne einzelne Toleranzeintragung. Beuth Verlag, Berlin, 1991.

[ISO3452]   DIN EN ISO 3452-1: Zerstörungsfreie Prüfung - Eindringprüfung - Teil 1: Allgemeine Grundlagen. Beuth Verlag, Berlin, 2014.

[ISO3534]   DIN ISO 3534-2: Statistik - Begriffe und Formelzeichen - Teil 2: Angewandte Statistik. Beuth Verlag, Berlin, 2013.

[ISO3923]   DIN ISO 3923-2: Metallpulver: Ermittlung der Fülldichte. Beuth Verlag, Berlin, 1987.

[ISO3953]   DIN EN ISO 3953: Metallpulver - Bestimmung der Klopfdichte. Beuth Verlag, Berlin, 2011.

[ISO4287]   DIN EN ISO 4287: Geometrische Produktspezifikation (GPS) - Oberflächenbeschaffenheit: Tastschnittverfahren - Benennungen, Definitionen und Kenngrößen der Oberflächenbeschaffenheit. Beuth Verlag, Berlin, 2010.

[ISO4490]   ISO 4490: Metallpulver - Bestimmung der Durchflussrate mit Hilfe ei-
                 nes kalibrierten Trichters (Hall flowmeter). Beuth Verlag, Berlin,
                 2018.

[ISO52900]   DIN EN ISO/ASTM 52900: Additive Fertigung – Grundlagen –Termi-
                 nologie (Entwurf). Beuth Verlag, Berlin, 2018.

[ISO52901]   DIN EN ISO 52901: Additive Fertigung- Grundlagen- Anforderungen
                 an erworbene additiv gefertigte Bauteile. Beuth Verlag, Berlin, 2018.

[ISO52904]   ISO/ASTM FDIS 52904: Additive Fertigung - Prozessanforderungen
                 und Qualifizierung - Verwendung des pulverbettbasierten Schmelzens
                 von Metallen bei kritischen Anwendungen. Beuth Verlag, 2019.

[ISO52907]   DIN EN ISO 52907: Additive Fertigung - Technische Spezifikationen
                 für Metallpulver. Beuth Verlag, Berlin, 2018.

[ISO5725]   DIN ISO 5725-1: Genauigkeit (Richtigkeit und Präzision) von Meß-
                 verfahren und Meßergebnissen - Teil 1: Allgemeine Grundlagen und
                 Begriffe. Beuth Verlag, Berlin, 1997.

[ISO6507]   DIN EN ISO 6507-1: Metallische Werkstoffe - Härteprüfung nach
                 Vickers - Teil 1: Prüfverfahren. Beuth Verlag, Berlin, 2018.

[ISO6892]   DIN EN ISO 6892-1: Metallische Werkstoffe - Zugversuch - Teil 1:
                 Prüfverfahren bei Raumtemperatur. Beuth Verlag, Berlin, 2017.

[ISO9000]   DIN EN ISO 9000: Qualitätsmanagementsysteme - Grundlagen und
                 Begriffe. Beuth Verlag, Berlin, 2015.

[Itz12]   ITZENPLITZ, A.: Klimaschutz als nationales und internationales Politik-
                 feld. Zwischenstaatliche Kooperation und nationalstaatliche Implemen-
                 tierung. Euler Verlag, Lohmar, 2012.

[Jam12]   JAMBOR, T.: Funktionalisierung von Bauteiloberflächen durch Mikro-
                 Laserauftragschweißen. Technische Hochschule Aachen, Aachen
                 2012.

[JAM16]   JACKSON, M. A.; ASTEN, A.; MORROW, J. D.; MIN, S.; PFEFFERKORN,
                 F. E.: A Comparison of Energy Consumption in Wire-based and Pow-
                 der-based Additive-subtractive Manufacturing. In Procedia Manufac-
                 turing, 2016, 5; S. 989–1005.

[Jea15]   JEANVRÉ, S.: Entwicklung eines Verwertungssystems für Altflugzeuge
             mit Schwerpunkt auf der Schadstoffentfrachtung und dem dezentralen
             Rückbau. Technische Universität Clausthal, Clausthal, 2015.

[JKP17]   JIANG, R.; KLEER, R.; PILLER, F.: Predicting the future of additive
             manufacturing: A Delphi study on economic and societal implications
             of 3D printing for 2030. In Technological Forecasting and Social
             Change, 2017, 117; S. 84–97.

[JMK10]   JOCHEM, R.; MERTINS, K.; KNOTHE, T.: Prozessmanagement: Strate-
             gien, Methoden, Umsetzung. Symposion Publ, Ettlingen, 2010.

[JMW19]   JOTHI PRAKASH, V.; MÖLLER, M.; WEBER, J.; EMMELMANN, C.: Laser
             Metal Deposition of Titanium Parts with Increased Productivity. In
             (Kumar, L. J.; Pandey, P. M.; Wimpenny, D. I. Hrsg.): 3D Printing and
             Additive Manufacturing Technologies. Springer Verlag, Singapore,
             2019; S. 297–311.

[JS13]   JOST, W.; SCHEER, A.-W.: Geschäftsprozessmanagement: Kernaufgabe
             einer jeden Unternehmensorganisation. In (Scheer, A.-W.; Jost, W.
             Hrsg.): ARIS in der Praxis. Gestaltung, Implementierung und Optimie-
             rung von Geschäftsprozessen. Springer Verlag, Berlin, 2013; S. 33–44.

[JSM18]   JOTHI PRAKASH, V.; SURREY, P.; MÖLLER, M.; EMMELMANN, C.: In-
             fluence of adaptive slice thickness and retained heat effect on laser
             metal deposited thin-walled freeform structures. In Procedia CIRP,
             2018, 74; S. 233–237.

[Jud17]   JUDT, P.: Numerische Beanspruchungsanalyse von Rissen und Berech-
             nung von Risspfaden mittels wegunabhängiger Erhaltungsintegrale.
             Kassel University Press, Kassel, 2017.

[Jur99]   JURRENS, K. K.: Standards for the rapid prototyping industry. In Rapid
             Prototyping Journal, 1999, 5; S. 169–178.

[Kap79]   KAPP, K. W.: Soziale Kosten der Marktwirtschaft. Das klassische
             Werk der Umwelt-Ökonomie. Fischer-Taschenbuch-Verl., Frank-
             furt/Main, 1979.

[KCD07]   KNOWLES, J.; CORNE, D.; DEB, K.: Multiobjective Problem Solving
             from Nature: From Concepts to Applications. Springer Verlag, Berlin,
             2007.

[KD84]   KHAN, P. A. A.; DEBROY, T.: Alloying element vaporization and weld
            pool temperature during laser welding of AlSl 202 stainless steel. In
            Metallurgical Transactions B, 1984, 15; S. 641–644.

[KDA19]   KALLEL, A.; DUCHOSAL, A.; ALTMEYER, G.; MORANDEAU, A.;
            HAMDI, H.; LEROY, R.; MEO, S.;: Finish milling study of Ti-6Al-4V
            produced by laser metal deposition. In 15th International Conference
            on High Speed Machining, Prag, 2019.

[Kel06]   KELBASSA, I.: Qualifizieren des Laserstrahl-Auftragschweißens von
            BLISKs aus Nickel- und Titanbasislegierungen, Fraunhofer Verlag,
            Stuttgart, 2006.

[Kel10]   KELLER, D.: Evolutionary design of laminated composite structures,
            ETH Zürich, Zürich, 2010.

[KFK16]   KLASSEN, A.; FORSTER, V. E.; KÖRNER, C.: A multi-component evap-
            oration model for beam melting processes. In Modelling and Simula-
            tion in Materials Science and Engineering, 2016, 25; S. 250–263.

[KHG16]   KASPEROVICH, G.; HAUBRICH, J.; GUSSONE, J.; REQUENA, G.: Correla-
            tion between porosity and processing parameters in TiAl6V4 produced
            by selective laser melting. In Materials & Design, 2016, 105; S. 160–
            170.

[KK04a]   KELLY, S. M.; KAMPE, S. L.: Microstructural evolution in laser-depos-
            ited multilayer Ti-6Al-4V builds: Part I. Microstructural characteriza-
            tion. In Metallurgical and Materials Transactions A, 2004, 35; S.
            1861–1867.

[KK04b]   KELLY, S. M.; KAMPE, S. L.: Microstructural evolution in laser-depos-
            ited multilayer Ti-6Al-4V builds: Part II. Thermal modeling. In Metal-
            lurgical and Materials Transactions A, 2004, 35; S. 1869–1879.

[KK17]   KUMAR, L. J.; KRISHNADAS NAIR, C. G.: Current Trends of Additive
            Manufacturing in the Aerospace Industry. In (Wimpenny, D. I.; Pan-
            dey, P. M.; Kumar, L. J. Hrsg.): Advances in 3D printing & additive
            manufacturing technologies. Springer Singapore, Singapore, 2017; S.
            39–54.

[KKP15]   KELLER, N.; KOBER, C.; PLOSHIKIN, V.; WERNER, C.; VAGT, C.: Mög-
            lichkeiten zur Verzugskompensation bei additiv gefertigten Bauteilen.
            In DVS Congress 2015, 2015; S. 121–123.

[KKV13]   KHAZAN, P.; KÖHLER, H.; VOLLERTSEN, F.: Konsistente Modellierung
            einer Ersatzwärmequelle im Laserstrahlpulverbeschichtungsprozess. In
            Simulationsforum 2013, 2013; S. 179–188.

[KKZ13]   KOVALEVA, I.; KOVALEV, O.; ZAITSEV, A.; SMUROV, I.: Numerical
            Simulation and Comparison of Powder Jet Profiles for Different Types
            of Coaxial Nozzles in Direct Material Deposition. In Physics Procedia,
            2013, 41; S. 870–872.

[Kle05]   KLEIN, R.: Algorithmische Geometrie. Grundlagen, Methoden, An-
            wendungen. Springer Verlag, Berlin, 2005.

[Kle12]   KLEIN, B.: Toleranzmanagement im Maschinen- und Fahrzeugbau: Di-
            mensionelle und geometrische Toleranzen (F+L) – Geometrische Pro-
            duktspezifizierung (GPS) - CAD-Tolerierung – Tolerierungsprinzipien
            – ASME-System - Maßketten – Oberflächen. De Gruyter, Berlin,
            2012.

[Kle14]   KLEIN, B.: FEM: Grundlagen und Anwendungen der Finite-Element-
            Methode im Maschinen- und Fahrzeugbau. Springer Fachmedien
            Wiesbaden, 2014.

[Kle16]   KLEPPMANN, W.: Versuchsplanung. Produkte und Prozesse optimie-
            ren. Hanser, München, Wien, 2016.

[Kle78]   KLEINHENZ, G.: Zur politischen Ökonomie des Konsums. Duncker &
            Humblot, Berlin, 1978.

[Klo15]   KLOCKE, F.: Fertigungsverfahren: Gießen, Pulvermetallurgie, Additive
            Manufacturing. Springer Verlag, Berlin, 2015.

[KMP17]   KELLENS, K.; MERTENS, R.; PARASKEVAS, D.; DEWULF, W.; DUFLOU,
            J. R.: Environmental Impact of Additive Manufacturing Processes:
            Does AM Contribute to a More Sustainable Way of Part Manufactur-
            ing? In Procedia CIRP, 2017, 61; S. 582–587.

[KMS00]   KOBRYN, P. A.; MOORE, E. H.; SEMIATIN, S. L.: The effect of laser
             power and traverse speed on microstructure, porosity, and build height
             in laser-deposited Ti-6Al-4V. In Scripta Materialia, 2000, 43; S. 299–
             305.

[Kom06]   KOMLÓDI, A. J.: Detection and prevention of hot cracks during laser
             welding of aluminium alloys using advanced simulation methods. Mei-
             senbach, Bamberg, 2006.

[Kön06]   KÖNIG, W.: Fertigungsverfahren 3: Abtragen, Generieren und Laser-
             materialbearbeitung. Springer Verlag, Berlin, 2006.

[Kor17]   KORNFELD, N.: Optimierung eines neuronalen Netzes zur Objekterken-
             nung unter Verwendung evolutionärer Algorithmen, Freie Universität
             Berlin, Berlin, 2017.

[KP16]   KEIST, J. S.; PALMER, T. A.: Role of geometry on properties of addi-
             tively manufactured Ti-6Al-4V structures fabricated using laser based
             directed energy deposition. In Materials & Design, 2016, 106; S. 482–
             494.

[KPM07]   KANJILAL, P.; PAL, T. K.; MAJUMDAR, S. K.: Prediction of element
             transfer in submerged arc welding. In Welding Journal, Miami, 2007,
             86.

[Kra17]   KRANZ, J.: Methodik und Richtlinien für die Konstruktion von laserad-
             ditiv gefertigten Leichtbaustrukturen. Springer Verlag, Berlin, 2017.

[KSK14]   KLASSEN, A.; SCHAROWSKY, T.; KÖRNER, C.: Evaporation model for
             beam based additive manufacturing using free surface lattice Boltz-
             mann methods. In Journal of Physics: Applied Physics, 2014, 47; S.
             275–303.

[Kun08]   KUNA, M.: Numerische Beanspruchungsanalsye von Rissen. Finite
             Elemente in der Bruchmechanik. Vieweg+Teubner Verlag, Wiesbaden,
             2008.

[KYD10]   KELLENS, K.; YASA, E.; DEWULF, W.; DUFLOU, J.: Environmental as-
             sessment of selective laser melting and selective laser sintering. In
             Austrian Society for Systems Engineering and Automation, Vienna,
             2010.

[KZN11] KOVALEV, O. B.; ZAITSEV, A. V.; NOVICHENKO, D.; SMUROV, I.: Theoretical and Experimental Investigation of Gas Flows, Powder Transport and Heating in Coaxial Laser Direct Metal Deposition (DMD) Process. In Journal of Thermal Spray Technology, 2011, 20; S. 465–478.

[Len02] LENZ, B.: Finite Elemente-Modellierung des Laserstrahlschweissens für den Einsatz in der Fertigungsplanung. Utz Verlag, München, 2002.

[LH07] LEE, M. J.; HILL, M. R.: Effect of Strain Gage Length When Determining Residual Stress by Slitting. In Journal of Engineering Materials and Technology, 2007, 129; S. 143-161.

[LH16] LELL, F.; HOEDTKE, J. H.: Generative Fertigung von 3-D-Bauteilen in Fertigteilqualität. In Lightweight Design, 2016, 9; S. 28–31.

[LHC13] LI, X.; HAO, X.; CHEN, Y.; ZHANG, M.; PENG, B.: Multi-Objective Optimizations of Structural Parameter Determination for Serpentine Channel Heat Sink. In European Conference on the Applications of Evolutionary Computation, 2013; S. 449–458.

[LJL16] LIU, Z.; JIANG, Q.; LI, T.; DONG, S.; YAN, S.; ZHANG, H.; XU, B.: Environmental benefits of remanufacturing: A case study of cylinder heads remanufactured through laser cladding. In Journal of Cleaner Production, 2016, C; S. 1027–1033.

[LJM12] LINDEMANN, C.; JAHNKE, U.; MOI, M.; KOCH, R.: Analyzing Product Lifecycle Costs for a Better Understanding of Cost Drivers in Additive Manufacturing, 2012; S. 177–188.

[LKD14] LE BOURHIS, F.; KERBRAT, O.; DEMBINSKI, L.; HASCOET, J.-Y.; MOGNOL, P.: Predictive Model for Environmental Assessment in Additive Manufacturing Process. In Procedia CIRP, 2014, 15; S. 26–31.

[LKH13] LE BOURHIS, F.; KERBRAT, O.; HASCOET, J.-Y.; MOGNOL, P.: Sustainable manufacturing. Evaluation and modeling of environmental impacts in additive manufacturing. In The International Journal of Advanced Manufacturing Technology, 2013, 69; S. 1927–1939.

[LLF18] LIU, Z. Y.; LI, C.; FANG, X. Y.; GUO, Y. B.: Energy Consumption in Additive Manufacturing of Metal Parts. In Procedia Manufacturing, 2018, 26; S. 834–845.

[Loo98]   LOOS, P.: Integriertes Prozessmanagement direkter und indirekter Be-
               reiche durch Workflow-Management. In Industrie Management, 1998,
               14; S. 13–18.

[LPC16]   LUNDBÄCK, A.; PEDERSON, R.; COLLIANDER, M. H.; BRICE, C.;
               STEUWER, A.; HERALIC, A.; BUSLAPS, T.; LINDGREN, L.-E.: Modeling
               and Experimental Measurement with Synchrotron Radiation of Resid-
               ual Stresses in Laser Metal Deposited Ti-6Al-4V. In (Pilchak, A. L. et
               al. Hrsg.): Proceedings of the 13th World Conference on Titanium.
               Sponsored by Titanium Committee of the Structural Materials Division
               of the Minerals, Metals & Materials Society (TMS), Wiley Verlag, Ho-
               boken, 2016; S. 1279–1282.

[LW07]   LÜTJERING, G.; WILLIAMS, J. C.: Titanium. Springer Verlag, Berlin,
               2007.

[MA15]   MAHAMOOD, R. M.; AKINLABI, E. T.: Modelling of Process Parame-
               ters Influence on Degree of Porosity in Laser Metal Deposition Pro-
               cess. In (Yang, G. et al. Hrsg.): Transactions on Engineering Technolo-
               gies: International MultiConference of Engineers and Computer Scien-
               tists 2014. Springer Netherlands, Dordrecht, 2015; S. 31–42.

[Mai19]   MAIER, M.: Generative Engineering with a focus on bionic lightweight
               design. SSP - Stuttgarter Symposium für Produktentwicklung, Stutt-
               gart, 2019.

[Män13]   MÄNNEL, W.: Handbuch Kostenrechnung. Gabler Verlag, Wiesbaden,
               2013.

[Mat13]   MATUSZEK, G.: Management der Nachhaltigkeit, 2013.

[MB08]   MA, L.; BIN, H.: Simulation research on influence of scanning pattern
               on temperature evolution in SLS/SLM of Ti6Al4V powder. In Interna-
               tional Journal of Product Development, 2008, 6; S. 36–49.

[MBE16]   MÖLLER, M.; BARAMSKY, N.; EWALD, A.; EMMELMANN, C.;
               SCHLATTMANN, J.: Evolutionary-based Design and Control of Geome-
               try Aims for AMD-manufacturing of Ti-6Al-4V Parts. In Physics Pro-
               cedia, 2016, 83; S. 733–742.

[MCH16]   MÖLLER, M.; CONRAD, C.; HAIMERL, W.; EMMELMANN, C.: IR-ther-
            mography for Quality Prediction in Selective Laser Deburring. In
            Physics Procedia, 2016, 83; S. 1261–1270.

[MD93]   MUNDRA, K.; DEBROY, T.: Toward understanding alloying element
            vaporization during laser beam welding of stainless steel. In Welding
            Journal, Miami, 1993, S. 723 -735.

[ME18]   MÖLLER, M.; EMMELMANN, C.: Quality target-based control of geo-
            metrical accuracy and residual stresses in laser metal deposition. In
            Journal of Laser Applications, 2018, 30; S. 921–933.

[Mei09]   MEINECKE, M.: Prozessauslegung zum fünfachsigen zirkularen
            Schruppfräsen von Titanlegierungen. RWTH Aachen, Aachen, 2009.

[MEW16]   MÖLLER, M.; EWALD, A.; WEBER, J.; HEILEMANN, M.; HERZOG, D.;
            EMMELMANN, C.: Characterization of the Anisotropic Properties for
            Laser Metal Deposited Ti-6Al-4V. In ICALEO, San Diego, 2016.

[MGS18]   MUNTEAN, M.; GUIZZARDI, D.; SCHAAF, E.; CRIPPA, M.; SOLAZZO, E.;
            OLIVIER, J.; VIGNATI, E.: Fossil CO_2 emissions of all world countries -
            2018 Report. Publication Office of the European Union, Brüssel, 2018.

[MHE16]   MÖLLER, M.; HEILEMANN, H.; EMMELMANN, C.: Numerische Analyse
            der Qualitätszielsteuerung beim Laser Metal Deposition von Ti-6Al-
            4V. In Simulationsforum - Schweißen und Wärmebehandlung, Mann-
            heim, 2016.

[MHW16]   MÖLLER, M.; HERZOG, D.; WISCHEROPP, T.; EMMELMANN, C.; KRY-
            WKA, C.; STARON, P.; MUNSCH, M.: Analysis of Residual Stress For-
            mation in Additive Manufacturing of Ti-6Al-4V. In Materials Science
            and Technology Conference, Salt Lake City, 2016.

[Mic18]   MICHAEL, J.: Innovative workflow for bionic design and structural op-
            timization of ALM parts. 8th EASN-CEAS International Workshop on
            Manufacturing for Growth and Innovation, Glasgow, 2018.

[MIE19]   MÖLLER, M.; IMGRUND, P.; EMMELMANN, C.: Nachhaltige Produktion.
            CO_2-Bilanz und Kostenpotenzial der generativen Fertigung. In 6. Kon-
            gress Ressourceneffiziente Produktion, Leipzig, 2019.

[MJS16]   MEHRABI, A.; JOLLY, M.; SALONITIS, K.: Sustainable Investment Cast-
             ing. 14th World Conference in Investment Casting, Cranfield Univer-
             sity, Cranfield, 2016.

[MJW17]   MÖLLER, M.; JOTHI PRAKASH, V.; WEBER, J.; EMMELMANN, C.: Addi-
             tive Manufacturing of Large Scale Titanium Parts with Increased
             Productivity. In 6th International Workshop on Aircraft Systems Tech-
             nologies (AST), Hamburg, 2017.

[MK06]   MERCELIS, P.; KRUTH, J.-P.: Residual stresses in selective laser sinter-
             ing and selective laser melting. In Rapid Prototyping Journal, 2006, 12;
             S. 254–265.

[MLG14]   MANI, M.; LYONS, K. W.; GUPTA, S. K.: Sustainability Characteriza-
             tion for Additive Manufacturing. In Journal of research of the National
             Institute of Standards and Technology, 2014, 119; S. 419–428.

[MMM85]   MORAWIETZ, P.; MATTHECK, C.; MUNZ, D.: Calculation of approxi-
             mate weight functions in fracture mechanics by FEM. In International
             journal for numerical methods in engineering, 1985, 21; S. 1487–1497.

[MMN16]   MEGAHED, M.; MINDT, H.; N'DRI, N.; DUAN, H.; DESMAISON,
             O.: Metal additive-manufacturing process and residual stress modeling.
             In Integrating Materials and Manufacturing Innovation, 2016, 5; S.
             1482–1497.

[MMR11]   MÖLLER, K.; MENNINGER, J.; ROBERS, D.: Innovationscontrolling. Er-
             folgreiche Steuerung und Bewertung von Innovationen. Schäffer-Po-
             eschel, Stuttgart, 2011.

[MMR72]   MEADOWS, D.; MEADOWS, D.; RANDERS, J.; BEHRENS, W.: The Limits
             to growth. A report for the Club of Rome's project on the predicament
             of mankind. Universe Books, New York, 1972.

[Möh18]   MÖHRLE, M.: Gestaltung von Fabrikstrukturen für die additive Ferti-
             gung. Springer Vieweg, Berlin, 2018.

[MQK07]   MORROW, W. R.; QI, H.; KIM, I.; MAZUMDER, J.; SKERLOS, S. J.: En-
             vironmental aspects of laser-based and conventional tool and die man-
             ufacturing. In Journal of Cleaner Production, 2007, 15; S. 932–943.

[MS16]   MATTHES, K. J.; SCHNEIDER, W.: Schweißtechnik: Schweißen von me-
             tallischen Konstruktionswerkstoffen. Hanser Verlag, München 2016.

[MSE17]   MÖLLER, M.; SCHOLL, C.; EMMELMANN, C.: Eigenspannungsuntersu-
            chungen in der additiven Fertigung mit dem Laser Metal Deposition.
            In 18. RT Simulating Manufacturing, Mannheim, 2017.

[MSJ17]   MÖLLER, M.; SCHOLL, C.; JOTHI PRAKASH, V.; EMMELMANN,
            C.: Characterization and Optimization of Residual Stress State, Geo-
            metrical Accuracy and Productivity for Laser Metal Deposition of
            Complex Three-Dimensional Titanium Parts. In LiM - Lasers in Manu-
            facturing Conference, München, 2017.

[MT17]   MATZEN, F. J.; TESCH, R.: Industrielle Energiestrategie. Praxishand-
            buch für Entscheider des produzierenden Gewerbes. Springer Gabler,
            Wiesbaden, 2017.

[Mül04]   MÜLLER, B.: Thermische Analyse des Zerspanens metallischer Werk-
            stoffe bei hohen Schnittgeschwindigkeiten. RWTH Aachen, Aachen,
            2004.

[Mun13]   MUNSCH, M.: Reduzierung von Eigenspannungen und Verzug in der
            laseradditiven Fertigung. Cuvillier, Göttingen, 2013.

[MVE19]   MÖLLER, M.; VYKTHAR, B.; EMMELMANN, C.; LI, Z.; HUANG, J.: Sus-
            tainable Production of Aircraft Systems. Carbon Footprint and Cost
            Potential of Additive Manufacturing in Aircraft Systems. In 8th inter-
            national Workshop on Aircraft System Technology (AST), Hamburg,
            2019.

[MZ73]   MAJDIC, M.; ZIEGLER, G.: Einfluss der metastabilen Beta-Phase auf
            das Umwandlungsverhalten der Titanlegierung Ti6Al4V. In Zeitschrift
            für Metallkunde/Materials Research and Advanced Techniques, 1973,
            64; S. 751–758.

[NCV14]   NIMBALKAR, S.; COX, D.; VISCONTI, K.; CRESKO, J.: Life cycle energy
            assessment methodology and additive manufacturing energy impacts
            assessment tool. In Proceedings from the LCA XIV International Con-
            ference, 2014; Hamburg, S. 130–141.

[Neu18]   NEUMANN, U. H.: Kontinuierliches Ultraschall-Preformen zur Ferti-
            gung von CFK-Bauteilen in der Luftfahrt. IVW Verlag, Kaiserslautern,
            2018.

[NO08]   NOLTE, A.; OPPEL, J. von: Klimawandel: Eine Herausforderung für die
           Wirtschaft. Handlungsoptionen für Industrieunternehmen in Deutsch-
           land. Diplomica Verlag, Hamburg, 2008.

[Nor19]   N. N.: Norsk Titanium: Value Propositon: RPD Parts.
           https://www.norsktitanium.com/advantages, 12.04.2019.

[NS96]   NIEMEYER, G.; SHIROMA, P.: Production Scheduling with Genetic Al-
           gorithms and Simulation. In (Ebeling, W.; Rechenberg, I. Hrsg.): Pa-
           rallel Problem Solving from Nature. Springer Verlag, Berlin, 1996; S.
           930–939.

[Nya15]   Nyamekye, P.   NYAMEKYE, P.: Energy and raw material consump-
           tion analysis of powder bed fusion: case study: CNC machining and la-
           ser additive manufacturing, 2015.

[OAM14]   OCYLOK, S.; ALEXEEV, E.; MANN, S.; WEISHEIT, A.; WISSENBACH, K.;
           KELBASSA, I.: Correlations of Melt Pool Geometry and Process Param-
           eters During Laser Metal Deposition by Coaxial Process Monitoring.
           In Physics Procedia, 2014, 56; S. 228–238.

[Ohn08]   OHNESORGE, A.: Bestimmung des Aufmischungsgrades beim Laser-
           Pulver-Auftragschweißen mittels laserinduzierter Plasmaspektroskopie
           (LIPS). Fraunhofer Verlag, Stuttgart, 2008.

[PAF08]   PEYRE, P.; AUBRY, P.; FABBRO, R.; NEVEU, R.; LONGUET, A.: Analyti-
           cal and numerical modelling of the direct metal deposition laser pro-
           cess. In Journal of Physics D: Applied Physics, 2008, S. 517-534.

[Par16]   PARTHIER, R.: Messtechnik: Grundlagen und Anwendungen der
           elektrischen Messtechnik. Springer Verlag, Berlin, 2016.

[PCF09]   PCF Pilotprojekt Deutschland: Product Carbon Footprinting,
           http://www.pcf-projekt.de/files/1241099725/ergebnisbericht_2009.pdf,
           14.06.2019.

[Pet14]   PETSCHOW, U.: Dezentrale Produktion, 3D-Druck und Nachhaltigkeit.
           Trajektorien und Potenziale innovativer Wertschöpfungsmuster zwi-
           schen Maker-Bewegung und Industrie 4.0. Institut für Ökologische
           Wirtschaftsforschung, Berlin, 2014.

[PGG15]   PETRAT, T.; GRAF, B.; GUMENYUK, A.; RETHMEIER, M.: Laser-Pulver-Auftragschweißen zum additiven Aufbau komplexer Formen. In DVS Congress, 2015; S. 126–129.

[PGG16]   PETRAT, T.; GRAF, B.; GUMENYUK, A.; RETHMEIER, M.: Laser Metal Deposition as Repair Technology for a Gas Turbine Burner Made of Inconel 718. In Physics Procedia, 2016, 83; S. 761–768.

[PI17]   PRIARONE, P. C.; INGARAO, G.: Towards criteria for sustainable process selection: On the modelling of pure subtractive versus additive/subtractive integrated manufacturing approaches. In Journal of Cleaner Production, 2017, 144; S. 57–68.

[PID16]   PRIARONE, P. C.; INGARAO, G.; DI LORENZO, R.; SETTINERI, L.: Influence of Material-Related Aspects of Additive and Subtractive Ti-6Al-4V Manufacturing on Energy Demand and Carbon Dioxide Emissions. In Journal of Industrial Ecology, 2016, 61; S. 635.

[PKW03]   PETERS, M.; KUMPFERT, J.; WARD, C. H.; LEYENS, C.: Titanium Alloys for Aerospace Applications. In Advanced Engineering Materials, 2003, 5; S. 419–427.

[PL02]   PETERS, M.; LEYENS, C.: Titan und Titanlegierungen. Springer Verlag, Berlin, 2002.

[PL04]   PINKERTON, A. J.; LI, L.: Modelling the geometry of a moving laser melt pool and deposition track via energy and mass balances. In Journal of Physics: Applied Physics, 2004, 37; S. 1885–1895.

[Plo98]   PLOCHIKHINE, V. V.: Modellierung der Kornstrukturausbildung beim Laserstrahlschweißen. FAU Nürnberg, Nürnberg, 1998.

[PLW17]   PENG, S.; LI, T.; WANG, X.; DONG, M.; LIU, Z.; SHI, J.; ZHANG, H.: Toward a Sustainable Impeller Production: Environmental Impact Comparison of Different Impeller Manufacturing Methods. In Journal of Industrial Ecology, 2017, 21; S. 216–229.

[PMC15]   PAYDAS, H.; MERTENS, A.; CARRUS, R.; LECOMTE-BECKERS, J.; TCHOUFANG TCHUINDJANG, J.: Laser cladding as repair technology for Ti–6Al–4V alloy: Influence of building strategy on microstructure and hardness. In Materials & Design, 2015, 85; S. 497–510.

[PMC16]   PARIS, H.; MOKHTARIAN, H.; COATANÉA, E.; MUSEAU, M.; ITUARTE, I.: Comparative environmental impacts of additive and subtractive manufacturing technologies. In CIRP Annals, 2016, 65; S. 29–32.

[Poh13]   POHLHEIM, H.: Evolutionäre Algorithmen: Verfahren, Operatoren und Hinweise für die Praxis. Springer Verlag, Berlin, 2013.

[Pop05]   POPRAWE, R.: Lasertechnik für die Fertigung. Grundlagen, Perspektiven und Beispiele für den innovativen Ingenieur. Springer Verlag, Berlin, 2005.

[PP98]   PIERREVAL, H.; PLAQUIN, M.-F.: An Evolutionary Approach of Multicriteria Manufacturing Cell Formation. In International Transactions in Operational Research, 1998, 5; S. 13–25.

[PR94]   PICASSO, M.; RAPPAZ, M.: Laser-powder-material interactions in the laser cladding process. In Journal de Physique IV Colloque, 1994, 04, S.27-33.

[Pri99]   PRIME, M. B.: Residual Stress Measurement by Successive Extension of a Slot. The Crack Compliance Method. In Applied Mechanics Reviews, 1999, 52; S. 75-98.

[PS06]   PFEIFER, T.; SCHMITT, R.: Autonome Produktionszellen. Komplexe Produktionsprozesse flexibel automatisieren. Springer Verlag, Berlin, 2006.

[Puf14]   PUFÉ, I.: Nachhaltigkeit, UTB Verlag, Stuttgart, 2014.

[PZJ08]   PRICE, J. W.H.; ZIARA-PARADOWSKA, A.; JOSHI, S.; FINLAYSON, T.; SEMETAY, C.; NIED, H.: Comparison of experimental and theoretical residual stresses in welds. The issue of gauge volume. In International Journal of Mechanical Sciences, 2008, 50; S. 513–521.

[QAS10]   QI, H.; AZER, M.; SINGH, P.: Adaptive toolpath deposition method for laser net shape manufacturing and repair of turbine compressor airfoils. In The International Journal of Advanced Manufacturing Technology, 2010, 48; S. 121–131.

[QF15]   QIAN, M.; FROES, F. H.: Titanium Powder Metallurgy. Science, Technology and Applications. Elsevier Science, Burlington, 2015.

[QMK06]   QI, H.; MAZUMDER, J.; KI, H.: Numerical simulation of heat transfer and fluid flow in coaxial laser cladding process for direct metal deposition. In Applied Physics A, 2006, 100; S. 249-283.

[QML05]   QIAN, L.; MEI, J.; LIANG, J.; WU, X.: Influence of position and laser power on thermal history and microstructure of direct laser fabricated Ti–6Al–4V samples. In Materials Science and Technology, 2005, 21; S. 597–605.

[QMW05]   QIAN, L.; MEI, J.; WU, X.: The effects of thermal History on microstructures of direct-laser-fabricated Ti-6Al-4V alloy. In International Congress on Applications of Lasers & Electro-Optics ICALEO, San Diego, 2005.

[QRD15]   QIU, C.; RAVI, G. A.; DANCE, C.; RANSON, A.; DILWORTH, S.; ATTALLAH, M.: Fabrication of large Ti–6Al–4V structures by direct laser deposition. In Journal of Alloys and Compounds, 2015, 629; S. 351–361.

[Rad02]   RADAJ, D.: Eigenspannungen und Verzug beim Schweißen: Rechen- und Meßverfahren. Verlag für Schweißen und Verwandte Verfahren, DVS-Verlag, Düsseldorf, 2002.

[Rad13]   RADAJ, D.: Wärmewirkungen des Schweißens: Temperaturfeld, Eigenspannungen, Verzug. Springer Verlag, Berlin, 2013.

[Rad99]   RADAJ, D.: Schweißprozeßsimulation: Grundlagen und Anwendungen. Verlag für Schweißen und Verwandte Verfahren, DVS-Verlag, Düsseldorf, 1999.

[RDB12]   ROSSINI, N. S.; DASSISTI, M.; BENYOUNIS, K. Y.; OLABI, A. G.: Methods of measuring residual stresses in components. In Test Methods and Processes, 2012, 35; S. 572–588.

[Reh10]   REHME, O.: Cellular Design for Laser Freeform Fabrication. Cuvillier Verlag, Göttingen, 2010.

[RHG12]   REINHARDT, R.; HOFFMANN, A.; GERLACH, T.: Nichtlineare Optimierung: Theorie, Numerik und Experimente. Springer Verlag, Berlin, 2012.

[RK16]   RUBINSTEIN, R. Y.; KROESE, D. P.: Simulation and the Monte Carlo Method. Wiley Verlag, Hoboken, 2016.

[RL87]   RITCHIE, D.; LEGGATT, R. H.: The measurement of the distribution of
            residual stresses through the thickness of a welded joint. In Strain,
            1987; S. 61–70.

[RM99]   RINNE, H.; MITTAG, H.-J.: Prozeßfähigkeitsmessung für die industri-
            elle Praxis. Hanser, München, 1999.

[RMH13]   ROMBOUTS, M.; MAES, G.; HENDRIX, W.; DELARBRE, E.; MOTMANS,
            F.: Surface Finish after Laser Metal Deposition. In Physics Procedia,
            2013, 41, S. 124-133.

[Roe07]   ROEREN, S.: Komplexitätsvariable Einflussgrößen für die bauteilbezo-
            gene Struktursimulation thermischer Fertigungsprozesse. Utz, Mün-
            chen, 2007.

[RRB06]   RAABE, D.; ROTERS, F.; BARLAT, F.; CHEN, L. Q.: Continuum Scale
            Simulation of Engineering Materials: Fundamentals - Microstructures -
            Process Applications. Wiley Verlag, Hoboken, 2006.

[Rud18]   RUDOLPH, J.-P.: Cloudbasierte Potentialerschließung in der additiven
            Fertigung. Springer Verlag, Berlin, 2018.

[RWG15]   ROBENS, S.; WAGNER, R.; GOERZ, O.; DEUTSCH, W.A.K.: Automati-
            sierte, fluoreszierende Eindringprüfung an Serienkomponenten mit ho-
            hem Durchsatz und hoher Prozesssicherheit. In DGZfP Jahrestagung
            DACH, 2015.

[Ryk57]   RYKALIN, N. N.: Berechnung der Wärmevorgänge beim Schweissen.
            Verlag Technik, Berlin, 1957.

[Sak13]   SAKKIETTIBUTRA, J.: Modellierung thermisch bedingter Formänderun-
            gen und Eigenspannungen von Stählen zum Aufbau von geregelten
            Prozessen. BIAS, Bremen, 2013.

[Sas11]   SASSMANNSHAUSEN, J.: Entwicklung einer Konstruktionsmethodik für
            Leichtbaustrukturen durch Topologieoptimierung am Beispiel der Fer-
            tigungsverfahren Feingießen und Lasergenerieren, Tu Hamburg, Ham-
            burg, 2011.

[Sau11]   SAUER, B.: Normen, Toleranzen, Passungen und Technische Oberflä-
            chen. In (Albers, A.; Sauer, B. Hrsg.): Konstruktionselemente des Ma-
            schinenbaus. Springer Verlag, Berlin, 2011, S. 9–19.

[SB97]   SCHINDLER, H.-J.; BERTSCHINGER, P.: Some steps towards automation
            of the crack compliance method to measure residual stress distribu-
            tions: International Conference on Residual Stresses, Linkoping, Swe-
            den, 1997; S. 682–687.

[SCF97]   SCHINDLER, H.-J.; CHENG, W.; FINNIE, I.: Experimental determination
            of stress intensity factors due to residual stresses. In Experimental Me-
            chanics, 1997, 37; S. 272–277.

[Sch02]   SCHNEEWEIß, C.: Einführung in die Produktionswirtschaft. Springer
            Verlag, Berlin, 2002.

[Sch07]   SCHWENK, C.: FE-Simulation des Schweißverzugs laserstrahlge-
            schweißter dünner Bleche: Sensitivitätsanalyse durch Variation der
            Werkstoffkennwerte. BAM, Berlin, 2007.

[Sch10]   SCHULZE, G.: Die Metallurgie des Schweissens. Eisenwerkstoffe -
            nichteisenmetallische Werkstoffe. Springer Verlag, Berlin, 2010.

[Sch12]   SCHMIDT, G.: Prozessmanagement. Modelle und Methoden. Springer
            Verlag, Berlin, 2012.

[Sch14a]   SCHOBER, A.: Eine Methode zur Wärmequellenkalibrierung in der
            Schweißstruktursimulation. Utz Verlag, München, 2014.

[Sch14b]   SCHIEBOLD, K.: Normen, Regelwerke, Verfahrensbeschreibungen,
            Prüfanweisungen, Protokollierung und Dokumentation. In (Schiebold,
            K. Hrsg.): Zerstörungsfreie Werkstoffprüfung - Eindringprüfung.
            Springer Verlag, Berlin, 2014; S. 147–169.

[Sch16]   SCHMIDT, T.: Potentialbewertung generativer Fertigungsverfahren für
            Leichtbauteile. Springer Verlag, Berlin, 2016.

[Sch80]   SCHWALBE, K. H.: Bruchmechanik metallischer Werkstoffe. Hunser,
            München, Wien, 1980.

[Sch81]   SCHAJER, G. S.: Application of Finite Element Calculations to Resid-
            ual Stress Measurements. In Journal of Engineering Materials and
            Technology, 1981, 103; S. 157-169.

[Sch90]   SCHINDLER, H. J.: Determination of residual stress distributions from
            measured stress intensity factors. In International Journal of Fracture,
            1990, 74; S. 23-30.

[SCP17]   SPROESSER, G.; CHANG, Y.-J.; PITTNER, A.; FINKBEINER, M.;
           RETHMEIER, M.: Energy efficiency and environmental impacts of high
           power gas metal arc welding. In The International Journal of Advanced
           Manufacturing Technology, 2017, 91; S. 3503–3513.

[Set01]   SETTLES, G. S.: Schlieren and shadowgraph techniques. Visualizing
           phenomena in transparent media. Springer Verlag, Berlin, 2001.

[Sey18]   SEYDA, V.: Werkstoff- und Prozessverhalten von Metallpulvern in der
           laseradditiven Fertigung. Springer Verlag, Berlin, 2018.

[SG15]   SLOTWINSKI, J. A.; GARBOCZI, E. J.: Metrology Needs for Metal Addi-
           tive Manufacturing Powders. In JOM, 2015, 67; S. 538–543.

[SGB10]   SREENIVASAN, R.; GOEL, A.; BOURELL, D. L.: Sustainability issues in
           laser-based additive manufacturing. In Physics Procedia, 2010, 5; S.
           81–90.

[SGB17]   SABOORI, A.; GALLO, D.; BIAMINO, S.; FINO, P.; LOMBARDI, M.: An
           Overview of Additive Manufacturing of Titanium Components by Di-
           rected Energy Deposition: Microstructure and Mechanical Properties.
           In Applied Sciences, 2017, 7; S. 883-901.

[SGS14]   SLOTWINSKI, J. A.; GARBOCZI, E. J.; STUTZMAN, P. E.; FERRARIS, C.
           F.; WATSON, S. S.; PELTZ, M. A.: Characterization of Metal Powders
           Used for Additive Manufacturing. In Journal of research of the Na-
           tional Institute of Standards and Technology, 2014, 119; S. 460–493.

[SGS18]   SPRANGER, F.; GRAF, B.; SCHUCH, M.; HILGENBERG, K.; RETHMEIER,
           M.: Build-up strategies for additive manufacturing of three dimen-
           sional Ti-6Al-4V-parts produced by laser metal deposition. In Journal
           of Laser Applications, 2018, 30.

[SH16]   SCHWEIER, M.: Simulative und experimentelle Untersuchungen zum
           Laserschweißen mit Strahloszillation. Utz Verlag, München, 2016.

[Sha07]   SHACKELFORD, J. F.: Werkstofftechnologie für Ingenieure. Grundla-
           gen, Prozesse, Anwendungen. Pearson Verlag, München, 2007.

[Sha91]   SHAM, T.-L.: The determination of the elastic T-term using higher or-
           der weight functions. In International Journal of Fracture, 1991, 48; S.
           81–102.

[She94]   SHEN, J.: Optimierung von Verfahren der Laseroberflächenbehandlung bei gleichzeitiger Pulverzufuhr. Vieweg+Teubner Verlag, Wiesbaden, 1994.

[Sig06]   SIGEL, J.: Lasergenerieren metallischer Bauteile mit variablem Laserstrahldurchmesser in modularen Fertigungssystemen. Utz Verlag, München, 2006.

[SII04]   SEMIATIN, S. L.; IVANCHENKO, V. G.; IVASISHIN, O. M.: Diffusion models for evaporation losses during electron-beam melting of alpha/beta-titanium alloys. In Metallurgical and Materials Transactions B, 2004, 35; S. 235–245.

[SJZ16]   SALONITIS, K.; JOLLY, M. R.; ZENG, B.; MEHRABI, H.: Improvements in energy consumption and environmental impact by novel single shot melting process for casting. In Journal of Cleaner Production, 2016, 137; S. 1532–1542.

[SK11]   SCHWARZ, H. R.; KÖCKLER, N.: Numerische Mathematik. Vieweg+Teubner Verlag, Wiesbaden, 2011.

[Sku04]   SKUPIN, J.: Nichtlinear dynamisches Modell zum Laserstrahlschweissen von Aluminiumlegierungen. Shaker, Aachen, 2004.

[SL18]   Forschungszentrum Jülich GmbH: Statustagung Maritime Technologien. Projekt ShipLight – Nachhaltiger Schiffsleichtbau. Forschungszentrum Jülich GmbH, Jülich, 2018.

[SLY17]   SALVATI, E.; LUNT, A.J.G.; YING, S.; SUI, T.; ZHANG, H. J.; HEASON, C.; BAXTER, G.; KORSUNSKY, A. M.: Eigenstrain reconstruction of residual strains in an additively manufactured and shot peened nickel superalloy compressor blade. In Computer Methods in Applied Mechanics and Engineering, 2017, 320; S. 335–351.

[SME18]   SURREY, P.; MÖLLER, M.; EMMELMANN, C.; HEILEMANN, M.; WEBER, J.: From Powder to Solid: The Material Evolution of Ti-6Al-4V during Laser Metal Deposition. In Key Engineering Materials, 2018, 770; S. 135–147.

[SMH11]   SCHNUBEL, D.; MÖLLER, M.; HUBER, N.: Boundary condition identifi-
            cation for structural welding simulation via artificial neural net-
            works: International Workshop on Thermal Forming and Welding Dis-
            tortion IWOTE 2011, Bremen, 2011; S. 313–326.

[Sne48]   SNEDDON, I. N.: Boussinesq's problem for a rigid cone. In Mathemati-
            cal Proceedings of the Cambridge Philosophical Society, 1948, 44; S.
            492-501.

[SP10]   SCHMITT, R.; PFEIFER, T.: Qualitätsmanagement. Strategien, Metho-
            den, Techniken. Hanser Verlag, München, 2010.

[SPC12]   SQUILLACE, A.; PRISCO, U.; CILIBERTO, S.; ASTARITA, A.: Effect of
            welding parameters on morphology and mechanical properties of Ti–
            6Al–4V laser beam welded butt joints. In Journal of Materials Proces-
            sing Technology, 2012, 212; S. 427–436.

[SS08]   SCHMELZER, H. J.; SESSELMANN, W.: Geschäftsprozessmanagement in
            der Praxis. Hanser Verlag, München, 2008.

[SS14]   SCHUH, G.; SCHMIDT, C.: Produktionsmanagement. Handbuch Produk-
            tion und Management. Springer Vieweg, Berlin, 2014.

[SSH19]   SCHMIDT, M.; SPIETH, H. A.; HAUBACH, C.; KÜHNE, C.; BAUER, J.;
            DIFFENHARD, V.; LANG-KOETZ, C.; PREIß, M.: 100 pioneers in effi-
            cient resource management. Best practice cases from producing com-
            panies. Springer Spektrum, Berlin, 2019.

[Ste15]   STEINKE, P.: Finite-Elemente-Methode. Rechnergestützte Einführung.
            Springer Vieweg, Berlin, 2015.

[Str04]   STRAUCH, A.: Effiziente Lösung des inversen Problems beim Laser-
            strahlschweissen durch Simulation und Experiment. Utz, München,
            2004.

[STS16]   STERLING, A.; TORRIES, B.; SHAMSAEI, N.; THOMPSON, S.; SEELY,
            D.: Fatigue behavior and failure mechanisms of direct laser deposited
            Ti–6Al–4V. In Materials Science and Engineering: A, 2016, 655; S.
            100–112.

[SVP19]   STRANTZA, M.; VRANCKEN, B.; PRIME, M. B.; TRUMAN, C. E.; ROM-
           BOUTS, M.; BROWN, D. W.; GUILLAUME, P.; d. VAN HEMELRIJCK: Di-
           rectional and oscillating residual stress on the mesoscale in additively
           manufactured Ti-6Al-4V. In Acta Materialia, 2019, 168; S. 299–308.

[Tag89]   TAGUCHI, G.: Einführung in Quality Engineering. Minimierung von
           Verlusten durch Prozeßbeherrschung. Gfmt-Ges. für Management and
           Technologie-Verl., München, 1989.

[TC91]   TAYLOR, D.; CLANCY, O. M.: The fatigue performance of machined
           surfaces. In Fatigue & Fracture of Engineering Materials and Struc-
           tures, 1991, 14; S. 329–336.

[TD08]   TSCHÄTSCH, H.; DIETRICH, J.: Praxis der Zerspantechnik: Verfahren,
           Werkzeuge, Berechnung. Vieweg + Teubner, Wiesbaden, 2008.

[TKC04]   TOYSERKANI, E.; KHAJEPOUR, A.; CORBIN, S. F.: Laser Cladding. Tay-
           lor & Francis, London, 2004.

[TNA99]   TAMAKI, H.; NISHINO, E.; ABE, S.: A genetic algorithm approach to
           multi-objective scheduling problems with earliness and tardiness pen-
           alties: Proceedings of the Congress on Evolutionary Computation.
           IEEE, New York, 1999; S. 46–52.

[TRM01]   TALBI, E.; RAHOUAL, M.; MABED, M.; DHAENENS, C.: A Hybrid Evo-
           lutionary Approach for Multicriteria Optimization Problems: Applica-
           tion to the Flow Shop. In (Zitzler, E. et al. Hrsg.): Evolutionary Multi-
           Criterion Optimization. Springer Verlag, Berlin, 2001; S. 416–428.

[TZB18]   TURICHIN, G.; ZEMLYAKOV, E.; BABKIN, K.; IVANOV, S.; VALDANOV,
           A.: Analysis of distortion during laser metal deposition of large parts.
           In Procedia CIRP, 2018, 74, S. 154–157.

[UD04]   UNOCIC, R. R.; DUPONT, J. N.: Process efficiency measurements in the
           laser engineered net shaping process. In Metallurgical and Materials
           Transactions B, 2004, 35; S. 143–152.

[UNC02]   UNCED 2002: Bericht des Weltgipfels für nachhaltige Entwicklung.
           https://www.un.org/Depts/german/conf/jhnnsbrg/a.conf.199-20.pdf,
           16.04.2019.

[UNC92]   UNCED 1992 - United Nations Conference on Environment and De-
             velopment (UNCED): Agenda 21. https://sustainabledevelop-
             ment.un.org/outcomedocuments/agenda21, 11.05.2018.

[UNF08]   UNFCCC 2008: Rising industrialized countries emissions underscore
             urgent need for political action on climate change. https://un-
             fccc.int/files/press/news_room/press_releases_and_advisories/applica-
             tion/pdf/081117_ghg_press_release.pdf, 16.04.2019.

[UNF15]   UNFCCC 2015: Transforming our world: the 2030 Agenda for Sus-
             tainable Development. https://sustainabledevelop-
             ment.un.org/post2015/transformingourworld/publication, 16.04.2019.

[UNF97]   UNFCCC 1997: Report of the Framework Convention on Climate
             Change. https://unfccc.int/resource/docs/cop3/07.pdf, 16.04.2019.

[Urb15]   URBAN, K.: Materialwissenschaft und Werkstofftechnik. Springer Ver-
             lag, Berlin, 2015.

[Urn12]   URNER, M.: Vereinfachte Methodik für einen rationelleren Einsatz der
             numerischen Schweißsimulation. Shaker Verlag, München, 2012.

[UVG14]   USAMENTIAGA, R.; VENEGAS, P.; GUEREDIAGA, J.; VEGA, L.;
             MOLLEDA, J.; BULNES, F.: Infrared Thermography for Temperature
             Measurement and Non-Destructive Testing. In Sensors, 2014, 14; S.
             12305–12348.

[VB15]   VAHS, D.; BREM, A.: Innovationsmanagement. Schäffer-Poeschel Ver-
             lag, Stuttgart, 2015.

[VDI13]   VDI e. V. -Verein Deutscher Ingenieure: Wärmeatlas. Springer Verlag,
             Berlin, 2013.

[VDI2617]   VDI/VDE 2617-11: Genauigkeit von Koordinatenmessgeräten - Kenn-
             größen und deren Prüfung - Ermittlung der Unsicherheit von Messun-
             gen auf Koordinatenmessgeräten durch Messunsicherheitsbilanzen.
             Beuth Verlag, Berlin, 2011.

[VDI3405]   VDI 3405: Additive Fertigungsverfahren - Grundlagen, Begriffe, Ver-
             fahrensbeschreibungen. Beuth Verlag, Berlin, 2014.

[VDI3441]   VDI/DGQ 3441: Statistische Prüfung der Arbeits- und Positionsgenau-
             igkeit von Werkzeugmaschinen. Beuth Verlag, 1977.

[VDI6224]   VDI 6224-1: Bionische Optimierung. Verein Deutscher Ingenieure,
               Düsseldorf, 2012.

[Vos01]   VOSS, O.: Untersuchung relevanter Einflussgrössen auf die numerische
               Schweisssimulation. Shaker, Aachen, 2001.

[VS08]   Vahrenkamp, R.; Siepermann, C.: Produktionsmanagement. Olden-
               bourg Verlag, München, 2008.

[Wal08]   WALTER, J.: Gesetzmäßigkeiten beim Lasergenerieren als Basis für die
               Prozesssteuerung und -regelung. Utz, München, 2008.

[Wat18]   WATSON, J. K.: A decision-support model for selecting additive manu-
               facturing versus subtractive manufacturing based on energy consump-
               tion. In Journal of Cleaner Production, 2018, 176; S. 1316–1322.

[WB01a]   WITHERS, P. J.; BHADESHIA, H.: Residual stress. Part 2 – Nature and
               origins. In Materials Science and Technology, 2001, 17; S. 366–375.

[WB01b]   WITHERS, P. J.; BHADESHIA, H.: Residual stress. Part 1 – Measurement
               techniques. In Materials Science and Technology, 2001, 17; S. 355–
               365.

[WBN07]   WAGNER, T.; BEUME, N.; NAUJOKS, B.: Pareto-, Aggregation-, and In-
               dicator-Based Methods in Many-Objective Optimization. In (Obayashi,
               S. Hrsg.): Evolutionary Multi-Criterion Optimization, Japan, 2007; S.
               742–756.

[WC91]   WU, X.-R.; CARLSSON, J.: Weight functions and stress intensity factor
               solutions. Pergamon Press, Oxford, New York, 1991.

[Wei15]   WEICKER, K.: Evolutionäre Algorithmen. Springer Vieweg, Wiesba-
               den, 2015.

[Wer08]   WERTH, D.: Modellierung unternehmensübergreifender Geschäftspro-
               zesse: (Modelle, Notationen und Vorgehen für prozessorientierte Un-
               ternehmensverbünde). Salzwasser-Verlag, Bremen, 2008.

[Wes39]   WESTERGAARD, H. M.: Bearing Pressures and Cracks. In Journal of
               Applied Mechanics, 1939; S. 49–53.

[Wie14]   WIEDENMANN, R.: Prozessmodell und Systemtechnik für das laserun-
               terstützte Fräsen. Utz Verlag, München, 2014.

[Wit15] WITZEL, J.: Qualifizierung des Laserstrahl-Auftragschweißens zur generativen Fertigung von Luftfahrtkomponenten. RWTH Aachen, Aachen, 2015.

[Wit18] WITTE, J.: Beiträge zur Konzeption des Fähigkeitsmanagements für die spanlose Fertigung. Kassel University Press, Kassel, 2018.

[WLH15] WANG, M.; LIN, X.; HUANG, W. M.: Laser additive manufacture of titanium alloys. In Materials technology, 2015, 31; S. 1–8.

[Woh18] WOHLERS, T.: Wohlers Report 2018. 3D Printing and Additive Manufacturing State of the Industry Annual Worldwide Progress Report. Wohlers Associates, Fort Collins, 2018.

[WPB16] WANG, Z.; PALMER, T. A.; BEESE, A. M.: Effect of processing parameters on microstructure and tensile properties of austenitic stainless steel 304L made by directed energy deposition additive manufacturing. In Acta Materialia, 2016, 110; S. 226–235.

[WPS14] WILSON, J. M.; PIYA, C.; SHIN, Y. C.; ZHAO, F.; RAMANI, K.: Remanufacturing of turbine blades by laser direct deposition with its energy and environmental impact analysis. In Journal of Cleaner Production, 2014, 80; S. 170–178.

[Wri91] WRIGHT, A. H.: Genetic Algorithms for Real Parameter Optimization. In (Rawlins, G. J. E. Hrsg.): Foundations of Genetic Algorithms. Elsevier Science, Burlington, 1991; S. 205–218.

[WS10] WEN, S.; SHIN, Y. C.: Modeling of transport phenomena during the coaxial laser direct deposition process. In Journal of Applied Physics, 2010, 108; S. 449-568.

[WS15] WITTE, B.; SPARLA, P.: Vermessungskunde und Grundlagen der Statistik. Wichmann, Berlin, Offenbach, 2015.

[WS90] WHITLEY, D.; STARKWEATHER, T.: Genitor-II: a distributed genetic algorithm. In Journal of Experimental & Theoretical Artificial Intelligence, 1990, 2; S. 189–214.

[WTE08] WITHERS, P. J.; TURSKI, M.; EDWARDS, L.; BOUCHARD, P. J.; BUTTLE, D. J.: Recent advances in residual stress measurement. In Special Issue: The Impact of Secondary and Residual Stresses on Structural Integrity, 2008, 85; S. 118–127.

[WW11]   WEICHERT, N.; WÜLKER, M.: Messtechnik und Messdatenerfassung.
           De Gruyter, Berlin, 2011.

[Wyc17]   WYCISK, E.: Ermüdungseigenschaften der laseradditiv gefertigten Tit-
           anlegierung TiAl6V4. Springer Verlag, Berlin, 2017.

[YRM12]   YU, J.; ROMBOUTS, M.; MAES, G.; MOTMANS, F.: Material properties
           of Ti6Al4V parts produced by laser metal deposition. In Physics Pro-
           cedia, 2012; S. 416–424.

[YTS17]   YANG, S.; TALEKAR, T.; SULTHAN, M. A.; ZHAO, Y. F.: A Generic
           Sustainability Assessment Model towards Consolidated Parts Fabri-
           cated by Additive Manufacturing Process. In Procedia Manufacturing,
           2017, 10; S. 831–844.

[Zah99]   ZAHN, G.: Wissensbasiertes Datenmodell zur Integration von Kon-
           struktion, Arbeitsplanerstellung und Spannplanung. VDI Verlag, Düs-
           seldorf, 1999.

[ZCT17]   ZHAO, Z.; CHEN, J.; TAN, H.; LIN, X.; HUANG, W.: Evolution of plastic
           deformation and its effect on mechanical properties of laser additive
           repaired Ti64ELI titanium alloy. In Optics & Laser Technology, 2017,
           92; S. 36–43.

[Zey17]   ZEYN, H.: Industrialisierung der Additiven Fertigung: Digitalisierte
           Prozesskette - von der Entwicklung bis zum einsetzbaren Artikel In-
           dustrie 4.0. Beuth Verlag, Berlin, 2017.

[ZGS15]   ZHONG, C.; GASSER, A.; SCHOPPHOVEN, T.; POPRAWE, R.: Experi-
           mental study of porosity reduction in high deposition-rate Laser Mate-
           rial Deposition. In Optics & Laser Technology, 2015, 75; S. 87–92.

[ZJS14]   ZENG, B.; JOLLY, M.; SALONITIS, K.: Investigating the energy con-
           sumption of casting process by multiple life cycle method. KES Inter-
           national, Selby, 2014.

[ZMB17]   ZAPF, H.; MÖLLER, M.; BENDIG, N.; EMMELMANN, C.: Design Recom-
           mendations for Laser Metal Deposition of Thin Wall Structures in Ti-
           Al6-V4. In LiM - Lasers in Manufacturing Conference, München,
           2017.

[ZTD01]   ZITZLER, E.; TOBUSCHAT, L.; DORST, D.: Evolutionary Multi-Criterion
           Optimization. Springer Verlag, Berlin, 2001.

[ZVG94]   ZACHARIA, T.; VITEK, J. M.; GOLDAK, J. A.; DEBROY, T. A.; RAPPAZ,
             M.; BHADESHIA, H.: Modeling of fundamental phenomena in welds. In
             Modelling and Simulation in Materials Science and Engineering, 1994,
             3; S. 265 -272.

[ZW11]   ZÄH, M.; WIEDENMANN, R.: Laserunterstütztes Fräsen. Prozessunter-
             suchung zum laserunterstützten Fräsen von Titanlegierungen. In Werk-
             stattstechnik online, 2011, 101; S. 482–486.

[Zwi13]   ZWICKER, U.: Titan und Titanlegierungen. Springer Verlag, Berlin,
             2013.

Betreute studentische Arbeiten

Im Rahmen der vorliegenden Dissertation entstanden am Institut für Laser- und Anlagensystemtechnik (iLAS) der Technischen Universität Hamburg (TUHH) in den Jahren von 2014 bis 2019 unter wesentlicher wissenschaftlicher, fachlicher und inhaltlicher Anleitung durch den Autor die im Folgenden aufgeführten studentischen Arbeiten. In diesen wurden unter anderem Fragestellungen zum Laser-Pulver-Auftragschweißen untersucht. Entstandene Ergebnisse sind teilweise in das vorliegende Dokument eingeflossen. Der Autor dankt allen Studierenden für ihr außerordentliches Engagement sowie für den jederzeit spannenden fachlichen Diskurs.

BENDIG, N.: *Mechanische und geometrische Untersuchungen zur Eignung des Laser-Pulver-Auftragschweißens als Urformverfahren von Ti-6Al-4V-Bauteilen.* Masterarbeit, Technische Universität Hamburg, 2017

BUHR, M.: *Positionsregelung zur Stabilisierung des Laser-Pulver-Auftragschweißprozesses.* Masterarbeit, Technische Universität Hamburg, 2017

CONRAD, C.: *Identifizierung und thermografische Analyse von Einflussfaktoren auf Laserentgratprozesse.* Bachelorarbeit, Technische Universität Hamburg, 2016

HEILEMANN, M.: *Simulationsgestützte Optimierung der Prozessführung des Laser-Pulver-Auftragschweißens für die additive Fertigung von Ti-6Al-4V-Strukturen.* Masterarbeit, Technische Universität Hamburg, 2016

JOTHI PRAKASH, V.: *Development of manufacturing process chain and investigation of building strategies for Laser Metal-Deposition of Ti-6Al-4V-parts.* Masterarbeit, Technische Universität Hamburg, 2017

SCHOLL, C.: *Simulationsgestützte Analyse der thermisch induzierten Eigenspannungssituation an einer laserauftragsgeschweißten Struktur aus einer Titanlegierung.* Bachelorarbeit, Hochschule für angewandte Wissenschaften Hamburg, 2017

WANDTKE, K.: *Entwicklung und Evaluierung einer Schweißkammer für die additive Fertigung von Titanbauteilen mittels Laser-Pulver-Auftragschweißen.* Masterarbeit, Technische Universität Hamburg, 2019

WEBER, J.: *Optimierung des Laser-Pulver-Auftragschweißens zur wirtschaftlichen Fertigung von Ti-6Al-4V Strukturen.* Bachelorarbeit, Technische Universität Hamburg, 2017

A Anhang

A.1 Ressourcen- und Kostenpotenzial für Titanbauteile in der Luftfahrt

Für die Kalkulation des Ressourcen- und Kostenpotenzials wird eine Kalkulation der Materialaufwände an dem zivilen Verkehrsflugzeug Airbus A350 vorgenommen.

Die Anzahl der georderten Flugzeuge des Typs A350 beläuft sich auf eine Stückzahl von 850 (Stand März 2019) [Air19]. Entsprechend des Materialanteils beträgt der kumulierte Umfang des verbauten Titans in diesen Flugzeugen zwischen 15.600 Tonnen [Neu18] und 17.000 Tonnen [HFM08], von denen mindestens 70 % spanend gefertigt werden [Wie14, BWC94]. Das bedeutet, es werden circa 11.000 Tonnen Titan spanend für diese Flugzeuge hergestellt. Der durchschnittliche Zerspanungsanteil wird nach [PKW03] mit 90 % ermittelt (nach [ZW11] auch bis 95 %). Das bedeutet für die Herstellung nur dieses Flugzeugtyps werden in den nächsten Jahren 110.000 Tonnen Titanhalbzeug benötigt. Bei einem aktuellen Handelspreis für Plattenmaterial für die Legierung Ti-6Al-4V (siehe zur Begründung der Auswahl dieser Legierung Abschnitt 0) von ca. 35,- €/kg (Stand März 2019) haben die benötigten Halbzeuge einen Marktwert von 3,85 Mrd. € und erzeugen im Zuge der Herstellung CO_2-Emissionen von 11,26 Mio. Tonnen (Kalkulation analog zu Abschnitt 9.5).

Das bedeutet, dass ein Materialwert von 3,47 Mrd. € im Zerspanvolumen mündet und zudem 10,14 Mio. Tonnen CO_2-Emissionen für die Urformung und die Halbzeugproduktion erzeugt werden, um das Material direkt nach der Herstellung in Abfall zu überführen.

A.2 Spezifikation des Pulverwerkstoffs der Firma Tekna

TEKNA ADVANCED MATERIALS INC.
2895 Boul. Industriel, Sherbrooke (Quebec)
Canada J1L 2T9
Tel : (819) 820-2204, Fax: (819) 820-1502

MATERIAL TEST CERTIFICATE

Product Name :	Ti64-Experimental *ICP- E2*
Description :	Spherical Ti64 Powder
Size:	Customized size cut, not a standard.
Composition:	Ti-6%Al-4%V
Product no.:	35083
Lot no., Lab no. :	35083-15-001, 153495

Chemical Composition

Elements	Ti	Al	V	Fe	C	O	N	H	Others, each	Others, Total
Results wt (%)	Bal.	6.46	4.13	0.191	0.011	0.104	0.020	0.001	< 0.05	< 0.10

Physical Properties

Carney Flow Test (sec/100g):   10
ASTM-B964-09

Tap Density (g/cc):   3.0
ASTM-B527-93

Apparent Density (g/cc):   2.5
ASTM-B417-00

Particle Size Distribution

by Laser Light Diffraction; Size in microns (µm)

	Min (µm)	Max (µm)	Results (µm)
• D10	---	---	26.0
• D50	---	---	41.6
• D90	---	---	75.5

By Sieve Analysis (ASTM B214) – wt%

Size (um)	Min (%)	Max (%)	Results (%)
• +105	---	---	0.4
• -105+75	---	---	9.5
• -75+45	---	---	22.6
• -45+20	---	---	61.6
• -20	---	---	5.9

Morphology

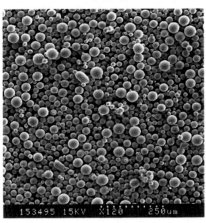

153495 15KV X120   250um

Date: December 1st, 2015   Completed by: David Heraud

This report is confidential and proprietary, and intended for the recipient of the product. If you receive in error you are prohibited from disclosing, copying, distributing, or using any of the information. The test report shall not be reproduced except in full, without the written approval of the laboratory. Please contact our office for instructions.

TEKMAT™ Ti64-Experimental, Lot No.: 35083-15-001   *Page 1 of 1*

Abbildung A.1:   Materialdatenblatt des eingesetzten Pulverwerkstoffes

A.3 Laserstrahldurchmesser und motorisierte Fokussierung

In Abbildung A.2 ist der Laserstrahldurchmesser in Abhängigkeit der Position der motorisierten Fokusverstellung aufgezeigt.

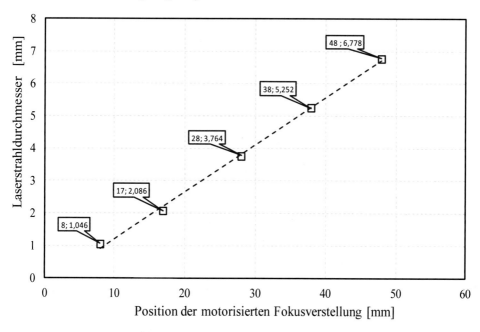

Abbildung A.2:   Fokusdurchmesser im Bearbeitungsabstand von 16 mm in Abhängigkeit der Einstellung der Fokusverstellung für die Optik BEO70D

A.4 Technische Spezifikation der verwendeten DMS

Tabelle A.1:   Technische   Spezifikation   der   verwendeten   DMS   vom   Typ KFG-1-120-C1-11-L1M2R

Eigenschaft	Spezifikation
DMS Typ	Linearer Folien-DMS
Gitterlänge	1 mm
k-Faktor	$2{,}14 \pm 1\%$
Wärmeausdehnungskoeffizient	$11 \times 10^{-6}/K$
Nennwiderstand	$120\,\Omega$
Maximale Dehnung	$0{,}5\%$
Kabellänge	1 m

A.5 Probendefinition zur Fertigung von Überhangstrukturen

Tabelle A.2:   Anzahl der Probekörper in Abhängigkeit der Überhangwinkel und verwendeten
                      Aufbaustrategien

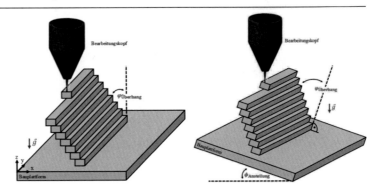

Winkel $\varphi_{\text{Überhang}}$	Anzahl	Anzahl
0 °	3 x	-
5 °	3 x	-
10 °	3 x	-
15 °	3 x	-
20 °	3 x	-
25 °	3 x	-
30 °	3 x	3 x
35 °	3 x	3 x
40 °	3 x	3 x
45 °	3 x	3 x
50 °	-	3 x
55 °	-	3 x
60 °	-	3 x
65 °	-	3 x
70 °	-	3 x
75 °	-	3 x

A.6 Laserleistungswerte für das Drei-Phasen-Prozessmodell

Tabelle A.3:   Funktionswerte für die Laserleistungen des Drei-Phasen Modells

Lagen Anzahl [-]	Strategie 1 Laserleistung [W]	Strategie 2 Laserleistung [W]	Strategie 3 Laserleistung [W]	Strategie 4 Laserleistung [W]	Strategie 5 Laserleistung [W]	Strategie 6 Laserleistung [W]	Strategie 7 Laserleistung [W]	Strategie 8 Laserleistung [W]	Strategie 9 Laserleistung [W]
1	1800	1800	1800	1800	1800	1800	1800	1800	1800
2	1784	1792	1794	1796	1796	1755	1796	1794	1792
3	1719	1773	1784	1791	1791	1735	1791	1784	1773
4	1544	1736	1768	1784	1784	1715	1784	1768	1736
5	1534	1675	1744	1775	1775	1695	1775	1744	1675
6	1524	1584	1712	1764	1764	1675	1764	1712	1584
7	1514	1457	1670	1751	1751	1655	1751	1670	1579
8	1504	1288	1619	1736	1736	1635	1736	1619	1574
9	1494	1287	1557	1719	1719	1615	1719	1557	1569
10	1484	1286	1484	1700	1700	1595	1700	1484	1564
11	1474	1285	1399	1679	1679	1575	1679	1479	1559
12	1464	1284	1301	1656	1656	1555	1656	1474	1554
13	1454	1283	1296	1631	1631	1535	1631	1469	1549
14	1444	1282	1291	1604	1604	1515	1604	1464	1544
15	1434	1281	1286	1575	1575	1495	1575	1459	1539
16	1424	1280	1281	1544	1544	1475	1544	1454	1534
17	1414	1279	1276	1539	1511	1455	1511	1449	1529
18	1404	1278	1271	1534	1476	1435	1476	1444	1524
19	1394	1277	1266	1529	1439	1415	1439	1439	1519
20	1384	1276	1261	1524	1400	1395	1400	1434	1514
21	1374	1275	1256	1519	1399	1375	1359	1429	1509
22	1364	1274	1251	1514	1398	1355	1316	1424	1504
23	1354	1273	1246	1509	1397	1335	1311	1419	1499
24	1344	1272	1241	1504	1396	1315	1306	1414	1494
25	1334	1271	1236	1499	1395	1295	1301	1409	1489
26	1324	1270	1231	1494	1394	1275	1296	1404	1484
27	1314	1269	1226	1489	1393	1255	1291	1399	1479
28	1304	1268	1221	1484	1392	1235	1286	1394	1474
29	1304	1267	1216	1479	1391	1215	1281	1389	1469
30	1304	1266	1211	1474	1390	1195	1276	1384	1464
31	1304	1265	1206	1469	1389	1175	1271	1379	1459
32	1304	1264	1201	1464	1388	1155	1266	1374	1454
33	1304	1263	1196	1459	1387	1135	1261	1369	1449
34	1304	1262	1191	1454	1386	1115	1256	1364	1444
35	1304	1261	1186	1449	1385	1095	1251	1359	1439
36	1304	1260	1181	1444	1384	1075	1246	1354	1434
37	1304	1259	1181	1439	1383	1055	1241	1349	1429
38	1304	1258	1181	1434	1382	1035	1236	1344	1424
39	1304	1257	1181	1429	1381	1035	1231	1339	1419
40	1304	1256	1181	1424	1380	1035	1226	1334	1414

Lagen Anzahl [-]	Strategie 1 Laserleistung [W]	Strategie 2 Laserleistung [W]	Strategie 3 Laserleistung [W]	Strategie 4 Laserleistung [W]	Strategie 5 Laserleistung [W]	Strategie 6 Laserleistung [W]	Strategie 7 Laserleistung [W]	Strategie 8 Laserleistung [W]	Strategie 9 Laserleistung [W]
40	1304	1256	1181	1424	1380	1035	1226	1334	1414
41	1304	1255	1181	1419	1379	1035	1221	1329	1409
42	1304	1254	1181	1414	1378	1035	1216	1324	1404
43	1304	1253	1181	1409	1377	1035	1211	1319	1399
44	1304	1252	1181	1404	1376	1035	1206	1314	1394
45	1304	1252	1181	1399	1375	1035	1201	1309	1389
46	1304	1252	1181	1394	1374	1035	1196	1304	1384
47	1304	1252	1181	1389	1373	1035	1196	1299	1379
48	1304	1252	1181	1384	1372	1035	1196	1294	1374
49	1304	1252	1181	1379	1371	1035	1196	1289	1369
50	1304	1252	1181	1374	1370	1035	1196	1284	1364
51	1304	1252	1181	1369	1369	1035	1196	1279	1359
52	1304	1252	1181	1364	1368	1035	1196	1274	1354
53	1304	1252	1181	1359	1367	1035	1196	1269	1349
54	1304	1252	1181	1354	1366	1035	1196	1264	1344
55	1304	1252	1181	1349	1365	1035	1196	1259	1339
56	1304	1252	1181	1344	1364	1035	1196	1254	1334
57	1304	1252	1181	1339	1363	1035	1196	1249	1329
58	1304	1252	1181	1334	1362	1035	1196	1244	1324
59	1304	1252	1181	1329	1361	1035	1196	1244	1319
60	1304	1252	1181	1324	1360	1035	1196	1244	1314
61	1304	1252	1181	1319	1359	1035	1196	1244	1309
62	1304	1252	1181	1314	1358	1035	1196	1244	1304
63	1304	1252	1181	1309	1357	1035	1196	1244	1299
64	1304	1252	1181	1304	1356	1035	1196	1244	1294
65	1304	1252	1181	1299	1355	1035	1196	1244	1289
66	1304	1252	1181	1294	1354	1035	1196	1244	1284
67	1304	1252	1181	1289	1353	1035	1196	1244	1284
68	1304	1252	1181	1284	1352	1035	1196	1244	1284
69	1304	1252	1181	1279	1352	1035	1196	1244	1284
70	1304	1252	1181	1274	1352	1035	1196	1244	1284
71	1304	1252	1181	1269	1352	1035	1196	1244	1284
72	1304	1252	1181	1264	1352	1035	1196	1244	1284
73	1304	1252	1181	1259	1352	1035	1196	1244	1284
74	1304	1252	1181	1254	1352	1035	1196	1244	1284
75	1304	1252	1181	1249	1352	1035	1196	1244	1284

Lagen Anzahl	Strategie 1	Strategie 2	Strategie 3	Strategie 4	Strategie 5	Strategie 6	Strategie 7	Strategie 8	Strategie 9
[-]	Laserleistung [W]	Laserleistung [W]	Laserleistung [W]	Laserleistung [W]	Laserleistung [W]	Laserleistung [W]	Laserleistung [W]	Laserleistung [W]	Laserleistung [W]
76	1304	1252	1181	1244	1352	1035	1196	1244	1284
77	1304	1252	1181	1244	1352	1035	1196	1244	1284
78	1304	1252	1181	1244	1352	1035	1196	1244	1284
79	1304	1252	1181	1244	1352	1035	1196	1244	1284
80	1304	1252	1181	1244	1352	1035	1196	1244	1284
81	1304	1252	1181	1244	1352	1035	1196	1244	1284
82	1304	1252	1181	1244	1352	1035	1196	1244	1284
83	1304	1252	1181	1244	1352	1035	1196	1244	1284
84	1304	1252	1181	1244	1352	1035	1196	1244	1284
85	1304	1252	1181	1244	1352	1035	1196	1244	1284
86	1304	1252	1181	1244	1352	1035	1196	1244	1284
87	1304	1252	1181	1244	1352	1035	1196	1244	1284
88	1304	1252	1181	1244	1352	1035	1196	1244	1284
89	1304	1252	1181	1244	1352	1035	1196	1244	1284
90	1304	1252	1181	1244	1352	1035	1196	1244	1284

Printed in the United States
By Bookmasters